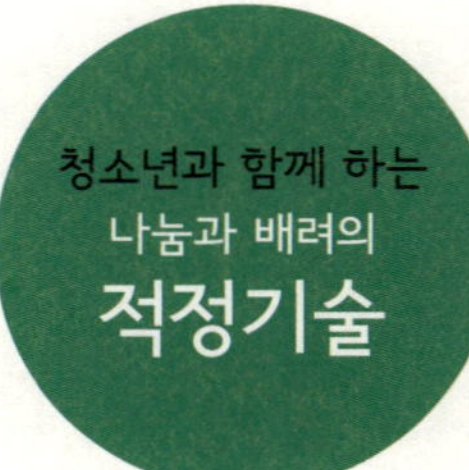

청소년과 함께 하는
나눔과 배려의
적정기술

청소년과 함께 하는

나눔과 배려의

적정기술

김찬중 지음

허원북스 education

차례

3부

청소년과 함께 하는 적정기술

보이지 않는 것들의 가치

보다 나은 내일을 꿈꾸며

인도의 정신적인 지도자인 마하트마 간디(Mahatma Gandhi)는 영국 식민지 시절, 인도 국민에게 "저와 함께 물레를 돌립시다"라고 호소했습니다. 실을 잣는 자그마한 도구인 물레에는 식민지 통치로부터의 독립하고자 하는 마음과 더불어 함께 살아가는 공존의 정신이 담겨 있었습니다. 인간의 노동력을 이용해 물레를 돌려서 얻을 수 있는 경제력이 옷을 대량으로 생산하는 방직공장의 그것에 비해 미약했지만 물레에 담긴 공존의 정신은 인도사람들의 마음을 움직였고, 결국 인도는 영국의 식민 통치에서 벗어나게 됩니다. 간디는 기계에 의존하기보다 사람들이 모여 함께 일을 해야 지속 가능한 생존이 가능하다고 생각했습니다. 인간의 노동력을 중요시하는 36.5도의 적정기술의 정신은 인도의 간디로부터 출발합니다.

아무리 큰 강이라도 그 시작은 산속의 작은 옹달샘입니다. 작은 생각들이 모여서 큰 사상이 되고, 사상은 사회와 시대를 바꾸는 힘이 됩니다. 그러하기에 미래의 지도자인 청소년에게는 꿈이 있어야 합니다. 꿈은 무엇이 되는 것이 아닙니다. 꿈은 세상을 보다 나은 모습으로 변화시키는 힘입니다. 사람은 누구나 꿈을 꾸고 그 꿈을 성취하고자 노력하며 살아가야 합니다. 꿈은 그 자체만으로 사람을 변화시키고, 세상을 바꿉니다. 열심히 노력하기 때문에 어떤 일이 이루어진다고 생각하지만 그보다 먼저 꿈을 꾸고 그 꿈을 이루려는 마음이 있어야 합니다. 꿈이 없는 인생은 '바람에 나부끼는 쭉정이 겨'와 같이 허망합니다. 그렇습니다. 청년은 꿈을 갖고 살아야 합니다. 꿈을 꾸고 그것을 통해 세상을 보다 나은 모습으로 바꾸어야 합니다.

청소년은 도전정신을 가져야 합니다. 책상 앞에 자신이 원하는 꿈을 적어 놓고, 그 꿈이 이루어질 수 있음을 믿고, "할 수 있다, 될 수 있다"는 긍정적인 외침으로 하루를 시작해야 합니다. 꿈을 꾸는 사람은 한 두 번의 좌절에 굴복하지 않습니다. 꿈이 있는 사람들은 자신의 목표를 달성하기 위해 지속적으로 도전하고 노력합니다. 원하는 것이 실현되는 것은 열심히 노력해서이기보다 그 이전에 그것이 되고자 하는 꿈이 있었기 때문임을 잊지 말아야 합니다.

이 세상에는 눈에 보이는 것보다 보이지 않는 것이 더 많습니다. 인간의 눈에 보이고 만져지는 사물들이 물질로 채워진 것 같지만 그 안을 들여다 보면 사실은 텅 빈 공간일 뿐입니다. 물질은 공간 안에 들어 있는 에너지 덩어리와 같습니다. 에너지는 인간의 삶의 원동력입니다. 꿈을 꾸는 사람들이 그 에너지로 용기, 배려, 나눔, 사랑을 나눌 때 눈에 보이지 않는 가치들이 현실에서 이루어집니다. "Dream comes true." "생각하는 대로 이루어진다." 놀랍게도 과학의 세상에서 생각한 대로 이루어지는 경우가 많이 있습니다.

지금의 세상은 첨단의 과학기술로 바쁘게 돌아가는 사회입니다. 자신의 삶을 살기에 바빠서 다른 사람에 대해 관심을 갖기 어렵습니다. 거대산업과 물질 중심의 자본주의 경제가 인간의 삶을 지배하고 있습니다. 물질 중심의 사회에서 사람들은 경제적인 풍요로움을 얻고 있지만, 다른 한편에서는 먹을 물과 식량이 없어 생명의 존립이 위협받고 있습니다. 과학기술이 주는 편리함을 얻은 대가로 잃어버린 소중한 인류의 유산이 없는지를 생각해 보아야 할 때입니다.

필자는 30년 동안 과학기술계에 종사해 온 과학자로서, 인간에게 따뜻함을 전하는 36.5도의 과학기술인 '적정기술'의 정신을 알리려고 노력해 왔습니다. '이웃(생명, 환경, 사람)과 공존'을 추구하는 '적정기술'(Appropriate technology)에는 배려, 나눔, 정

 청소년과 함께 하는 나눔과 배려의 적정기술

의, 정직, 용기, 희망과 같이 눈에 보이지 않는 무형의 가치들이 담겨있습니다. 적정 기술은 사람의 노동력과 땀을 중요하게 생각하며, 함께 일하며, 작은 것이라도 많은 사람들이 서로 나누는 공생의 따뜻한 공동체를 지향합니다. 또한 지구의 자연과 환경을 지키며 가난한 사람들을 배려하고 나눔을 실천합니다. 그렇기 때문에 적정기술을 '작지만 아름다운 기술(Small but beautiful technology)'라고 합니다. 과학기술 문명사회가 많은 사람들이 어우러져 함께 살아가는 사회가 되려면 적정기술 안에 포함된 공존의 정신이 확산되어야 합니다.

우리는 적정기술로부터 인간다운 삶, 상대를 배려하고 소유한 것을 나누는 마음, 꿈과 희망, 용기와 같은 무형의 가치와 공동체의 리더십을 배울 수 있습니다. 과학기술 중심의 산업사회 이전의 사람들은 지금과는 다른 가치를 갖고 살았습니다. 그것은 "바른 삶"이었습니다. 가치 있는 일을 추구하며 옳고 바르게, 아름답고 훌륭하게, 힘차고 보람 있게 일하는 것을 인생의 목표로 삼았습니다. 지금은 과학기술 문명사회를 살아가는 현대인에게 단순히 '더 나은, 더 잘 사는 삶'을 목적으로 하는 기술보다 인간의 참다운 가치인 '공존의 삶'을 담은 과학기술이 필요한 때입니다. 적정기술의 철학을 통해 청소년들은 부유한 사람과 가난한 사람 모두를 배려하는 균형 잡힌 리더십을 갖출 수 있습니다. 청소년의 마음에 상대방을 배려하는 마음이 있을 때 우리의 미래가 밝아집니다. 적정기술의 정신을 이해하고 있는 청소년들이 이 사회의 지도자가 되면 사회에서 소외된 사람들에 대한 제도와 정책을 만들 수 있습니다. 그로 인해 가난한 사람과 부자의 격차가 줄어들고, 사회양극화 현상이 해결되고, 궁극적으로 모두가 함께 하는 건강한 사회가 만들어집니다.

이 책은 저자가 집필한 세 번째 적정기술 도서입니다. 첫 번째 도서인《36.5도의 과학기술, 적정기술》(나눔과기술 저, 2011년, 허원미디어)에서는 가난한 나라를 돕는 과학기술인 적정기술을 국내에 소개하였습니다. 두 번째 도서인《적정기술, 현대문명에 길을 묻다》(김찬중 저, 2013년, 허원미디어)에서는 과학자의 눈으로 바라 본 첨단 과학기술문명의 양면성(빛과 그림자)에 대해 저술하였습니다. 세 번째 적정기술 도서인 이 책에서는 청소년들의 인성 함양과 현장교육을 위한 나눔과 배려의 적정기술의 정신을 이야기하고자 합니다. 청소년에게는 현장과 체험 중심의 교육이 필요합니다. 공부만 잘하는 사람이 아니라 열린 시각으로 세상을 바라보고, 세상이 갖고 있는 문제를 해결하려는 마음과 능력을 갖춘 사람이 필요한 시대입니다. 적정기술 교육은 세상을 보다 나은 모습으로 만들 수 있는 건강한 미래 리더십을 양육합니다.

이 책에는 10여 년 전에 한국에 상륙한 적정기술, 따뜻한 세상을 만들기 위해 적정기술의 정신을 전하려는 과학자들의 노력, 적정기술의 시대정신, 청소년들이 익혀야 할 인생의 가치, 몽골 여행을 통해 이해하는 적정기술과 청소년들을 위한 적정기술의 교육과정(청소년 적정기술 경진대회)을 담고 있습니다. 필자는 청소년들이 적정기술을 쉽게 이해할 수 있도록 10여 년 동안 현장에서 체험한 적정기술의 경험을 대화체로 집필하였습니다. 이 책을 통해 미래의 지도자가 될 청소년들이 이웃(사람, 자연, 환경)과 함께 살아가는 공존의 정신과 건강한 리더십을 익히길 바랍니다.

2017년 11월 글쓴이 김찬중

1부
36.5도의
과학기술
적정기술,
한국에 상륙하다

← 아프리카 차드 시골 우물가의 아이들

청소년을 위한 적정기술

“따르릉~”

어느 날 도교육청 교사로부터 한 통의 전화를 받았다.

“여보세요?”

“김 박사님이시지요?”

“네 그렇습니다.”

“저는 교육청 교사 최xx라고 합니다. 부탁을 드리고 싶어서 전화를 드렸습니다.”

“어떤 부탁인지요?”

“저희가 이번 여름에 교육청 산하 고등학생들을 대상으로 인문학 캠프를 개최하려고 합니다. 그 동안 시와 소설을 쓴 작가 분들을 모시고 인문학 캠프를 진행해 왔었는데 이번에는 과학기술 분야를 추가해서 캠프를 진행하려 합니다. 선생님을 강사로 모시고 싶은데 가능할지요?”

“저를 인문학 캠프의 강사로요?”

“그 동안 캠프의 강사로 문학과 음악 분야의 강사님들을 모셨었습니다. 이번에는 강사 중에 한 분을 과학자로 모시려고 합니다. 제가 선생님이 쓰신 책《적정기술, 현대문명에 길을 묻다》를 읽어 보았습니다. 책의 내용에 과학기술을 통한 나눔 활동과 인류의 삶의 방식 등 청소년이 생각해야 할 것을 많이 다루고 있더군요. 적정기술이 과학기술 영역이면서 인간의 삶의 방식 등을 다루고 있어서 이번 인문학 캠프에서 주제로 적합하다는 생각이 들었습니다.”

그 동안 청소년 강의를 많이 다녔지만 강연의 주제는 필자의 전공인 초전도 과학에 관한 것이었다. 인문학 캠프의 강연자로 선다는 것이 생소하기도 하고, 이번 여름에는 해외 출장이 잡혀 있어서 선뜻 강연을 수락하기가 어려웠다.

"글쎄요. 이번 여름에 해외 출장이 잡혀 있어서 조금 생각을 해 보아야겠습니다."

"박사님, 이번 캠프에 참가하는 학생들이 많습니다. 여러 학교의 독서 토론 동아리의 청소년들에게 박사님의 책을 소개하고 박사님이 평소에 갖고 계시는 생각을 전할 수 있는 좋은 시간입니다. 적정기술이 가난하고 소외된 이웃을 위해 사용되는 기술이라고 알고 있습니다. 적정기술에 대한 선생님의 경험이 청소년들의 인성을 키워주는 데 도움이 될 것 같습니다. 참석해 주시기를 간곡히 요청합니다."

담당 선생님의 이야기를 들어보고 나서 교육청이 기획 중인 인문학 프로그램이 청소년들에게 유익한 이야기를 들려 줄 수 있는 좋은 시간이 될 것이라는 생각이 들었다.

"청소년을 위한 캠프라 참여하고 싶기는 한데, 그러면 제가 생각해 보고 다시 전화를 드리겠습니다."

올 여름에는 아프리카 탄자니아 중학생들을 위한 과학교육 프로그램이 계획되어 있었다. 교수 몇 명과 대학생 참여자들과 함께 탄자니아의 중학교에서 과학 캠프를 진행하기로 약속했다. 방학 때면 정기적으로 진행하기로 한 행사다. 해외의 가난한 아이들을 위한 과학교육이 중요하기는 하지만 국내의 청소년 교육도 중요하다는 생각이 들었다.

'우리나라가 아프리카나 아시아의 가난한 나라보다 경제적으로는 풍요하지만 그렇다고 청소년들의 인성이나 창의성 함양을 위한 양질의 교육 프로그램이 있다고 볼 수는 없지. 진학을 위해 밤낮 없이 공부만 하고 있으니까. 가난한 나라의 아이들은 물질로부터 소외되어 있고, 우리나라의 아이들은 인성교육으로부터 소외되어 있고…….'

곰곰이 생각해 보고 나서 올 여름에 계획된 해외출장을 연기하고 청소년을 위한 인문학 캠프에 참여하기로 결정했다. 먼저 탄자니아 프로그램을 추진 중인 담당 교수에게 전화를 걸었다.

"안녕하세요, 교수님. 이번 탄자니아 교육 프로그램에는 제가 함께 하지 못할 것 같습니다. 갑자기 다른 일정이 생겨서요. 이번 프로그램은 교수님이 중심이 되어서 진행해 주세요. 저는 다음에 가도록 할게요."

"아, 안타깝네요. 박사님이 가 주었으면 했는데요. 할 수 없지요. 그러면 다음에 꼭 함께 가시지요."

생각을 정리한 다음에 교육청 최 선생에게 전화를 걸었다.

"따르릉~"

담당 선생이 전화를 받았다.

"안녕하세요? 바로 전에 통화했던 김찬중입니다. 선생님의 제안을 생각해 보았는데 청소년들과 함께 하는 시간이 중요하다는 생각이 들었습니다. 이번에 교육청이 진행하는 여름 인문학 캠프에 참가하겠습니다."

"아, 박사님 감사합니다. 복 많이 받으실 겁니다. 참가하는 학생들에게 책을 잘 읽고 오라고 지시해 놓겠습니다."

몇 달의 시간이 지나 전라북도 부안에서 도 교육청 주관으로 인문학 캠프가 열렸다. 고등학생을 대상으로 진행된 인문학 캠프에는 도내 독서 동아리 학생들이 참가했고, 강사로 소설가와 시인 그리고 과학자인 필자가 참석했다. 청소년들은 소설가와 시인이 들려주는 글 속에서 인문학이 주는 유익함에 대해, 필자의 강연을 통해 과학기술로 발전하는 현대문명에서 청소년들이 어떤 의식을 갖고 살아야 하는지에 대해서 알아갔다.

이번 캠프에 참여하기 전에 독서 동아리 활동을 통해 학생들이 저자들의 책을 읽고 왔기 때문에 책 내용에 대해서 잘 인지하고 있었다. 강연 후에 학생들과 적정기술에 대한 생각을 나누었다.

"과학이나 기술을 주제로 한 책들은 읽기가 어려운데 적정기술을 주제로 쓴 선생님의 책은 읽기가 편했습니다. 과학기술 도서라기 보다는 인문학 도서라는 생각이 들었습니다."

다른 학생의 말이다.

"제가 적정기술 책을 읽어 보았는데 적정기술은 사람의 삶의 행태와 관련이 있는 기술인 것 같습니다. 지구를 살리는 기술, 인간과 과학기술이 공존하는 방식과 가난하고 소외된 지역에 필요한 기술로 이해하고 있습니다. 적정기술은 인문학과 자연과학이 융합된 주제라고 생각됩니다."

인문학 캠프에서의
적정기술 토론

필자가 학생들에게 몇 가지 간단한 질문을 했다.

"여러분은 인문학 캠프에 와 있습니다. 여러분은 인문학을 무엇이라고 생각하나요?"

한 학생이 대답했다.

"저는 인문학을 사람이 살아가는 방식을 연구하는 학문이라고 생각합니다. 인문학에서는 사람이 살아가면서 만들어가는 언어, 사회, 문화, 예술 같은 것을 다루지요."

"잘 이해하고 있군요. 인문학은 사람들이 살아가는 형태를 다루는 학문입니다. 기본적으로 인간의 존재에 대한 문제, 삶의 가치, 더 나아가 인간이 살아가는 사회의 체계, 법과 질서, 문화 등의 가치에 대해 다룹니다. 인간이 어떻게 살아가는 것이 가장 인간답게 사는 것인가, 그 답을 찾는다고 보아야겠지요. 그러면 인문학과 대비되는 자연과학은 어떤 것을 다루나요?"

다른 학생이 손을 들고 대답했다.

"자연과학은 물질을 다루는 학문입니다. 자연과학에서는 이 세상을 이루고 있는 물질의 본질을 알고자 합니다."

"그렇지요. 인문학과 대비가 되는 자연과학은 우주를 구성하고 있는 물질을 다룹니다. 자연과학은 물질의 실체를 밝히는 것을 목적으로 합니다. 인문학과 자연과학은 다루는 대상이 분명이 다릅니다. 그런데 현재 우리가 살고 있는 세상은 어떤 세상인가요? 우리가 살고 있는 세상은 과학기술로 만들어 가는 세상입니다. 인간은 오랫동안 농업과 목축을 하며 자연에서 나는 것들을 키우고 그것에 의존해서 살아왔습니다. 인간의 역사를 5천 년이라고 한다면 한 4천 7백 년 정도는 그렇게 살아왔다고 할 수 있습니다. 하지만 최근의 3백 년은 지난 4천 7백 년과는 다른 모습으로 살고 있습니다. 과학이 발달하면서부터 인간의 삶의 방식은 놀라울 정도로 변했습니다. 전기의 발명으로 커다란 에너지를 얻게 되었고, 산업혁명으로 공장을 세워서 물건을 대량으로 생산합니다. 인류는 자동차와 기차, 그리고 하늘을 나는 비행기도 만들었습니다. 사람들의 손에는 무선 통신기기인 핸드폰이 들려져 있습니다. 핸드폰으로 친구와 연락하고 인터넷으로 전 세계 어느 누구와도 연결할 수 있는 세상이 되었습니다. 이제 과학기술 문명과 떼어놓고 인간의 삶을 말할 수 없습니다. 자연과학 안에서의 인문학, 또는 인문학 안에서의 자연과학을 이야기해야 합니다. 학문의 융합(Fusion, 하나와 다른 하나가 합쳐져 제 삼의 것을 만든 작업)의 시대가 도래한 것이지요."

한 학생이 물었다.

"적정기술도 기술을 이용해서 어떤 기계를 만드는 것이니까 과학기술의 한 분류라는 생각이 듭니다. 적정기술이 자연과학 안에서 어떤 위치를 갖는지 말씀해 주실 수 있나요?"

"기술을 이용해서 기계를 만들기는 하지만 적정기술은 기술과 함께 인간의 삶(경제)의 방식을 다룹니다. 적정기술은 어떤 수준의 과학기술이 인간의 삶에 적절한지에 대한 고민으로부터 출발하고 있습니다. 과학기술의 편리함에 도취되어 있던 사이에 인간이 인간다움을 잃어가고 있다는 지적이 있습니다. 산업사회에서 기계와 인간이 대립하는 경우가 많습니다. 현대문명 사회에서는 사람이 해야 할 일을 기계가 대신하는 경우가 많아지고 있습니다. 컴퓨터의 발달로 물리적인 육체 노동뿐만 아니라 지적 활동까지 기계가 인간을 대신하지요. 경제규모가 커졌지만 사람들의 일자리는 줄어들고 있습니다. 사람이 하던 일을 기계가 대신하고 있기 때문입니다. 땀 흘려 일하던 삶의 방식이 기계에 의존하는 방식으로 변하고 있습니다. 이제는 인간의 삶에 대한 과학기술의 역할과 그 한계에 대해 질문을 해야 할 때입니다. 적정기술은 인간의 삶의 방식을 논하고 있기 때문에 인문학적인 요소를 많이 포함하고 있다 할 수 있지요."

"선생님 말씀대로 우리가 과학기술 문명사회에서 살고 있는 것은 분명한 것 같습니다. 그러면 선생님은 과학기술이 지배하는 세상에서 앞으로 인간은 어떻게 살아야 하는지에 대한 답을 갖고 계십니까?"

"지금 학생이 질의한 질문에 대한 대답으로 태동한 시대정신이 적정기술입니다. 인간이 과학기술과 공존하는 적정선을 찾자는 생각이 적정기술의 정신입니다. 적정기술은 과도한 과학기술의 발달을 경계하자는 취지로 시작되었습니다. 자연을 보호하고, 쓸 만큼 쓰고, 생태계가 파괴되지 않도록 하며, 환경 파괴를 막고, 환경이 파괴되었다면 회복될 때까지 기다려 주고, 기계보다는 사람들이 땀 흘려 일하는 방식으로 경제를 운영하고, 수익이 생기면 그것을 여러 사람이 나누어 갖자는 생각이 적정기술의 핵심 사상입니다. 그래야 인간의 삶의 터전인 지구의 환경을 지속적으로 유지 관리할 수 있습니다."

필자의 이야기에 동의하는 학생들은 고개를 끄덕였다.

"그렇기 때문에 적정기술을 인간의 삶의 방식을 논하는 인문학의 주제로 다루고 있군요."

필자의 설명이 계속되었다.

"적정기술은 과학기술 문명사회를 살아가는 현대인에게 삶의 방향을 제시하는 철학이 될 수 있습니다. 적정기술에는 기다림, 배려, 나눔, 공존과 같은 인문학적인 요소가 포함되어 있습니다. 적정기술은 인성을 중요시하고, 땀냄새가 나고, 공동으로 협력하고, 인격적인 교류를 포함하기 때문에 청소년들의 교육에 적합한 주제입니다. 여러분과 같은 청소년들이 적정기술의 정신을 익히면 균형 잡힌 미래의 지도자가 될 수 있고, 그런 사람들이 많아지면 사회가 건강해집니다. 나눔과 배려의 정신이 있는 리더들이 많은 사회는 건강할 수 밖에 없습니다."

학생들의 질문이 이어졌다.

"적정기술에 대해 공부해 보고 싶은 생각이 듭니다."

"적정기술 안에 현대 과학기술 문명 속에서 살아가는 사람들이 고민해야 할 문제들의 해결책이 있을 수 있습니다. 오늘의 청소년 캠프에서 적정기술 정신을 배워가기 바랍니다."

학생들이 필자의 설명에 집중한다.

학생들의 질문에 답을 하는 저자

"우리가 살고 있는 현대는 과학기술이 중심이 되어 만들어 가는 문명입니다. 과학기술의 혜택으로 인류는 수많은 질병을 극복하고 풍요로운 삶을 살게 되었습니다. 과학기술을 이용해서 물을 깨끗이 정수하게 되었고, 전기냉장고의 발명으로 상한 음식을 먹지 않아도 됩니다. 의료기술의 발달로 인류는 이제 100세 시대를 맞고 있습니다. 반대로 과도한 산업의 발달은 인간이 지속적으로 살아야 하는 지구의 자연환경을 손상시키고 자원의 고갈을 초래했습니다. 기술을 가진 사람은 부자가 되었고 그렇지 못한 사람은 가난한 삶을 살고 있습니다. 현대 문명의 발전의 중심에 있는 과학기술에는 빛과 그림자와 같은 양면성이 존재합니다."

"적정이라 함은 인간과 기술이 공존하는 기술의 적정한 수준을 말하는 것 같습니다."

"그렇습니다. 과학기술의 발달에는 적정한 수준이 있어야 합니다. 인간이 만든 기술 중에서 인류의 지속적인 삶에 적합한 기술을 '적정(Appropriate)' 기술이라고 합니다. 인류는 기술을 이용해서 과학기술 문명사회를 만들어 갑니다. 기술이 있으면 회사를 만들 수 있고, 회사는 산업이 되고, 산업이 모이면 한 나라의 경제가 되므로 기술은 곧 경제라고 할 수 있습니다. '적정기술'에서 '기술'은 좁은 의미의 '기술(Technology)'보다는 인간의 삶의 방식을 포괄적으로 다루는 넓은 의미의 '경제(Economy)'의 의미를 포함하고 있습니다. 산업혁명 이전에는 오늘날과 같은 거대한 공장들이 없었습니다. 그때는 주로 인간의 노동력을 이용해서 물건을 만들었습니다. 수공업

개도국 학생들에게 기술을
전수하는 과학기술자들
- 사람들이 모여 함께 힘써 일을 할
때 노동의 기쁨이 있다.

수준의 작은 경제였고, 많은 사람들이 함께 일을 해서 수익을 나누었습니다. 적정
기술은 슈마허란 독일 출생의 영국의 경제학자가 주창했습니다. 그는 경제의 크기,
다시 말해서 기업의 운영과 수익을 나누는 방식에 관심을 가졌습니다. 그 방식에는
'나눔의 정신'이 있습니다."

"적정기술 안에는 경제학자의 생각이 담겨 있군요."

"그렇습니다. 슈마허 선생은 적정기술을 주창하면서 인간 중심적인 경제를 이야
기했습니다. 기업이 인간 중심적이 되려면 구성원들이 친밀하게 서로 알아야 합니
다. 기업 구성원이 너무 많으면 상대방이 갖고 있는 장단점에 대해 알기 어렵습니다.
거대 조직에서는 그냥 회사에서 시키는 일을 할 뿐입니다. 인간 중심적 사회의 적정
인력은 약 300명 정도입니다. 구성원이 300명 이하가 되면 어떤 부서에 어떤 사람
이 일을 하고 있는지, 구성원들이 고민하는 문제가 무엇인지 알 수 있습니다. 그만큼
서로가 친밀하게 관계를 가질 수 있습니다. 직원 사이의 친밀도를 높이고 관계 중심
적으로 회사를 운영할 때 '인간 중심적인 기업문화'가 만들어집니다."

"정감이 있는 기업문화에 대한 이야기이군요. 인류의 삶의 관점에서 적정기술의
장점은 무엇인가요?"

"적정기술은 현재와 같은 과도한 환경파괴에 대해 문제를 제기합니다. 지구는 인
류가 현재 살고 있고, 또 앞으로 후손들이 살아가야 할 삶의 공간입니다. 이 공간을
깨끗하고 안정적으로 유지하려면 현재와 같이 지구환경을 함부로 손상시켜서는 안

됩니다. 지구 자원을 과도하게 사용하지 말아야 하고, 자원을 사용할 만큼만 쓰고, 인간에 의해 자연이 훼손되었다면 훼손된 자연이 회복할 수 있는 충분한 시간을 주어야 합니다. '기다림과 배려'의 정신이지요. 사람뿐만 아니라 인간의 삶의 터전인 자연에 대해서도 기다림이 필요합니다. 적정기술은 기술인 것 같으면서 경제이고, 경제인 듯 하면서 인간의 삶을 다루고 있어서 인문학적 요소들을 많이 포함합니다."

"그렇군요. 적정기술은 자연과학보다는 인문학에 더 가까운 주제인 것 같습니다. 오늘 선생님의 강연과 토론을 통해서 적정기술이 갖는 정신에 대해서 많이 배웠습니다."

"저와의 토론으로 적정기술에 대해 이해의 폭을 넓힐 수 있었다니 다행입니다. 많은 청소년들이 적정기술의 정신인 나눔과 배려, 기다림을 배울 수 있었으면 좋겠습니다. 고속열차처럼 빠르게 발전하는 현대 과학기술문명의 삶에서는 기다림이나 나눔과 같은 공존의 정신을 갖기 어렵습니다. 다양한 사람들이 모여 있는 현대사회에서는 상대방과 조화를 이루며 함께 사는 방식을 배워야 합니다. 오늘과 내일 이틀의 캠프 기간 동안 많은 청소년들이 적정기술에 대해 더 많이 알아갔으면 합니다. 감사합니다."

어느 과학기술자들의
모임에서

2006년 어느 날 저녁 대덕연구단지(국가 연구기관과 기업연구소, 대학이 밀집해 있는 한국 과학기술의 메카와 같은 곳이다)에 위치한 찻집에 과학자들이 삼삼오오 모였다. 이곳에 모인 사람들은 대부분 대학교수나 국립연구소의 연구원이었다. 이 날의 모임은 '세상에 따뜻함을 전하는 과학기술'에 대해 토론하기 위해 마련된 자리였다. 모임의 주최자가 나와서 이야기를 시작했다.

"교수님들, 그리고 연구자님들, 바쁘신 중에도 이 자리에 나와 주셔서 감사합니다. 오늘 우리는 현대문명에서의 과학기술의 역할에 대해 이야기하려고 합니다. 현대는 과학기술이 이끌어 가는 문명사회입니다. 과학을 떼어 놓고 세상의 문제를 이야기할 수 없는 시대입니다. 과학의 발전과 국력이 비례한다고 볼 수 있는 만큼 과학기술이 현대사회에 미치는 영향은 지대합니다. 그렇기 때문에 많은 과학기술자들이 새로운 기술을 만들기 위해 부단히 노력하고 있습니다. 과학기술을 통한 경제발전이 중요하지만 사회에 대한 과학기술의 기능과 역할에 대해서도 생각해 보아야 할 시점입니다. 이 시간에는 '과학기술을 통한 따뜻한 세상 만들기'에 대해 함께 논의를 해 보았으면 합니다."

한 교수가 이렇게 말했다.

"주제가 쉬워 보이지 않습니다. 일반인들에게 과학은 어렵게만 느껴지는 주제이고, 기술은 더 딱딱한 느낌을 줍니다. 과연 과학기술로 따뜻한 세상을 만드는 것이 가능할까요?"

다른 참석자가 말했다.

"글쎄요, 과학기술이 어렵고 딱딱한 주제이기는 하지만 과학은 우주만물의 이치를 알아가는 학문이고 기술은 그 원리를 이용해서 인간 생활에 도움을 주는 도구들을 만드는 일이니까 과학기술로 따뜻한 세상을 만드는 일이 가능할 것도 같네요."

다시 반대 의견이 있었다.

"제 생각으로는 어려울 것 같습니다. 대학 교수들은 학생들을 가르쳐야지요, 특허를 출원하고 유명 잡지에 논문을 써야지요, 연구소에서는 우주선 개발이다, 새로운 기술개발이다, 일이 산더미 같지 않습니까? 일주일 내내 연구실에서 살아도 시간이 모자라는 직업이 교수와 연구자인데 그런 일을 할 시간적 여유가 있을까요?"

주제를 발의한 교수가 말했다.

"물론 그렇습니다. 과학기술자들은 언제나 바쁩니다. 저도 마찬가지입니다. 하지만 현대는 과학기술이 만들어 가는 문명사회입니다. 인간의 삶의 중심에 과학기술이 깊이 침투해 있습니다. 그렇기 때문에 사회를 건강하게 만들어 가는데 과학기술자들은 책임의식을 가져야 합니다. 저는 20년 가까이 과학자로서의 삶을 살아오면서 과학이나 기술이 이 사회를 따뜻하게 변화시키는데 도움을 주어야 한다는 생각을 갖고 있습니다."

발제자의 의견에 동의하는 사람들이 있었다.

"저는 동의합니다. 조금 전에 어떤 분이 말씀하신 것처럼 과학(Science)이란 세상이 움직이는 이치를 이해하는 학문이고, 기술(Technology)은 그 원리를 이용해서 인간 생활을 윤택하게 하는 도구를 만드는 솜씨입니다. 과학기술이 주는 혜택이 많지요. 의학이 발달해서 질병을 해결하고 이제 인류는 100세 시대를 맞고 있습니다. 증기의 힘과 전기를 만들어 에너지를 공급해서 거대한 산업을 만들었고, 컴퓨터의 발명으로 온 세상이 하나로 통합되어 세계 어느 곳에 있어도 쉽게 소통하게 되었습니다. 모든 사람들이 과학기술의 혜택을 누리고 있지요. 하지만 요즘 과학기술의 발달은 좀 과도한 감이 있습니다. 산업이 너무 과학기술에 의존하다 보니 기계가 사람의 노동의 자리를 빼앗아 가서 갈수록 청년들은 일자리가 없어서 고민하고 있습니다. 유전공학 같은 분야에서는 생명윤리가 문제 되는 경우가 종종 있습니다."

"과학기술의 빛과 그림자라고 할 수 있겠군요. 우리나라가 수출입 1조 달러 시대

소외된 이웃을 위한 과학기술을 논의하는 과학기술자 모임 – 사람들이 물었다. "선한 일을 위한 과학기술의 역할에 대해서 동의합니다. 그런데 그런 행위로 전 세계 가난한 사람 몇 사람을 도울 수 있습니까?" 누군가 답을 했다. "몇 사람이 아니라 그런 마음을 갖는 것 자체가 중요합니다. 선한 마음이 없다면 이 세상은 소외된 사람에 대한 배려가 없는 삭막한 세상이 될 것입니다."

를 맞이했지만 여전히 청년들은 구직을 위해 동분서주 합니다. 대학을 졸업해도 직장을 잡지 못하는 취업 준비생이 넘쳐나고 있습니다. 공장이 모두 컴퓨터 자동화 시설로 움직이고 있어서 생산라인에 사람이 들어갈 자리가 없기 때문입니다. 기계가 사람의 일자리를 빼앗고 있습니다. 어떤 때에는 과학기술 문명이 폭주하는 기관차와 같다는 생각이 듭니다. 기계와 인간이 서로 조화롭게 공존할 수 있는 과학기술의 수준이 어디인지 혼란스러울 때가 있습니다."

"과학기술의 정의와 가치가 무엇인지 원론적인 문제를 다루어야 할 것 같습니다. 과연 현대 문명을 이끌어가는 과학기술의 원래의 취지와 목적은 무엇일까요?"

"몇 분이 언급한 바와 같이 '과학'이란 이 세상 우주 만물이 움직이는 원리를 알아가는 학문입니다. 그 원리 중에는 우리가 아는 것도 있고 모르는 것도 있습니다. 이제까지 인간이 우주에서 발견한 물질은 우주 전체의 5%이하라고 하니 모르는 것이 더 많겠지요. '기술'은 과학의 원리를 이용해서 인간에게 유익한 도구나 기기들을 만드는 솜씨이지요. 강을 건너기 위한 다리, 사람들을 외부의 위험으로부터 막아주

는 주택, 곡식을 빻아 가루로 만드는 맷돌과 농사를 짓기에 편리한 쟁기나 호미를 만
드는 솜씨를 기술이라고 합니다. 그리고 이러한 도구를 만드는 사람을 기술자라고
하지요.”

“그렇다면 과학보다는 기술이 이 세상을 만들어 가는 데 더 많은 기여를 하겠군
요.”

“그렇지요. 하지만 기술은 사용하기에 따라 다릅니다. 기술에는 선한 기능과 악한
기능이 있습니다. 기술을 선하게 사용하면 사회가 건강하게 발전하지만 기술을 만
들거나 사용하는 사람이 나쁜 마음을 먹으면 기술이 세상을 파괴하는 데 사용될 수
있습니다.”

“과학의 원리를 이용해서 인간에게 유익한 것들을 만들 수 있어야 과학기술로 사
람들에게 따뜻함을 전할 수 있겠군요. 그런 맥락에서 지금처럼 과학기술이 중요시
되는 사회에서는 과학기술자들의 역할이 중요할 것 같습니다.”

“그렇습니다. 기술을 무조건적으로 발전시키는 것보다 인간에게 유익한 방향으
로 발전시켜야 기술이 기술로서의 가치를 갖는다고 할 수 있습니다. 기술에 가치를
부여하는 일은 저희와 같은 과학기술자들이 해야 할 일이지요. 오늘 그런 이야기를
하고자 저희들이 이곳에 모인 것입니다.”

소외된 90%를 위한 과학기술

현대사회에서의 과학기술의 역할에 대한 토론이 흐름을 갖기 시작했다. 이번에는
얼마 전에 미국에서 안식년을 마치고 귀국한 한 교수가 자신의 견해를 말했다.

“제가 작년에 미국 MIT(Massachusetts Institute of Technology)에서 일년 동안 연구를
하고 돌아왔습니다. 그곳에 있으면서 MIT의 교과과정을 살피던 중 매우 흥미로운
교과목을 하나 알게 되었습니다.”

“어떤 과목이었나요?”

“MIT 디-랩(D-lab.)이란 곳에서 실시하는 교육 프로그램 중에 ‘나머지 90%를 위
한 공학설계(Engineering Design for the Other 90%)’란 과목이 있었습니다. 이 과목은 학
생들에게 인기가 대단했습니다. 과목 신청자가 너무 많아서 수강신청 탈락자가 속
출했습니다.”

"우리나라에는 없는 강의군요. 강의 제목 중 '나머지 90%'란 말은 무슨 뜻인가요?"

"저도 '나머지 90%(The other 90%)'란 말이 흥미로워서 그 의미에 관심을 가지게 되었습니다. 'The other 90%'란 말은 쉽게 말해서 '가난한 사람(이제부터 나머지 90%를 "소외된 90%"라 부르기로 한다)'을 말합니다. 전 세계의 경제력을 살펴보면 이 세상의 부는 5-10% 소수의 사람들이 다 가지고 있습니다. 전 세계 인구의 5%정도가 부의 90%를 가지고 있고, 10%정도가 95%이상을 소유하고 있습니다. 이 세상 사람들을 경제력을 갖고 있는 10%와 그렇지 못한 나머지 90%로 구분할 수 있지요. 부를 소유한 10%의 사람들과 구분해서 경제력에서 뒤쳐진(과학기술의 혜택으로부터 소외된) 사람을 소외된 90%라고 부릅니다."

"그래서 나머지 90%라는 말이 생겼군요. 세상의 경제가 그렇게나 양극화되었나요?"

"그렇습니다. 현대사회에서는 과학기술이 강한 사람이나 나라가 경제적 우위를 점합니다. 과학기술의 원래의 목적은 인간에게 편리함과 유익함을 주기 위한 것이었는데 지금은 부를 창출하는 도구로 사용되고 있습니다. 산업은 경제력을 가진 10%를 위해서만 물건을 만들고 있지요. 부의 편중화는 더욱 가속되고 있는 상황입니다. 지금이야말로 나머지 90%를 위한 과학기술에 대해 생각해 보아야 할 때입니다."

"자본주의 경제체제에서 사람들이 물건을 만들어 파는 것에 관심을 가지는 것은 당연한 일이지만 그래도 경제의 편중이 너무 심하면 사회 곳곳에서 문제가 발생하고, 그것을 해결하기 위해서는 또 다른 비용이 필요합니다. 건강한 사회를 만들려면 과학기술이 모든 계층에게 공평하게 사용되어야 합니다. 과학기술로 경제적으로나 사회적으로 약한 위치에 있는 사람들의 문제를 해결해 줄 수 있다면 사회 문제가 적어질 것이고 그 만큼 사회는 건강해지겠지요."

"MIT 디-랩에서 진행하고 있는 소외된 사람들을 위한 강좌에 대해 좀 더 자세히 설명해 주시지요."

"알겠습니다. 우선 그 강의에서는 개발도상국의 가난한 계층이나 장애인들과 같이 신체적으로 약한 사람들의 문제를 다룹니다. 예를 들자면, 장애인을 위한 보조기

"소외된 90%"를 위한 적정기술 경진대회 포스터"
- "소외된 90%"란 과학기술의 혜택으로부터 소외된 가난한 사람들을 말한다.

구인 휠체어를 저렴한 가격으로 제작하는 것을 목적으로 아이디어를 도출하고, 그 것을 실제 제품에 적용하고, 여러 디자인 요소들을 조합하고 시작품을 만드는 일을 합니다. 아시다시피 장애인들은 대부분 신체적으로 약하고, 경제력도 약한 사람들입니다. 지금 판매되고 있는 전동 휠체어의 가격은 수천만 원이나 됩니다. 전기를 저장하는 배터리 가격이 비싸서 그렇습니다. 가난한 사람들이 구입하기 어려운 가격이지요. MIT 디-랩에서는 값이 싼 휠체어를 만들고자 작동방식을 수동으로 바꾸었습니다. 하체가 부자유한 사람들이 손으로 기계를 작동할 수 있도록 디자인 개념을 달리한 것이지요. 또한 고가의 배터리를 사용하지 않기 때문에 저렴한 가격에 휠체어를 만들 수 있습니다. 이런 가난한 사람들을 위한 창의적인 설계를 사회혁신성 디자인이라고 합니다."

"사회적으로 약한 사람의 문제를 다루는 의미 있는 과목이군요."

"어떤 면에서는 건강한 사회를 만들려는 사회운동이라고 할 수 있지요. 과학기술 만능주의에 반성으로 1990년 후반에 미국 워싱턴 디시(Washington D. C.)의 스미소니안 박물관(Smithsonian Institute, 영국의 과학자 제임스 스미손(James Smithson)의 기부로 1846년에 설립된 종합 박물관)에서 "소외된 90%를 위한 디자인(Design for the other 90%)"이란 제목
의 전시회를 개최했습니다. 그 때 사람들이 이렇게 말했습니다. 왜 우리는 경제적으
로 부유한 10%의 사람들에게만 우리의 모든 역량을 집중해야 합니까? 기술의 사용
목적이 인간의 편리를 위한 것이라면 경제력이 약한 사람들의 문제에도 관심을 가
져야 하지 않나요?"

"좋은 이야기군요. 계속 말씀해 주시지요."

"네, 사실 과학기술은 원론적으로 인간의 편리를 위해 사용되어야 합니다. 과학기
술이 본연의 목적에 맞게 사용되었을 때 과학기술은 비로소 가치를 가질 수 있습니
다. 지난 인류의 역사 속에서 기술은 그 역할을 충실히 수행해 왔습니다. 하지만 지
금은 기술이 돈을 버는 경제의 수단이 되어버린 듯합니다. 경제적 수익을 창출하는
데 기술이 집중적으로 사용되고 있고, 기술 개발자들은 자신이 만든 기술을 다른 사
람들과 공유하려 하지 않습니다."

"우리가 기술 본연의 가치를 잊고 살고 있다는 지적이군요."

"그렇습니다. 기술은 모든 사람들을 위해 사용되어야 합니다. 경제력이 있는 소수
의 사람들만을 위해 기술이 사용된다면 기술의 가치는 반감됩니다. 그리고 인류의
지속가능한 삶(인류의 삶의 터전인 지구환경을 지속적으로 유지)에 어떤 수준의 기술이 적합
한 지에 대해 논의가 있어야 합니다. 인간의 삶의 방식을 급진적으로 바꾸는 과도한
기술개발은 경계해야 합니다."

"인간의 삶의 방식을 급진적으로 바꾸는 기술이라면?"

"예를 들어, 우리 모두가 갖고 다니는 통합형 기기인 스마트 폰을 생각해 보십시
오. 스마트 폰이 간편하고 많은 정보를 저장하고, 장소의 구분 없이 여러 명의 사람
과 네트워크를 만드는 등 대단히 편리한 기능을 갖고 있습니다. 하지만 스마트 폰으
로 인한 폐해도 큽니다. 스마트 폰이 없으면 사람들이 문화적이나 경제적으로 고립
될 가능성이 있습니다. 또한 인간의 일상이 기계에 너무 의존하는 것이 아닌가 하는
우려의 목소리가 있습니다. 스마트 폰이 대단히 혁신적인 제품이지만 이런 통합형
기기 때문에 시장에서 사라진 단품 제품들이 많습니다. 20-30만원짜리 디지털 카
메라, 전자계산기, 네비게이션과 MP3가 대표적인 제품들이지요."

"생각해 보니 그렇네요. 기술이 주는 편리함과 폐해의 사이에 균형점이 있어야 하

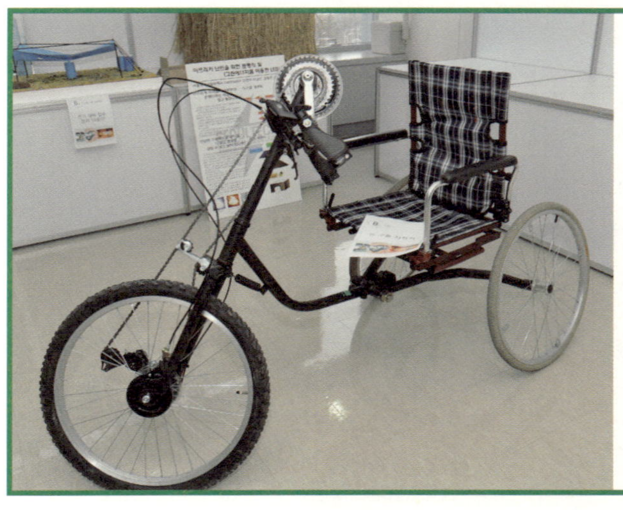

소외된 90%를 위한 적정기술
경진대회 출품작
- 손으로 작동해서 움직이는
자전거

겠다는 생각이 듭니다.”

　“인터넷도 마찬가지 입니다. 지금은 통합형 시장과 제품(여러 기능을 한 곳에 모아서 사용하는 제품)의 시대입니다. 통합형 기술이 작은 기술을 흡수하고, 거대한 기업 몇 개가 전체 산업을 지배하고, 수익이 소수의 사람들에게 치중되고 있습니다. 가장 비근한 예가 인터넷 쇼핑몰입니다. 인터넷 상에 거대한 홈쇼핑 네트워크가 만들어지면서 재래시장이 위축되고 있습니다. 이대로 지속된다면 백화점이나 마트와 같은 대형시장들도 인터넷 쇼핑에 흡수될 수 있습니다. 이러한 현상은 기술 본래의 취지나 인류 공존의 법칙에 맞지 않습니다. 기술은 인류 모두에게 공평함과 편리함을 주어야 합니다.”

　“새로운 기술이 새로운 직업을 만들어 낸다는 긍정적인 평가도 있지 않나요?”

　“물론 새로운 기술이 개발되면 새로운 시장이 생겨나고 그에 따라 고용이 창출됩니다. 하지만 기술발달로 인해서 노동 중심의 직종이 점점 사라지고 있는 현실은 매우 안타깝습니다. 가장 비근한 예가 하이패스(High-pass, 적외선이나 라디오 주파수를 사용하여 주행 중인 차 안에서 고속도로 통행료를 지불하는 전자요금 징수시스템)와 자동문입니다. 하이패스의 도입으로 요금소의 징수원들이 직장을 잃었습니다. 아파트나 빌딩 현관에 자동 출입문이 설치되면서 경비원들이 직장을 잃게 되었습니다. 기술의 편리함을 즐기는 것도 좋지만 과도한 기술발달로 인한 폐해도 생각하며 사람과 기술이 공존하는 방식에 대해 심각하게 고민해야 할 때입니다.”

기술과 인간, 공존의 대안

과학기술의 양면성에 대한 토론이 "기술이냐, 인간이냐"라는 주제로 이어졌다.

"기술과 사람이 공존하는 세상이란 말에 공감이 갑니다. 다시 소외된 90%를 위한 전시회 이야기를 해 주시지요."

"그 전시회를 주관한 사람들은 사람의 경제력에 관계없이 인간 모두가 평등하게 기술의 혜택을 받아야 한다는 생각에 동의했습니다. 그래서 기술의 혜택을 받지 못하는 소외된 90%에 대한 대중의 관심을 이끌어내기 위해 전시회를 개최하기로 결정했습니다."

"어떤 작품들이 전시되었는지요?"

"다양한 인간 중심적인 디자인 제품이 전시되었는데 그 중에서 눈에 띄는 제품으로 아프리카에서 사용되는 물 이송장치인 큐드럼(Q drum)과 물을 깨끗하게 하는 휴대용 필터인 생명빨대(Life straw)가 있었습니다."

"전시된 디자인 제품에 대해 조금 더 자세히 설명해 주시지요."

"큐드럼은 식수를 운반하는 장치입니다. 먹을 물을 길러 매일 5-10 킬로미터를 걸어가야만 하는 아프리카 주민들을 위해 고안된 장치이지요. 식수를 담아 손 쉽게 운반할 수 있도록 플라스틱 통을 큐(Q)자 모양으로 만들었습니다. 식수를 담은 둥근 통을 굴리면서 이동하면 마찰이 적으니까 힘이 덜 들지요. 이런 디자인 제품을 "소외된 90%"를 위한 디자인 제품이라고 할 수 있지요."

"생명빨대에 대해서도 말씀해 주시지요."

"생명빨대는 휴대용 물 필터입니다. 아프리카에서는 오염된 물 때문에 10초에 한 명꼴로 사망한다고 합니다. 먹는 물이 박테리아나 세균으로 오염되어 있기 때문이지요. 더러운 물을 그대로 마셔야 하는 상황이 안타깝습니다. 이 빨대는 물을 정수하는 정수기 필터의 축소형이라고 할 수 있습니다. 빨대 안에 필터가 내장되어 있고 내부에는 살균을 위한 활성탄과 요오드 입자가 들어 있습니다. 이를 이용해서 박테리아를 걸러내므로 물을 안전하게 먹을 수 있다고 합니다. 원래는 산을 오르거나 오지에 들어간 사람들이 외부로부터 고립되었을 때 주변의 더러운 물을 정수하기 위해 만들어진 제품인데 아프리카 사람들의 생명을 구하는 물 필터로 사용되고 있지요."

"과학기술과 디자인이 접목된 흥미로운 시도인 것 같습니다. 우리도 이런 행사를

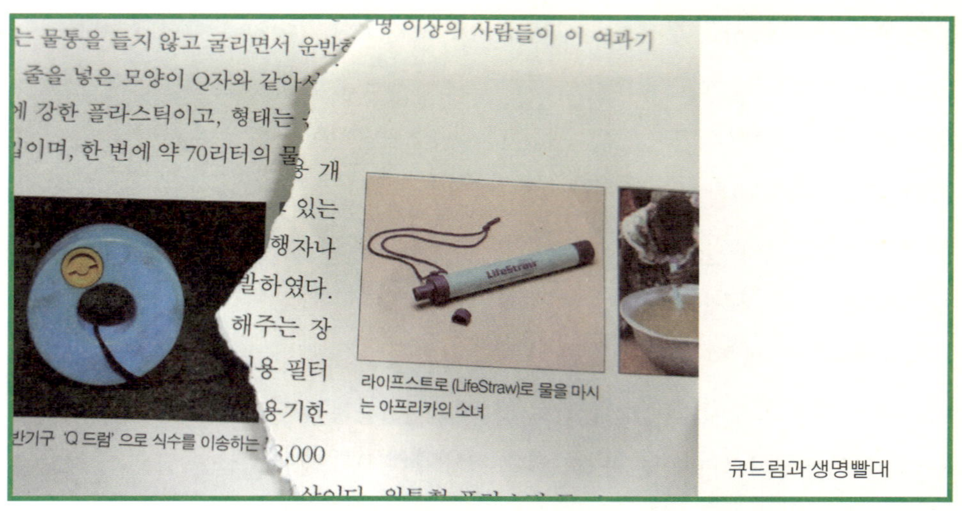

큐드럼과 생명빨대

열어서 많은 사람들이 소외된 사람들에게 관심을 갖게 해야겠습니다. 사회적 약자(장애자, 독신자, 경력단절 여성, 어린이, 고령자 등)를 돕는 좋은 방안이 될 것 같습니다.”

“소외된 90%와 아주 밀접한 과학용어로 “적정기술”이란 말이 있는데 혹시 들어 보셨는지 모르겠습니다. 인류문명의 지속적인 유지에 필요한 과학기술의 수준을 표현하는 말이지만 가난한 나라를 돕는 데에도 사용된다고 합니다.”

“적정기술? 참 재미난 말이네요.”

“적정기술은 그 기술이 정말로 적정하냐? 라고 묻는 말입니다. 영어로는 ‘Appropriate technology’라고 합니다. 적합하다는 뜻을 담고 있습니다.”

“무엇에 적합하다는 말인가요?”

“기술을 적용하려는 지역의 문화, 사회, 경제규모, 자원/자연, 환경 등에 적합해야 합니다. 아무리 좋은 과학기술이라도 그 지역에 적합한 기술이어야 하고 또 적용방식이 적합해야 성공을 거둘 수 있다는 말입니다.”

“어느 기술이든 모든 상황을 만족시키기란 쉽지 않아 보이는데요.”

“영국의 경제학자인 에른스트 슈마허(Ernst Friedrich Schumacher) 교수가 처음 주창한 기술인데 우리가 더 공부해 보아야 할 주제입니다.”

“적정기술이 가난한 사람을 돕는 문제와 어떤 관련이 있나요?”

“적정기술은 첨단의 기술이 아니고, 그렇다고 토속적인 기술도 아닙니다. 그 지역의 자원을 원료로 사용하고, 노동력을 많이 필요로 하고, 회사의 규모가 너무 크지 않아야 하고, 지역 주민들이 독립적으로 운영이 가능한 기술을 말합니다. 적정기술의 주창자인 슈마허 교수도 스스로 적정기술 단체를 만들어서 산업이 그다지 발달하지 않은 가난한 나라인 미얀마에서 활동하면서 좋은 성과를 냈다고 합니다. 적정기술을 활용해서 시골마을이 겪고 있는 다양한 문제를 해결해 주거나 마을 공동체의 수익사업을 활성화시켜 효과를 높였다고 하지요. 그 이후에 적정기술은 가난한 지역을 돕는 데 적합한 기술로 평가 받고 있습니다."

"과학기술이 미얀마 같은 가난한 나라의 사람들을 돕는 데 쓰였다니 기술이 본연의 목적에 맞게 사용되었다고 할 수 있겠네요."

"그렇습니다. 적정기술에 대한 이야기는 차차 하기로 하고 오늘 모임은 이 정도에서 마무리 지었으면 합니다. 오늘 토의는 참여하신 분들의 열의를 느낄 수 있는 매우 유익한 시간이었습니다. 이번 토론에 참여해 주신 많은 분들이 과학기술로 소외된 이웃을 돕자는 취지에 동의해 주신 것으로 알고 이 일을 계속 추진해 가도록 하겠습니다."

"동의합니다. 이 모임을 통해 사회적 약자를 돕는 디자인과 과학기술에 대해 함께 공부하면서 소외된 사람들을 도울 수 있는 적절한 방안을 찾아 보도록 하지요."

"그럽시다. 특히 저는 적정기술이란 단어가 마음에 듭니다. 적정기술은 과학기술로부터 소외된 사람들을 위한 기술이기도 하지만 지구환경을 보호하고 지속 가능한 미래를 위해서도 반드시 필요한 기술이라는 생각이 듭니다. 이 모임을 통해 적정기술에 대해 더 깊이 알아 갔으면 합니다."

적정기술, 성공과 실패

과학기술로 돕다

"이번에는 적정기술 성공과 실패 사례 분석을 통해 어떻게 하면 적정기술을 성공적으로 제공할 수 있는지 그 방안에 대해 알아보도록 하겠습니다."

"지금까지의 적정기술 활동에 대한 평가는 어떠한지 말씀해 주시지요."

"적정기술에 대한 평가를 이야기하려면 2차대전 이후 미국의 대외 과학기술 원조 계획을 이해하여야 합니다. 가난한 나라에 대한 미국의 과학기술 지원은 1949년 6월 24일에 제창된 트루만(Harry S. Truman) 대통령의 4호 계획(Point Four Program)에서 시작되었습니다. 가난한 나라의 국민들이 너무 오랫동안 '극심한 빈곤' 상태에 있게 되면 국가발전을 위해서 독재자가 필요한 것이 아닐까라는 잘못된 생각을 가질 수 있습니다. 이런 상황을 막고자 가난한 나라에 기술원조를 시작한 것입니다."

"독재자의 출연을 막고 가난한 나라의 경제를 돕는 국가정책으로 과학기술이 사용된 것이군요."

"그렇지요. 기술을 잘 보급해 주면 그 나라의 산업이 발전되므로 좋은 효과가 있을 것으로 판단한 것입니다. 미국을 비롯한 선진국들은 자신들이 경험한 기술발전 방식을 그대로 가난한 나라에 적용하는 프로젝트를 진행하였습니다. 도시와 농촌 지역을 구별하지 않고 동일한 산업을 적용해서 거대한 공장을 건설했고, 농업을 기계화 했고, 대규모 전력 생산 시설을 건설했습니다."

"상당히 적극적으로 가난한 나라의 산업화를 추진했군요."

"그렇습니다. 그런데 결과적으로는 잘못된 정책 결정이었습니다. 부적절한 기술

전기가 없는 지역에서의 태양열을 이용한 적정기술 식품 건조대(아프리카 차드)

원조로 인해 특정 지역의 자연적, 문화적 환경이 파괴되었습니다. 댐의 건설로 강에 서식하는 어류가 사라졌고, 지역의 유지들만 경제적 이익을 얻었습니다. 새롭게 도입된 기계들은 대부분 연료 부족 혹은 관리 인력의 부족으로 폐기되었습니다. 결국 기술지원에 의해 지역의 경제상황이 오히려 악화되었습니다."

"왜 그런 결과가 초래되었는지 원인에 대한 분석이 있었나요?"

"결과에 대한 다양한 논의가 있었습니다. 특정 나라나 지역에서 성공한 기술이라도 환경과 문화가 다르면 동일한 효과를 얻을 수 없음을 알게 되었습니다."

"현지의 상황을 이해하지 않은 기술지원에 대한 반성이 있었겠네요?"

"그렇습니다. 기술지원의 결과에 대한 논의가 있던 즈음인 1973년에 영국의 경제학자인 슈마허 교수는 그의 저서 『작은 것이 아름답다(Small is beautiful) — 인간 중심의 경제학(Economics as if people mattered)』에서 기술로 가난한 나라를 도우려면 지금까지와는 다른 방식의 기술 보급이 필요하다고 주장했습니다. 가난한 나라의 발전을 위해 그가 제안한 기술은 '중간기술(Intermediate technology)'이었습니다."

"중간기술이라면?"

"중간기술이란 후진국들에 존재하는 원시적인 기술과 선진국의 첨단기술의 중간 수준의 기술을 의미합니다. 단어가 갖는 느낌이 분명하지 않지만 선진국에서 사용되는 기술보다 낮은 수준의 기술이 빈곤 탈출에 더 효과적이라 생각한 것입니다."

"슈마허 교수는 유네스코 회의에서 이렇게 말했습니다. "그 지역사람들이 살고 있는 곳에 적용할 수 있고, 일반인들이 구입할 수 있는 정도로 충분히 값이 싸며, 비교적 간단한 기술로 제품을 만들고, 그 지역의 자연자원을 재료로 사용하는 경제구조에 적합한 기술이라야 가난한 나라의 빈곤의 문제를 해결할 수 있다." 이러한 기준을 만족시키는 기술을 그 지역에 '적정한(Appropriate)' 기술이라고 했습니다."

"기술을 제공받는 나라의 환경과 문화에 적합한 기술을 말하는 것이군요."

"선진국형 산업기술 지원이 실패한 후 적정기술의 개발과 보급활동이 활기를 띠었고, 이후 그 나라와 지역의 문화와 환경에 맞는 기술 제품들이 많이 제작되었습니다."

예상하지 못한 문제들

"적정기술이 가난한 나라를 돕는 기술로 알려져 있지만, 한편으로는 지속가능한 인류 미래를 만드는데 적합한 기술로 알려져 있습니다. 그런 측면에서 적정기술을 넓은 범위에서 이해할 필요가 있을 것 같습니다."

"적정기술에 관심을 가지게 된 사람이라면 한 번쯤은 이렇게 생각해본 적이 있을 것입니다. '나도 이런 것들을 만들어보고 싶어!' 라고 말이죠. 그러기 위해서는 먼저 적정기술의 실체에 대해 살펴보아야 할 것 같습니다."

"좋습니다. 적정기술의 기본 개념을 다시 한번 이야기 해 주시지요."

"적정기술은 본래 간디의 물레 돌리기 운동과 슈마허의 중간기술의 개념으로부터 시작된 기술운동입니다. 적정기술은 사용자가 쉽게 관리할 수 있으며 편리하게 이용할 수 있는 특징을 가지고 있어 사용자 중심의 기술이라고도 할 수 있습니다. 적정기술 운동이 확산되면서 라이프 스트로우(Life straw), 큐드럼(Q-drum), 팟인팟쿨러(Pot in pot cooler) 등 적정기술을 표방한 다양한 제품들이 전 세계적으로 쏟아지고 있지만 사실 좋은 의도가 항상 좋은 결과를 만들어내는 것은 아니었습니다."

* 물레 돌리기 운동: 마하트마 간디는 물레를 돌려 스스로 옷을 지어 입음으로써 당시 인도를 식민 지배하던 서양 세력과 산업에 의지하지 않는 자급자족의 정신을 보여주었다.
* 중간기술: 선진공업국의 자본집약적 기술과 개발도상국의 토착적인 기술의 중간에 위치하는 기술

"의도는 좋았지만 실제로 사용하면서 예상하지 못한 문제가 발생했다는 말인가요?"

"그렇지요. 빨대처럼 물을 빨아들여 정수된 물을 마실 수 있는 라이프 스트로우는 질병 혹은 사고 등의 이유로 구강이 불편하거나 흡입력이 약한 유아에게는 사용이 어려울 수 있습니다. 큐드럼은 가격이 비싸 금전적 지원이 있어야 보급이 가능한 소극적 방식의 기술보급 사례입니다. 말라리아 예방을 위해 무료로 보급된 모기장은 현지의 모기장 시장을 축소시키는 결과를 불러오기도 했습니다(무료로 제공하자 시장에서 모기장을 사는 사람이 줄었다). 적정기술의 실패 사례로 가장 흔하게 언급되는 플레이 펌프는 아이들에게 놀이기구를 제공함과 동시에 지역에 물을 공급할 수 있다는 점이 매력적으로 다가와 수많은 자선가들의 눈길을 끌었습니다. 이들의 아낌없는 지원으로 높은 단가에도 불구하고 아프리카 지역에 약 천오백여 대가 설치되었습니다. 하지만 제대로 훈련된 관리자가 없어 고장이 나도 수리되지 못하고 장기간 방치되는 결과를 낳았습니다."

"저도 플레이펌프의 이야기는 들어서 잘 알고 있습니다. 지역주민과 협의도 없이 자선단체가 만들어 제공한 장치라서 많은 문제를 야기시켰다고 들었습니다."

"해당 지역의 호기심 많은 아이들은 카메라를 들고 외부인이 찾아왔을 때는 힘차게 펌프를 돌리며 놀곤 했으나 그들이 떠나가면 아이들은 더 이상 펌프에서 놀지 않았습니다. 그리고 어린이 혹은 여성 몇 명의 힘으로는 펌프가 작동되지 않았습니다. 더 이상 플레이펌프에서는 물이 나오지 않았으며, 지역 주민들은 오랫동안 사용해왔던 손 펌프가 더 효율적이라는 것을 알게 되었습니다."

"역시 현지의 요구를 이해하지 못하면 좋은 의도라도 효과를 얻기는 어렵군요."

"그렇습니다. 플레이 펌프가 큰 관심을 받았던 만큼, 이에 대한 비판이 여기저기서 쏟아졌습니다. 실패 사례들을 자세히 들여다보면 부패한 사회구조나 제도적으로 고착되어 온 가난의 문제를 단순히 외부의 일시적인 지원이나 기부로 해결하려고 해서는 안 된다는 것을 알게 되었습니다. 사용자가 무엇을 원하는지를 아는 것이 중요합니다."

"그렇지만 그 동안 많은 사람들이 아프리카나 아시아의 가난한 나라를 기술로 도와왔으니까 좋은 소식도 있어야 하는 것 아니겠습니까?"

"네, 좋은 소식도 있습니다. 적정기술이 과도기를 겪고 있을 때, 새로운 활로를 개척한 한 사람이 있습니다. 바로 적정기술 보급단체 설립자인 폴 폴락입니다. 2007년 어느 날, 이렇게 말했습니다(그는 자신의 블로그에 『적정기술은 죽었다(Appropriate Technology is Dead)』는 제목의 글을 게시했다). "적정기술 운동은 시장을 위해 디자인하는 냉정한 기업가들 대신에 서투른 수선쟁이들에 의해 주도되었기 때문에 죽었다. 내가 아는 한, 적정기술 운동에 의해 설계된 기기들 중에 1만 명 이상의 구매자의 손에 들려진 사례는 손에 꼽을 정도로 적다."

"기업가, 수선쟁이? 그가 하려는 말의 의미가 무엇인지 잘 모르겠습니다."

"그의 말은 이런 뜻입니다. 제대로 된 적정기술 제품이라고 말하려면 그 제품이 시장에서 팔려야 한다는 말입니다. 현지 사람들이 원하지도 않는 제품을 자선사업가의 돈으로 대충 만들어 주는 정도로는 적정기술이 성공할 수 없다는 말이기도 합니다. 그런 사람들을 '서투른 수선쟁이'라고 표현한 것입니다."

"아, 그런 뜻이군요."

"날카로운 분석과 비판을 담은 그의 글은 적정기술에 관심을 갖는 사람들에게 충격을 주었습니다. 폴 폴락은 성공적인 적정기술 기업가입니다. 그는 1982년에 비정부 비영리 기관인 IDE(International Development Enterprises)를 설립해서 세계 11개 나라에 적정기술을 보급했고, 2000여만 명을 빈곤의 악순환에서 건져내는데 성공했습니다. IDE는 직원이 500여 명, 일년에 2000만 달러의 예산을 운용하는 기업으로 성장했습니다. 이 회사의 성공적인 적정기술 제품으로 페달펌프(Treadle pumps), 점적 관개시설(Drip irrigation), 세라믹 정수필터 등이 있지요."

공짜로 주면 안 돼

"어떤 일이나 성공과 실패는 언제나 함께 하는군요. 실패가 있어야 성공이 있는 것이니까 당연한 이야기지요. 폴 폴락이 이야기한 '시장에서 팔리는 제품' 이야기가 인상적입니다. 시장에서 팔리는 제품을 만들려면 어떤 노력이 있어야 하는지 이야기 해 보도록 하지요."

"모든 적정기술 제품이 효과를 거둔 것은 아닙니다. 효과를 거둔 것도 있고, 그렇지 못한 것도 있습니다. 일반적으로 제품의 성공 여부를 알려면 제품의 제작에 얼마의 비용이 투자되어서 얼마의 수익을 거두었는지를 평가합니다. 하지만 적정기술은 지역의 환경이나 문화, 지역 주민의 욕구를 얼마나 만족시켰느냐를 알아야 하고 지속가능성에 대해서도 평가해야 하기 때문에 성공여부에 대한 평가가 쉽지 않습니다.”

“가장 중요한 평가 항목은 무엇인가요?”

“가장 중요한 것은 현지 주민이 그 제품을 신뢰하고 구입해서 잘 사용하고 있느냐이고, 또한 그 제품으로 인해 주민들의 삶의 질(깨끗한 물을 마시고, 건강한 몸을 유지하고 노동으로 수익을 얻을 수 있다면 삶의 질이 좋다고 할 수 있다)이 향상되었느냐 하는 점입니다.”

“현지 주민의 삶의 질이 중요하지요.”

“제 이야기를 천천히 들어 보면서 적정기술 제품 디자인에 대해 생각해 보지요. 지금까지 여러 NGO(Non-government organization, 비정부 기구)가 유엔이나 선진국 정부로부터 자금을 받아서 인도주의 차원에서 가난한 나라에 적정기술 제품들을 무상으로 보급했습니다.”

“보급한 결과는 어떠한가요?”

“안타깝게도 무상으로 보급된 제품의 대부분이 현지에서 사용 중에 고장이 나서 폐기된 것이 많았습니다.”

“고장이 나면 고치면 되지 않나요?”

“여러 이유가 있겠지만 고장이 나도 수리할 사람이 없거나 부품 조달이 어려운 경우가 많았습니다. 또 사용방식이나 원리가 그 지역의 문화에 맞지 않는 것들이 많았습니다. 부품조달이나 고장 수리는 단기적으로 해결될 사안이 아닙니다. 부품을 현지에서 구입할 수 있도록 현지에서 제작 가능한 부품을 사용해야 하고, 고장이 났을 때 수리할 수 있는 인력을 교육시켜야 합니다. 이런 문제를 생각하지 않고 무상으로 제품을 보급하는 방식에 문제가 있습니다.”

“무상으로 제공하는 제도에 문제가 있다고 했는데, 가난한 사람들에게 시장에서 돈을 주고 제품을 살만한 경제력이 있나요?”

“쉽지는 않지요. 하지만 그 제품을 통해 삶의 질을 개선할 수 있다는 확신을 갖는다면 돈을 주고 삽니다.”

“그래도 돈을 주고 물건을 살 정도라면 그 지역에서 어느 정도의 소득이 있는 계층일 것 같은데요.”

적정기술 흙 벽돌 제작 장치. 필요한 물품은 공동으로 구입한다.

"먹을 것이 없어서 굶어 죽어가는 사람들보다는 경제적 수준이 높지요. 먹을 식량이 없는 빈곤한 지역에는 의식주에 관련되는 것들을 무상으로 제공해 주어야겠지요. 하지만 어느 정도 경제적 수준이 있는 사람들에게는 스스로 자신들의 문제를 해결하도록 도와 주어야 합니다."

"무상으로 지원해서 문제가 된 예가 있으면 이야기 해 주시지요?"

"물 이야기를 해 보지요. 사람이 사망하는 원인에는 여러 가지가 있지만 더러운 물을 먹어 사망하는 경우가 가장 많다고 합니다. 깨끗한 물을 공급하고자 선진국들이 아프리카와 아시아 가난한 나라에 경쟁적으로 우물을 파 주었습니다. 요즈음에는 우리나라가 우물을 파 주는 일을 열심히 하고 있습니다."

"저도 그런 기사를 많이 보았습니다."

"우물을 파서 깨끗한 물을 공급해 주면 오염된 물을 먹어서 발생하는 질병을 예방할 수 있습니다. 그런데 우물을 계속 사용하기 위해서는 관리를 잘 해 주어야 합니다. 사람들은 우물을 파 주기만 할 뿐 우물을 어떻게 관리해야 하는지에 대해 잘 가르쳐 주지 않습니다. 설사 가르쳐 주더라도 주민들이 지속적으로 운영하지 못하기 때문에 많은 우물이 관리 미비로 폐기됩니다. 이런 우물들은 오히려 전체 지하수를

아프리카 시골마을의 우물

오염시키는 통로가 됩니다. 이런 상황을 인식하지 않고 무조건 우물만 파 주면 오히려 역효과가 나타날 수 있지요."

"물건을 주거나 문제를 해결하는 것이 중요하지만, 그것을 계속 관리할 수 있도록 사람들을 교육시킬 필요가 있겠군요."

"그렇습니다. 우리 나라가 가난한 나라에 일년에 100개의 우물을 파 준다면 일본과 같은 나라는 500개를, 미국은 천 개의 우물을 파 줄 능력이 있습니다. 실제로 그렇게 하고 있고요."

"무조건 돕는다고 다 좋은 것은 것은 아니군요. 사람을 돕는 방식이 중요할 것 같습니다. 이런 일에는 어떤 마음을 가져야 하는지요?"

"선진국에서 아프리카와 아시아의 가난한 나라를 도울 때 통상적으로 주는 사람의 입장에서 일을 하게 되지요. 하지만 주는 사람과 받는 사람, 부자와 가난한 사람의 입장을 탈피해서 세계가 처한 경제의 불균형 차원에서 "빈곤"의 문제를 해결하려는 노력이 있어야 합니다. 동료애까지는 아니더라도 함께 문제를 해결하려 한다는 진실된 마음이 느껴져야 현지 지역사회가 당면한 문제를 해결할 수 있다고 봅니다."

적정기술이 성공하려면

세상의 부의 90%를 5%의 부자들이, 95%를 10%의 사람이 갖고 있다고 합니다. 그래서 우리는 부를 갖지 못한 가난한 90%의 사람들을 '나머지(소외된) 90%(The other 90%)'라고 합니다. 사람들은 부를 가진 10%에게만 관심을 갖습니다. 그들을 위해 제품을 만들고 그들의 삶에 도움이 되는 기술을 만듭니다. 아무도 이 소외된 90%에 대해 관심을 갖지 않았지만 요즈음 이들에 대한 관심이 높아지고 있습니다. 잠시 가난의 상징으로 인식되는 아프리카로 눈을 돌려볼까요?"

"아프리카라고 하면 생각나는 단어 3개를 10초안에 떠올려봅시다."

"아프리카요?""

"네, 어떤 단어들이 생각나나요? 혹시 '사파리', '사막' 등과 같은 단어와 함께 '기근', '기아', '가난' 등이 생각나지 않습니까?"

"네, 그렇습니다."

"뉴스나 영상 매체들을 통해서 우리에게 알려진 아프리카의 상황은 가난이나 전쟁, 질병과 같이 상당히 제한적입니다. 정말 그럴까요?"

"제게도 아프리카라고 하면 야생동물의 천국이나 내전과 기근 같은 단어가 생각납니다."

"아프리카에도 많은 과학기술의 진보가 있었습니다. 아프리카의 이동통신 보급률이 2011년에 이미 62%에 달해있으며 2006년 이후부터 가입자 수가 매년 20%씩 급증하고 있다는 사실은 우리에게는 조금 생소하고 놀라운 일일 수도 있을 것 같습니다. 명백하게 현재 아프리카는 주요 휴대전화 단말기 제조회사들이 앞다투어 투자하고 있는 어엿한 '시장(Market)'입니다."

"아프리카의 시장도 사람들이 관심을 가질 만큼 성장하고 있군요."

"폴 폴락의 발언 이후 적정기술의 세상은 어떻게 변했을까요? 사람들은 이제 제품 그 자체보다 제품의 지속 가능성에 대해 고민하기 시작했습니다. 그리고 지원의 대상이라고 여겼던 사람들의 손에 들려있는 코카콜라와 휴대전화를 보면서, 그들 역시 구매력 있는 소비자라는 사실을 깨달았습니다. 연간 3천 달러 미만으로 생계를 꾸리는 나머지 90%(BOP, Bottom Of Pyramid라 부른다. 삼각형 밑단에 가난한 많은 사람이 있다는 말이다. 돈이 적을 지라도 인구가 많으니까 경제력이 제법 크다. 박리다매라고 하면 이해가 쉬울 것이다. 작은 자본을 가진 많은 사람들에게 파는 방식) 집단을 대상으로 하는 새로운 시장이 열린 것입니다. 무려 전 세계 인구의 90%나 되는 어마어마한 규모입니다. 원조개념으로만 사용되던 적정기술 제품들은 이제 새롭게 시장에서 '판매할 수 있는' 상품이 되었습니다. 이는 적정기술이 '좋은 의도'뿐 아니라 '시장 경쟁력'을 갖추어야 한다는 뜻이기도 합니다."

"시장에서 팔리는 적정기술 제품. 폴 폴락 선생의 말이 실현되고 있는 것이군요."

"전에는 국가 혹은 대기업의 큰 자본에 의한 적정기술 제품이 보급되었지만 이제는 작은 자본으로 운영되는 사회적 기업(사회적으로 약한 사람들을 위한 제품을 만드는 기업)과 중소기업이 적정기술 시장을 만들어 가고 있습니다. 이러한 변화는 제품을 제공하는 사람과 사용하는 사람 양쪽에 큰 영향을 미쳤습니다. 또한 적정기술을 통해 수익을 창출하게 되자 지역 주민들 자신들이 새로운 구매력을 갖추게 되었고, 궁극적으로 가난에서 벗어날 수 있다는 믿음과 희망을 갖게 되었습니다. 이러한 과정을 통해 적정기술은 계속 발전하고 있습니다."

"적정기술이 발전하고 있다는 말에 희망이 샘솟습니다. 적정기술이 더 발전하기 위해서 어떤 것을 더 생각해야 하는지요?"

"유엔이나 유엔을 대신하는 NGO가 가난한 나라를 돕는 일에 나서고 있지만 투자 대비 그 효과는 그다지 크지 않은 것 같습니다. 요즈음에 와서 드는 생각은 NGO 같은 기관은 식량을 무상으로 보급하는 일이나 질병을 줄이기 위한 보건 위생, 문맹을 퇴치하기 위한 교육사업과 같이 지역사회를 돌보는 일에 적합한 것 같습니다. 기본적인 것들이 해결되면 지역주민에게 스스로 자립하는 방식을 가르쳐야 합니다. 지역에서 생산한 물건이 시장을 통해 판매가 이루어지거나 지역민 스스로 문제를 해결하게 하는 방식이 그것이지요. 그것이 폴 폴락 선생이 주장한 시장에서 팔리는 제품이지요."

"스스로 일해서 벌어야 한다는 말이군요. 그런데 자본이 없는 상태에서 회사를 만들 수 있나요?"

"그런 사람들을 위해 사회적 기업이란 것이 있습니다. 사회적으로 약한 사람들을 위해 정부가 지원해 주는 회사이지요. 자본이 약하더라도 일할 수 있는 노동력은 있으니까 값이 싼 노동력을 이용해서 일을 하는 회사를 만들면 됩니다. 지역 주민이 원

아프리카 차드에 숯 프레스기
사용법을 알려주는
(사)나눔과기술

하는 문제를 해결하거나 지역의 환경과 문화에 적합한 사업을 하면 좋을 것입니다.”

“그 동안 가난한 나라를 지원하려는 노력이 있었지만 어떤 것은 실패했고, 또 어떤 것은 성공했는데 성공과 실패의 원인에 대해 이해하려는 노력이 있었는지요?”

“세상에 수많은 과학기술 제품들이 있습니다. 그 중에 어떤 것들이 가난한 나라에 적합한 제품일까요? 특정지역에 적용되어 그 지역의 문제를 해결하는데 효과적으로 사용되었다면 그것이 성공한 적정기술 제품일 것입니다. 종종 동일 제품이 어떤 곳에서는 적정하다고 소개되고, 다른 곳에서는 적정하지 않다고 이야기 됩니다. 이렇게 의견이 분분한 이유는 아직까지 적정기술에 대한 제대로 된 평가 기준이 없기 때문일 것입니다. 적정기술 제품개발에 대한 평가기준이 만들어진다면 시장에서 통용될 수 있는 적정기술 제품을 만드는데 드는 수고가 줄어들 것입니다.”

“그러면 적정기술이 성공하기 위한 기준을 논의해 보할까요?”

적정기술의 실패 이유와 성공을 위한 실행방안		
	실패한 이유	성공하려면
방식	인도주의적 무상지원	돈을 주고 제품을 사도록
기간	일방적 지원, 단기적	스스로 인식하기, 장기적
관계	주는 사람과 받는 사람	함께 만들어 가기
주체	유엔이나 NGO	시장에서 판매
방향	문제 해결을 중심으로	현지 지역민이 필요로 하는 것

하나, 오랫동안 팔린다 – 그라민 레이디(Grameen lady)

"먼저 어떤 일이 지속적으로 잘 되려면 무엇이 필요한지에 대해 이야기해 보도록 하겠습니다. 기술이나 상품이 그 지역에서 지속적으로 통용될 때 우리는 그 제품에 지속성이 있다고 합니다. '지속가능성'을 영어로는 "Sustainability"라고 합니다. 지속성은 적정기술이 일시적인 지원 사업이 되지 않고 지역 공동체에 지속적으로 영향을 미치기 위해 필요한 요소입니다. 사용자가 지속적으로 제품을 사용하는데 문제가 없는지, 사용자들이 더 원하는 기능은 무엇인지에 대한 정보를 주고받아야 합니다. 문제가 있으면 보완하고 수정할 필요가 있기 때문이죠. 누군가 무엇을 도와 주었을 때 순간적으로 상황이 좋아졌다가 그 다음에는 효과가 없다면 그 일에 지속성이 있다고 할 수는 없습니다."

"계속적인 발전이 있어야 한다는 말이군요. 지원이 중단되어도 지속적으로 발전이 일어나려면 어떻게 해야 하지요?"

"그렇게 되려면 공급자와 사용자간의 소통이 꾸준히 이루어져야 하고, 지역 공동체와 협력이 이루어져야 하고, 지원된 기술이 지역 문화 및 환경과 융화되어야 합니다. 예를 하나 들어 보겠습니다. 우리나라에 유산균 음료인 야쿠르트(Yakult)가 처음 등장했던 1970년대 초, 이 제품은 그다지 환영을 받지 못했습니다. 유산균이 몸에 좋다고는 하지만 세균 덩어리인 음료를 돈을 주고 사서 먹어야 하냐는 부정적인 인식이 있었기 때문이지요. 제품의 유통과 관련된 인프라가 아직 잘 갖춰져 있지 않아서 제품의 운반에 어려움이 있었습니다. 이 문제를 해결한 것은 바로 우리에게 친숙한 '야쿠르트 아줌마'입니다. 야쿠르트 아줌마는 같은 여성으로 제품의 수요자인 주부들에게 신뢰를 줄 수 있었고, 일정 지역에서 꾸준히 배달과 판매를 진행하면서 방문판매원 이상으로 지역정보통 역할을 하며 지역 주민들에게 친숙해질 수 있었지요."

"제품 자체의 효능을 홍보하는 것과 더불어 현지에 녹아 들어가는 마케팅이 필요하다는 말이군요."

"네, 그렇습니다. 이와 비슷한 사례를 방글라데시에서도 찾아볼 수 있습니다. 바로 그라민다농(Grameen-Danone, 세계 최대의 유제품 생산업체, 프랑스에 본사가 있음)의 100원짜리 요구르트입니다. 방글라데시의 시골에서는 약 50%나 되는 아이들이 영양실

그라민 레이디. http://www.danonecommunities.com/en/project/grameen-danone-food

조를 겪고 있었습니다. 두 명 중 한 명꼴이죠. 이 문제를 해결하기 위해 설립된 그라민다농은 모든 재료들을 현지에서 생산하기로 결정하였고, 요구르트 생산 공장에는 현지인을 채용했으며, '그라민 레이디(Grameen Lady)'라 불리는 여성들이 판매를 담당했습니다. 그라민 레이디가 우리나라의 야쿠르트 아줌마와 같은 역할을 했지요. 현지의 물적, 인적 자원을 최대로 활용한 방식으로 성공적인 사례입니다."

"현장과의 소통이 중요하다는 말이군요. 소통이 없으면 성공하기 어렵군요."

"그렇습니다. 사업이 성공하려면 현지와의 소통이 매우 중요합니다. 현지와의 소통 없이 제품을 무료 공급해서 실패한 사례가 있습니다. 아프리카에 활동하는 NGO가 어느 지역에 말라리아 모기장을 무료로 공급해 주었습니다. 모기장을 공짜로 주니까 사람들이 시장에서 모기장을 사려고 하지 않았습니다. 가만히 기다리면 모기장을 주는데 누가 시장에서 돈을 주고 모기장을 사겠습니까? 결국 그 지역에서 모기장 만들어 파는 회사가 파산했지요. 무료로 배포된 모기장이 그 지역의 상권을 무너트린 것입니다. 새로 구입해야 하는 사람들이 모기장을 구입하지 못했고 이로 인해 결국 말라리아 감염률이 높아지는 결과가 초래되었습니다. 이처럼 사용자와 소통할 수 있는 통로를 열어두는 것과 지역공동체에 자연스럽게 융화되는 과정은 필수적입니다."

"지속적인 협의를 통해 그 지역에 적합한 기술을 찾아야 한다는 말이군요."

"네, 그렇습니다. 현지 지역사회의 협력(Local Cooperation)을 이끌어 낼 수 있으면 좋습니다. 그라민다농과 같이 제품을 현지 사회가 수용하고 현지인들 스스로 기업을 만들어 일하면 효과가 배가 될 것입니다."

"또 다른 요인으로는 어떤 것이 있나요?"

둘, 친근하다 - 출라(Chulha)

"접근성(Accessibility)란 말이 있습니다. 어떤 제품이 지역 주민의 생활에 친근하다면 그 제품은 접근성이 좋다고 할 수 있습니다. 그런 제품이 되려면 그 지역에서 구할 수 있는 재료(Local material)를 사용해야 합니다. 제품을 만들 때 그 지역에서 오래 전부터 사용해 온 토착적인 기술(Local technology)을 사용하면 접근성이 높아집니다."

"열대지방에서 쉽게 구할 수 있는 코코넛 열매를 소재로 가방의 단추와 같은 부품을 만들면 현지 사람들이 제품을 사용할 때 친근하게 느낄 것 입니다."

"그 지역 어디서든 손쉽게 구입할 수 있는 재료를 사용하고 현지의 기술 수준에 맞추어 제품을 개발하면 좋겠지요. 필립스(Phillip Design, 네델란드에 본부를 둔 다국적 회사)에서 인도의 시골 가정을 타겟으로 개발한 저공해 아궁이 출라(Chulha)라는 제품이 있습니다. 이 제품은 접근성이 뛰어난 좋은 예입니다. 기존에 인도의 가정에서 사용되고 있던 실내 아궁이는 미세먼지와 연기가 집 내부에 머물기 때문에 호흡기 질환을 유발하는 문제가 있었습니다. 전 세계에서 일년에 160만명이 연기 문제로 사망한다고 합니다. 필립스는 주변에서 쉽게 구할 수 있는 흙과 모래를 이용하여 조립식 아궁이를 만들었습니다. 아궁이 후면에는 연기가 외부로 빠져나갈 수 있도록 굴뚝을 설치했습니다. 단순한 구조와 값싼 재료로 인해 자연스럽게 낮은 가격으로 제품을 공급할 수 있었습니다."

"주변에서 구할 수 있는 재료와 사용하기 편한 단순한 구조가 주요했군요."

"그렇습니다. 필립스는 아궁이 제작에 필요한 도면을 전부 무료로 공개하고 제작과정까지 상세하게 제공하여 많은 사람들에게 자유롭게 정보를 공유할 수 있는 기회를 주었습니다. 출라의 개발과정에서 가장 인상 깊은 점은 설계팀이 직접 5개월간 인도에 머물며 프로젝트를 진행했다는 것입니다. 이 시간을 통해 제품 디자인에

필립스의 조립식 아궁이
출라(Chulha)
http://www.thedesignquest.com/
postdetails.php?id=6844

현장의 문제를 토의하는 아프리카
현지 주민들

현지인들의 의견을 충분히 반영했고, 현지 기업가들과 소통하는 기회를 가질 수 있었지요. 저공해 아궁이 출라는 개발, 제작, 유통 등 다방면에서 접근성이 좋은 사례라고 할 수 있습니다."

"필립스가 조립식 공장을 인도 현지에 세워서 그 지역 주민들을 고용했겠군요."

"바로 그런 방식입니다. 인도 현지에서 생산하니까 제품의 관리가 쉽고, 지역 공동체가 제작, 판매, 유통에 참여할 수 있어서 회사가 지역사회의 친밀한 관계를 가질 수 있었지요. 출라는 인도뿐만 아니라 동일한 문제를 겪고 있는 아프리카와 라틴 아메리카에도 공급될 예정이라고 합니다."

셋, 성능이 좋다 – 라이언라이트(Lion Light)

"어떤 방식으로 일을 하고 어떤 재료를 사용하느냐가 중요하지만 제품의 가격도 무시할 수 없을 것 같은데요."

"그런 것을 효율(Efficiency)이라고 합니다. 에너지 효율, 생산효율을 말하지요. 먼저 제품을 생산할 때 기존의 방법보다 에너지가 적게 들면 좋겠지요. 에너지는 곧 가격이니까요. 가치를 추구하는 적정기술에도 빠지면 안 되는 것이 바로 에너지 효율을 비롯한 기능성입니다. 기존의 제품보다 더 적은 에너지가 드는지, 더 좋은 성능을 낼 수 있는지 등을 고려해야 하며, 주어진 환경에서 다양하게 이용할 수 있는지도 따져 보아야 합니다."

"에너지를 얼마나 효과적으로 사용하느냐에 대한 문제이겠지요?"

"중력, 태양력, 풍력 등 자연 상태의 친환경 에너지를 사용하거나 사람의 노동력을 충분히 활용할 수 있다면 더 효과적으로 적정기술 제품을 만들 수 있습니다. 인프라를 크게 구축할 필요가 없고 비용이 적게 들기 때문입니다. 또한 노동력의 활용으로 일자리를 창출할 수 있으므로 사회적으로 긍정적인 영향을 미칠 수 있습니다."

"한국의 1호 적정기술 제품인 지세이버(G-savor)처럼 보온 기능이 있는 장치를 추운 지역의 난로에 설치하면 탄을 적게 사용할 수 있으니까 에너지 효율을 높일 수 있겠지요?"

"지세이버는 열을 저장하고 다시 역류시키는 원리를 이용하여 연료소비량을 40%나 감소시킵니다. 기존에 쓰이던 난로에 부착하는 방식이므로 설치와 이동이 편리하고 익숙하죠. 절약된 연료비는 그만큼 아이들의 교육이나 삶의 질 향상에 쓰일 수 있습니다.

"에너지를 이용한 과학기술로 생활의 문제를 해결한 예시가 있나요?"

"태양에너지를 활용한 예가 있습니다. 케냐의 마사이족 소년 리차드 투레레(Richard Turere)는 아버지의 가축들을 관리합니다. 마사이족은 자신들의 동물들을 하늘이 내린 것이라고 믿기 때문에 가축을 매우 소중하게 여깁니다. 하지만 사자들이 가축을 습격하는 일이 있어 종종 가축이 희생당합니다. 어떤 경우에는 사자를 죽여야만 하는 상황에 놓이게 됩니다. 투레레는 사자도 살리고 가축도 보호하는 방법을 찾기 위해 고민했습니다."

"소년이 태양광을 이용한 가축관리 장치를 만들었나요?"

"소년은 오래된 자동차 배터리와 오토바이의 방향지시등, 깨진 손전등의 스위치

저소득층을 위해 개발된 인도의
차 나노(Nano)
https://bloginnovation.word
press.com/2011/10/23/why-
tata-nano-failed-indian-
mothers-point-of-view/

를 이용하여 태양광으로 충전하고 구동하는 "라이언라이트(Lion Light)"라는 발광 장치를 만들었습니다."

"발광장치에 사자들이 어떻게 반응했나요?"

"태양광 에너지를 이용해 손전등이 주기적으로 반짝이면 사자들은 그곳에서 사람이 계속 왔다 갔다 하는 것으로 착각합니다. 이 등을 외양간에 설치한 다음부터 사자의 습격은 사라졌고, 주민의 삶이 지역 생태계와 공존할 수 있었습니다."

"'라이언라이트'는 소년 투레레가 만든 적정기술 제품이군요."

"과학적 지식으로 주변의 문제를 해결한 예시이지요."

"일반 제품을 만들 때에도 다양한 상황을 고려해야 하지만 적정기술 제품은 환경이나 상황 같은 지역의 문제를 우선적으로 이해해야 한다는 교훈을 주었군요. 제품을 사용하는 사람의 입장은 어떻게 고려해야 하나요?"

"좋은 제품을 만들려면 소비자가 무엇을 원하는지 아는 것이 무엇보다 중요합니다. 적정기술은 무조건 높은 수준의 기술을 적용할 필요도, 간단한 원리를 이용해야 할 필요도 없습니다. 사람들의 요구에 맞는 적절한 기능이 있으면 충분합니다. 이는 필요 없는 기능을 없애는 대신 가격을 낮출 수 있다는 뜻이기도 합니다."

"낮은 가격으로 소비자를 만족시키는 제품을 만들 수 있나요?"

"'나노(Nano)'라는 이름의 인도의 서민을 위한 자동차가 있습니다. 가격을 낮추고자 카오디오는 물론, 에어컨 등의 사양을 없앴습니다. 모든 것이 수동으로 작동됩니다. 차체를 강화 플라스틱이 아닌 강판으로 만들었고 와이퍼도 하나로 줄였습니다. 저렴한 가격을 위한 것이지요."

"그런 수준의 차를 사람들이 사려고 할까요?"

"기존의 차의 사양에 익숙한 사람들에게는 이런 차를 도대체 왜 만들었을까 하는 생각이 들지만 고속도로가 발달되지 않은 인도에서 70마력 이상의 차는 오히려 성능이 과합니다. 부수적인 편의장치가 비용을 증가시킨다는 사실을 생각하면 제시한 사양은 아주 적절한 기능과 가격이라고 생각합니다. 위태로운 스쿠터 대신 안전하게 가족을 태울 수 있는 나노의 가격은 우리나라 돈으로 240만원에 불과합니다. 인도에서 출시 당시에 선주문이 20만대나 들어 올 정도로 인기가 많았다고 합니다."

"기능을 간단히 하고 재정이 충분하지 못한 저소득층을 겨냥한 자동차군요. 가난해도 자동차를 소유할 수 있다는 희망을 준 예시군요."

"아닙니다. 나노의 개발에는 4억 달러가 투자되었지만 불행하게도 저소득 층을 겨냥한 차 나노는 성공하지 못했습니다. 인도 차 회사인 타타(Tata)가 처음 나노를 설계했을 때 엔지니어들은 원가 절감을 위해 '달리는 기능' 외에 모든 기능을 포기했지만 그것이 문제였습니다."

"실패의 원인이 무엇인가요?"

"한 영업사원이 2011년 첫 출시된 나노를 보았던 때 "엔진소리가 마음에 들지 않았다. 마치 자동인력거 소리 같았다."라고 회상했습니다. 산이 많은 지역에서 일하는 사람들은 나노가 "산악지역에서 몰기엔 힘이 부족한 차"라고 덧붙였습니다."

"엔진 파워가 약하게 설계되었나요?"

"그렇다고 해야겠지요. 게다가 출시한 직후인 2010년 몇 건의 주행 중 화재 사고가 발생하면서 나노의 이미지는 더욱 타격을 받았습니다."

"검증이 완전하지 못한 상태에서 제품이 출하되었군요."

"소비자의 불만이 컸습니다. 젊은 고객들은 "차라면 이런저런 기능들을 갖추고 있어야 한다."고 말했습니다. 가격을 낮추기 위해 너무 많은 것을 포기한 점이 오히려 고객의 불만요소가 된 것입니다."

"그러면 타타는 엄청난 돈을 투자해서 만든 나노를 포기했나요?"

"현재 젊은층 고객에게 어필하기 위해 나노를 개선 중이라고 합니다. 소비자의 관심을 끌기 위해 차량의 기능을 보강하기로 결정했습니다. 신형 나노LX 고급모델의 가격은 3,600달러가 될 예정이라고 합니다."

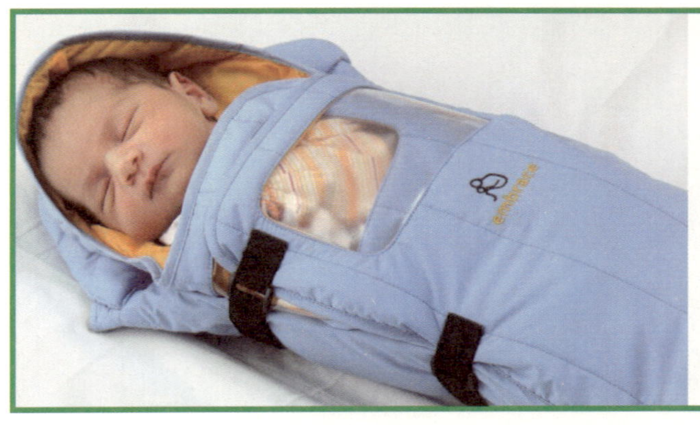

저체온 방지용 워머(Warmer)
http://
blogs.ptc.com/2012/09/24/
embrace-warmer-could-
save-infant-lives-in-rural-
communities/

"성공과 실패의 경험을 겪으면서 개발자들은 적정기술이 성공하기 위한 조건을 알아가고 있습니다."

"무엇이든 한 번에 되는 것은 없군요."

"그렇지요. 당연히 성공한 제품보다는 실패한 제품이 더 많지요. 성공한 제품 중에 미숙아의 체온조절을 돕는 장치가 있습니다. 네팔과 같은 개발도상국에서는 미숙아 사망의 80%가 설비가 갖춰진 병원이 아니라 전기공급이 일정하지 않은 가정집에서 발생합니다. 원인은 유아의 저체온인 것으로 생각되었습니다. 몇몇 대학생들이 아기 엄마가 들고 다니기 쉽고 아이들과 친밀하게 접촉할 수 있는, 조그만 침낭처럼 생긴 휴대용 유아 워머(Warmer)를 디자인했습니다."

"온도를 유지하는 디자인의 핵심은 무엇입니까?"

"충전기의 사용입니다. 포옹(Embrace)이라고 이름 붙인 워머 뒤쪽의 주머니에는 충전기가 있어서 여섯 시간 동안 아이의 체온을 정상적으로 유지시켜 줄 수 있습니다. 휴대용 충전기를 30분만 충전하면 충분한 전기를 히터에 공급할 수 있습니다. 이 유아용 워머의 가격은 미국에서 판매되고 있는 인큐베이터의 2%도 되지 않습니다."

넷, 편리하다 – 푸마니(Pumani bCPAP) 양압기

"효율성은 제품의 가격과 관련이 있는 항목입니다. 높은 효율과 더불어 좋은 제품은 사용이 편리해야 합니다. 그렇게 하기 위해서는 사용방법이 단순하고 이해하기 쉬워야 할 것 같습니다."

"그렇습니다. 소비자들이 제품을 사용할 때 구조가 복잡하면 사용이 불편합니다.

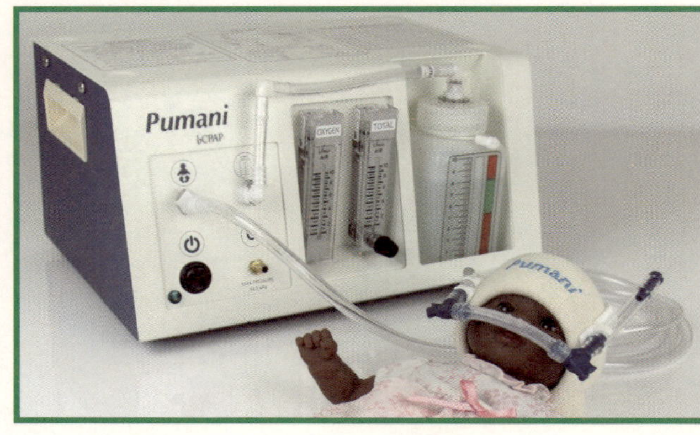

푸마니 양압기
http://
hadleighhealthtechnologies.
com/pumani-bcpap/

구조가 단순하고 사용방법이 쉬우면 사람들은 제품에 대해 친숙함을 갖게 됩니다. 친숙함은 제품을 계속해서 사용할 수 있도록 하는 원동력입니다."

"성공적인 제품의 예시에는 어떤 것이 있나요?"

"푸마니(Pumani bCPAP)란 이름의 의료장비가 있습니다. 라이스(Rice) 대학교와 말라위의 엘리자베스 중앙병원이 공동 프로젝트로 개발한 의료용 양압기입니다."

"양압기는 어떤 장치이지요?"

"양압기는 공기에 압력을 가해 기도를 열어주는 의료기기입니다. 중등도 이상의 수면 무호흡증 환자에게 가장 효과적인 치료 장치이지요. 수면 중 마스크를 통해 압력을 기도로 불어 넣어 무호흡 발생을 예방하기 위해 사용합니다."

"푸마니와 기존에 판매된 양압기를 비교할 때 어떤 차이가 있나요?"

"푸마니 양압기는 누구나 손쉽게 작동할 수 있도록 튜브 별로 연결부를 다르게 하여 자기 자리에만 튜브가 연결될 수 있도록 설계하였습니다. 또한 각 구성부의 이미지와 색상을 달리하여 사용자가 쉽게 작동할 수 있도록 하였습니다. 장치의 사용법을 교육하는 것뿐만 아니라 제품 자체를 사용하기 쉽게 만드는 것이 중요합니다."

다섯, 사용자가 원한다 - 아프리카의 영화관

"앞에서 인도의 저소득층을 위한 차 나노의 실패에 대해 이야기한 바가 있습니다. 물건을 만들 때 생각해야 할 여러 사항이 있지만 가장 중요한 것은 소비자의 요구인 것 같습니다. 아무리 좋은 제품이라도 정작 사람들이 그것을 필요로 하지 않는다면 제품개발의 의미가 없습니다. 적정기술의 개발에는 직접 사용할 사람들의 의견이 특히 중요합니다. 우리가 보기에는 꼭 필요할 것 같은 물건이라도 실제로는 사용자가 원하지 않을 수 있습니다.”

“현지 주민이 필요하다고 생각한다면 제품의 성공 가능성이 높겠군요?”

“아무리 가난한 나라라고 해도 절기에 따른 국가적 축제와 같은 행사가 있고 마을회관 같은 데에서는 영화를 상영하기도 합니다.”

“영화관은 3차 서비스 산업인데 가난한 지역에도 여가선용을 위한 공간이 필요하군요.”

“휴식을 취하고 재미있는 것을 누리고 싶은 욕구는 누구에게나 있으니까 가난한 나라에도 서커스나 영화관은 필요하지요.”

“그렇겠군요.”

“아프리카 말라위의 소년 마틴(Martin)은 영화관에 대한 아이디어를 냈습니다. 소년은 전기가 부족해 해가 지고 어두워지면 딱히 할 일이 없는 마을에서 모두가 함께 즐길 수 있는 여가시설이 필요하다고 생각했습니다.”

“어떤 방식으로 영화관을 만들었나요?”

“영화 상영장치를 나무상자나 전구, 렌즈 등을 사용하여 최대한 단순하게 구성했다고 합니다. 마틴의 아이디어는 한국 회사의 전문가들의 도움으로 태양광 전력을 이용하여 작동되는 햇빛 영화관으로 탄생했습니다.”

“전기가 부족한 지역에서는 태양광 전기가 언제가 좋은 대안이군요.”

“태양광이 값이 조금 비싸지만 설치와 운영이 쉽지요. 마틴의 영화관은 단순히 영화를 보는 공간 이상으로 공동체 형성과 삶의 질을 높이는 공간을 제공한 좋은 사례로 평가됩니다.”

“가난한 지역의 의식주 문제가 해결되면 적정기술이 서비스 산업에 더 많이 적용될 것 같군요.”

여섯, 값이 싸다 - 표백제 전구

“지역 주민들이 회사를 직접 운영한다고는 하지만 재정이 많지 않아서 운영에 어려움이 있을 수 있지 않겠습니까?”

“그렇지요. 제품을 생산하는 초기 단계에서의 투자가 적으면서도 수익을 만들 수

페트병 전구 프로젝트
리터오브라이트(A litter of light)
http://www.literoflightusa.org/

있는 구조로 회사를 운영해야 합니다. 이것을 영어로 "Affordability"라고 합니다."

"비용이 적게 들어야 한다는 말이군요."

"그렇습니다. 우선 투자 자본이 적어야 하고, 비용보다 수익이 커야 합니다. 실현하기 쉽지 않지만 지역 실정에 맞게 노력해야겠지요."

"제품의 가격이 싸면 되겠군요."

"시장에서 제품의 가격경쟁력은 가장 중요한 주제입니다. 앞서 이야기했듯이 적정기술 제품들은 시장에서 팔려야 지속성이 있기 때문에 가격이 저렴하고, 비용을 절감할 수 있고, 투자에 대한 수익을 낼 수 있어야 합니다."

"표백제를 사용한 전구 같은 경우가 저렴한 좋은 예시인 것 같습니다."

"그렇습니다. 페트병에 물과 표백제를 넣고 지붕에 낸 구멍에 끼우면 표백제 입자들을 통해 빛의 난반사가 활발하게 일어나 빛이 온 집안에 퍼지는 전구의 역할을 합니다. 만드는 방법이 간단하고 비용이 거의 들지 않기 때문에 누구나 부담 없이 사용할 수 있습니다."

"누가 이런 혁신적인 아이디어를 생각해 냈나요?"

"브라질의 정비공인 알프레드 모서(Alfred Moser)가 고안했다고 합니다. 전기가 나가 일을 할 수 없게 되자 페트병에 표백제를 넣은 전구를 만들어 보았다고 합니다. 페트병 전구가 알려지자 필리핀의 한 NGO가 이 기술을 빈민가에 보급하기 시작했습니다. 빈민가는 많은 주택들이 붙어 있고 길이 비좁아서 집 안은 언제나 어두컴컴합니다."

"페트병 전구는 비용이 들지 않아서 빈민가에는 적격이겠군요."

적정기술이 성공하기 위한 기준	
목차	내 용
지속가능성	공급자와 수요자가 서로 긴밀하게 정보를 주고 받기
	지역사회와 협력해서
	지역문화를 해치지 않도록
	지역의 경제사정에 맞게
접근성	현지의 재료를 사용
	현지의 기술을 활용
	지역사회가 운영할 수 있게
효율성	에너지 효율이 좋게
	지역의 환경에 맞게
	노동력을 사용하여 직업을 창출
	적절한 기능
편의성	간단한 구조로
	사용이 쉽게
	오래 쓸 수 있게
가격 적정성	값이 싸게
	비용보다 혜택이 크게
필요성	현장의 수요에 적합하게

"NGO 단체가 처음에 100 개 정도를 무상으로 배포하다가 나중에 개당 1 달러에 설치해 주는 "A litter of light" 프로젝트로 발전되었습니다. 현재까지 12,000가구에 페트병 전구가 보급되었습니다. 1달러 가격의 페트병 전구는 전기가 공급되지 않는 가정집을 약 22개월 동안 밝혀준다고 합니다.

"작지만 혁신적인 아이디어로 소외된 사람들을 돕고 비즈니스를 창출한 좋은 예시군요. 지금까지 적정기술의 여러 사례를 살펴보았습니다. 다시 한번 적정기술이 성공할 수 있는 요인에 대해 간략하게 정리해 보았으면 합니다."

"성공적인 적정기술 제품을 만드는데 고려해야 할 사항으로 지속가능성, 접근성, 효율성, 편의성, 가격적정성, 필요성 등이 있습니다. 적정기술을 평가하기 위해 쓰여진 보고서들이 몇 가지 존재하기는 합니다만 각기 그 기준이 조금씩 다르기 때문에 적정기술의 성공가능성은 필수 요소들을 선정하여 충족하는지의 여부로 평가하는 것이 더 적합합니다. 여러 요소들이 유기적인 관계를 가지고 있으므로 어느 항목이 최우선이라고 말할 수는 없습니다.”

“그렇군요. 지금까지의 설명을 정리하면 적정기술이 성공하려면 ‘지속가능해야 하고, 지역문화와 환경에 접근이 쉬워야 하고, 효율이 좋고, 노동력을 많이 사용해야 하고, 사용이 편리해야 하고, 비용이 적게 들어야 하고, 현장의 수요에 적합해야 한다’라고 하면 되겠군요.”

“조건이 많아서 까다롭기는 하지만 적정기술의 성공을 위한 조건이 잘 정리된 것 같습니다.”

실패한 기술 – 플레이 펌프(PlayPump)

“그러면 이번에는 그 동안 제공된 적정기술 제품의 실패와 성공 사례 하나씩을 들어서 체계적으로 분석해 보도록 하지요.”

“그것이 좋겠군요. 예시를 통해 이해하면 머리에 쏙쏙 들어 올 것 같습니다.”

“사람들에게 잘 알려진 적정기술 제품 중에 ‘플레이펌프(Playpump)’란 제품이 있습니다. 플레이펌프는 초등학교 운동장에 설치된 놀이기구인데 아이들이 플레이펌프를 돌리면서 놀기만 하면 지하에서 물이 올라와서 물탱크를 채우게 되어있습니다. 천 대가 넘게 남아프리카 공화국과 모잠비크에 제공되었습니다.”

“예, 저도 알고 있습니다. 처음 학교에서 배울 때에는 성공적인 적정기술 제품이라고 했는데 시간이 지나자 실패한 제품이라고 해서 많이 혼란스러웠습니다.”

“미국 등 선진국에서 기부행사가 있었고 많은 사람들이 기부를 해서 수천만 달러의 돈이 이 제품의 제작에 사용되었습니다.”

“플레이펌프가 실패한 원인이 무엇이지요?”

“간단히 말하자면 현지 주민들이 원하지 않는 제품이었기 때문입니다. 플레이펌프는 지역 주민과 상의하지 않고 공급되었습니다. 플레이펌프가 설치된 지역에 펌프가 없는 것이 아니었습니다. 오래 동안 문제 없이 사용해 온 손 펌프가 있었습니다. 지역 주민들의 요구가 없었는데 임의로 펌프를 설치한 것입니다.”

<table>
<tr><td colspan="3">플레이펌프의 실패원인 분석</td></tr>
<tr><td>제품</td><td>항목</td><td>내용</td></tr>
<tr><td rowspan="7">PlayPump

보급 지역: 남아프리카, 모잠비크
개발 목적: 지하수 공급, 펌프
보급 형태: 무상원조
현지에서의 반응 및 현황: 고장이 난 플레이펌프가 수리되지 않은 채 방치. 지하수 고갈로 인한 작동불가. 광고수입 없음. 2011년 가을부터 보급중단.</td><td>지속가능성</td><td>지역 주민들은 자신들과 상의 없이 '플레이펌프가 갑자기 이곳에 왔다'고 증언하였다.</td></tr>
<tr><td>접근성</td><td>지역 주민 스스로 플레이펌프를 고칠 능력이 없었다.</td></tr>
<tr><td rowspan="2">효율성</td><td>제품을 작동시키기 위해 필요한 에너지가 너무 커서 노인이나 여자들은 혼자서 플레이펌프를 작동시킬 수 없었다. (20L당 손펌프: 28초, 플레이펌프: 3분7초)</td></tr>
<tr><td>특정 상황, 조건(많은 양의 지하수가 지표면 근처에 있을 때)에서만 작동했다.</td></tr>
<tr><td>편의성</td><td>기존의 핸드펌프가 더 사용하기 편리하다.</td></tr>
<tr><td>가격 적정성</td><td>플레이펌프의 가격은 비싸서 외부에서 원조를 받아 이루어졌다.</td></tr>
</table>

"문제가 무엇이었나요?"

"플레이 펌프가 손 펌프를 대신해서 설치되었는데 고장이 나도 수리가 되지 않았고, 물을 끌어 올리는데 에너지가 너무 많이 들었습니다. 결국 운영이 엉망이 되었고 나중에는 대부분 폐기 처분되었습니다(플레이펌프의 대한 상세한 이야기는 《적정기술, 현대문명에 길을 묻다(2013년, 김찬중 저, 허원미디어)》에 잘 설명되어 있다)."

"기부금으로 제품을 제공하는 것이 좋지만은 않군요."

"그렇지요. 플레이펌프 때문에 지역 주민들의 물 사정은 더욱 악화되었습니다. 플레이펌프를 통해 적정기술 제품 설계의 많은 교훈을 얻었지요. 현지 주민들과 함께 할 수 있는 기업을 만들어야 하고 기술이 현지의 문화나 관습에 적합해야 하지요. 지역 주민의 요구가 없는데 공급자 마음대로 제품을 제공하면 효과를 기대하기 어렵습니다."

성공한 기술 – 머니메이크 펌프(MoneyMakePump)

"적정기술 성공사례에는 어떤 것이 있나요?"

제품	항목	내용
Money Maker Pump	지속가능성	사용자와의 소통을 통해 제품을 개선하고 새로운 제품을 지속해서 개발하였다.
		기존에 펌프를 이용한 농업을 해왔다.
보급지역: 아프리카, 케냐, 탄자니아, 말리, 우간다 등 개발 목적: 지하수 공급, 펌프 보급 형태: 유상판매	접근성	개인이 구입하여 생산에 사용한다. 다시 구입하고자 하는 마음이 있다.
	효율성	지하 최고 깊이 7m의 물을 최고 14m까지 올릴 수 있고, 수평적으로는 200m를 이동해 2에이커에 해당하는 면적의 물 대기 작업을 몇 시간 만에 끝낼 수 있다. 휴대성이 있다. 일자리를 만든다.
현지에서의 반응 및 현황: 머니메이커 펌프를 통해 농업 생산성 400% 향상, 새로운 일자리 5만 4000개, 수익 1200억 원, 신규 창업자 12만여 명 발생	사용성	중력과 체중을 이용하여 걸어 다니듯이 힘을 가한다. 힘이 약한 사람도 혼자서 작동시킬 수 있다.
	비용	비용보다 소득이 많다.

"플레이 펌프와 기능이 같은 물 펌프가 있습니다. 물은 식수와 농업용수 두 가지 용도로 사용됩니다. 가난한 지역의 사람들은 더러운 물을 그대로 먹고 콜레라나 장티푸스에 걸려서 죽기도 합니다. 이런 지역에는 더러운 물을 깨끗하게 정수하는 시설이 필요합니다. 정수시설을 설치하는 것이 어려우면 펌프를 이용해서 지하수를 끌어 올려서 식수로 사용하지요. 두 번째는 농장의 채소를 재배하기 위해 물을 끌어 올리는 경우이지요. 그런 용도에 사용되는 머니메이크펌프(Money-make pump)라는 이름의 펌프가 있습니다."

"머니메이크펌프란 이름이 재미있네요."

"이름 그대로 이 펌프를 사용하면 돈을 벌 수 있습니다."

"이 펌프는 어떻게 사용하나요?"

"머니메이크펌프는 발을 사용해서 페달을 밟아서 그 힘으로 지하의 물을 지상으로 끌어 올립니다. 이 펌프는 채소밭 여기저기로 물을 이송하는 역할을 해 줍니다. 머니메이크펌프는 식수보다는 농업용수를 확보하기 위해 사용됩니다. 끌어 올린

물을 채소밭에 골고루 보내서 작물이 잘 자라게 합니다. 싱싱한 채소를 생산해서 돈을 벌 수 있다고 해서 '돈 버는 펌프'라고 이름을 붙인 것이지요.

"이 제품은 적정기술의 대표적인 성공사례입니다. 기부금에 의해 무상으로 지역 사회에 제공되는 것이 아니라 시장에서 판매합니다. 제품 판매자가 사용자와 지속적인 소통을 통해 제품의 단점을 개선하고 지속적으로 새롭게 수정해 왔다고 합니다."

"펌프를 만드는 사람이나 펌프를 사용해서 채소밭을 경영하는 사람 모두에게 이익이 되겠군요."

"그렇습니다. 이 제품을 통해 농업 생산성이 400%나 올라갔다고 합니다. 새로운 일자리가 수만 개나 생겼고 수익도 대단합니다. 가난한 사람들이라고 해서 반드시 무상으로 제공되는 물건만 사용하는 것은 아닙니다. 어떤 제품으로 인해 수익이 생긴다고 하면 돈을 모아서 그 제품을 삽니다. 그 점이 머니메이크펌프 성공의 핵심요인이었습니다."

"같은 펌프인데도 하나는 실패한 모델이고 다른 하나는 성공한 모델이군요."

"이런 예시를 통해 보다 많은 적정기술 성공 사례들을 만들어 갔으면 좋겠습니다."

"예, 저도 그렇게 되기를 바랍니다."

"지금까지 적정기술에 대해 간단히 살펴보고 여러 사례들을 통해 평가지표를 선정해보았습니다. 모든 지표의 공통점은 결국 사용자에게 초점이 맞추어져 있다는 것입니다. 그렇기에 '누가 사용할 제품을 만들 것인가'에 대해 고민하기가 적정기술 제품을 개발고장의 첫 번째 단계라 할 수 있습니다. 누군가를 위한 관심, 소외된 사람에 대한 관심이 없다면 이 일을 시작할 수 없습니다. 더 나아가 제품이 잘 사용되도록 사회제도와 유통 인프라가 만들어져야 합니다. 마지막으로 냉정한 평가가 필요합니다. 평가하는 사람은 비즈니스를 하는 사업가, 제품을 만드는 엔지니어와 제품을 사용하는 사용자가 될 것입니다. 평가결과에 따라서 제품의 기능과 구조를 수정해 가게 됩니다. 이러한 과정이 분명 쉬운 일은 아닐 것입니다. '적정기술의 성공과 실패요인'. 적정기술에 관심을 갖고 도전하고자 하는 사람이라면 누구나 한번쯤 생각해 보아야 할 주제입니다."

2부

적정기술의 땅 몽골로의 여행

푸른 초원과 검은 대기,
몽골의 두 얼굴

← 산 위에서 바라본 울란바토르 시의 풍경

비행기 안에서의 대화

적정기술의 주창자 슈마허 박사는 적정기술은 과학기술이 많이 발전하지 않은 개발도상국에 적합한 기술이라고 했다. 그는 자신이 주창한 적정기술을 보급하는 단체를 만들어서 미얀마에서 활발한 활동을 했다. 슈마허 박사가 적정기술을 처음 이야기했던 때는 지금으로부터 40여 년전인 1970년대이었다. 지금은 그 때보다 기술이 더욱 다양해졌고, 그가 예측한 대로 지구자원의 과도한 사용으로 인해 환경파괴는 더욱 심각해졌다. '왜 인간들은 과도한 기술의 사용을 멈추지 않는 것일까? 과학기술에 온전히 의지하는 것 같은 지구의 미래는 긍정일까, 아니면 부정일까?'

한국에 처음으로 적정기술을 알린 과학자 중의 한 명인 나의 머릿속에서 맴도는 질문이지만 아직 이 질문에 대한 명쾌한 대답을 찾지 못하고 있다. 필자도 슈마허 교수의 생각에 동의한다. 그 동안 아프리카 차드(Chad)와 아시아의 빈국인 라오스와 캄보디아, 몽골 등에서 적정기술로 가난한 사람들을 돕는 활동을 해 오면서 경험적으로 느낀 바가 있다. 가진 자가 가난한 사람을 도우려면 물질의 문제 이전에 가난한 사람에 대한 마음이 있어야 함을 알았다. 또한 슈마허 교수가 이야기한 대로 아무리 좋은 기술이라도 그 지역에 적합해야 효과를 거둘 수 있음을 알게 되었다. 열대지방에서 효과적인 기술이 추운 지방에서는 그다지 효과를 거두지 못하는 경우가 있었다. 이번 여행지는 가장 추운 나라 중 하나인 몽골이다. 몽골은 경제적으로 부유하지 않다. 넓은 영토에 사람들이 흩어져 유목을 하며 산다. 자원은 많지만 과학기술이 그다지 발달하지 않아 적정기술을 적용하기에 적합한 나라 중의 하나로 평가되고 있다. 몽골은 우리나라 정부가 관심이 많은 나라이다. 국교가 수립된 이후에 많은 한국 사람들이 몽골에 들어가서 학교를 세우고 가난한 사람들을 돌보는 일을 하고 있다.

이번 여행에는 여학생 한 명이 동행했다. 이 학생은 중학생 시절부터 적정기술 강의에 감동을 받아 적정기술에 푹 빠진 여학생이었다. 필자가 활동하는 (사)나눔과기술의 행사에 자주 참석해서 적정기술의 정신을 배웠고, 이후 학교에서 적정기술 동아리를 조직해서 청소년 적정기술 활동을 주도했다. 몽골로 적정기술 여행을 간다고 하니까 포항공대의 장 교수가 학생을 한 명 데려가 달라고 요청했다.

"김 박사님, 승연이 아시지요? 이 학생을 이번 여행에 참여시키면 어떨까요?"

"승연이라면?"

"적정기술에 관심을 갖고 저희 행사에 참여해 온 수원에 사는 여학생 말입니다. 나중에 대학을 졸업하고 사회에 나가서 적정기술을 하면서 살고 싶다고 합니다."

"아, 그 학생이요? 그런데 이번 제 여행 스케줄이 조금 바쁜데요. 대학 몇 곳과 지세이버 공장, 적정기술 단지 등 들릴 곳이 많은데요."

"이 학생이 가난한 사람들 돕는 일에 관심이 많습니다. 적정기술을 책을 읽어서만 알고 있는지라 실제로 적정기술이 활용되는 현장을 체험하고 싶다고 하는군요. 청소년 교육 차원에서 김 박사님 일정이 바쁘시더라도 이번 여행에 동행하게 해 주시면 감사하겠습니다."

"네, 알겠습니다. 스케줄을 조정해서 동행할 수 있도록 해 보겠습니다."

그렇게 해서 필자는 몽골여행에 한 명의 여학생을 동행시키기로 했다.

오늘은 몽골로 떠나는 날이다. 몽골 방문이 이번이 처음은 아니다. 지난 번에는 대학과 연구기관의 연구자들과 함께 적정기술 워크숍을 열었었다. 이번에는 특별히 몽골의 낙후된 교육현장과 적정기술의 현장을 둘러보기 위해 여행을 기획했다. 공항 터미널에서 비행기 티켓을 살펴보고 있는 중에 공항 멀리서 여학생이 내게 다가와서 인사를 했다.

"박사님, 안녕하세요? 저 승연이에요. 기억하시지요?"

"아, 승연 학생. 기억하지. 지난번 적정기술 행사에서 마지막 순서에서 첼로를 켰던 학생이지?"

"네, 맞아요. 기억하시는군요. 몽골로 가시는 박사님과 동행하게 되어서 너무 기쁩니다. 말로만 들어오던 적정기술의 현장을 실제로 가게 되어 가슴이 떨립니다."

"나도 혼자 가는 것보다 동행이 있어 기쁘네. 몽골 땅에서 많은 것을 보고 배워 오면 좋겠다."

그렇게 몽골로의 여행이 시작되었다. 몽골로 떠나는 비행기 좌석에 앉아서 나는 승연 학생과 적정기술에 대한 이야기를 나누었다.

"박사님, 저는 앞으로 적정기술을 공부해서 낙후된 지역의 사람들을 위해 일하고 싶습니다. 가난한 나라를 돕는 적정기술에 대한 이야기를 들으면 왠지 가슴이 떨립니다. 공항에 도착할 때까지 적정기술에 대한 이야기를 많이 해 주십시오. 적정기술은 어떻게 시작되었나요?"

비행기 좌석에 앉아 심심하던 차에 학생과의 대화가 시작되었다.

"산업혁명 이후 과도한 자원과 에너지 소비로 세계경제가 어려움을 격을 때 독일 출생 영국의 경제학자인 슈마허 교수가 적정기술을 주창했지. 슈마허 박사는 지금과 같이 지구자원(자연)을 무절제하게 소비한다면 인류의 미래를 보장할 수 없다고 지적했는데, 그는 대안으로 노동력을 중시하고, 자본이 적게 들고, 현지의 자원을 사용하고, 외부와 연계성이 적은 분산형 경제(산업)를 제안했지. 그것이 작은 것을 지향하는 적정기술의 시작이야."

"그렇군요. 저는 적정기술을 공부하면서 '적정기술'이란 단어가 아주 재미있는 단어라는 생각이 들었습니다. 적정하다는 말이 무엇에나 다 좋다는 말 같아서요."

"글쎄. 나도 가끔 그 단어가 정말 적정한가 하는 생각이 들 때가 있어. 어떤 것에나 적합한 만능기술처럼 사람들이 오해하기 쉬운 단어라서. 적합하다는 말이 어떤 특정한 기술을 이야기하지는 않아."

"그런데 왜 그런 단어를 사용했나요?"

"기술이 어떤 나라나 지역의 문화와 관습, 종교, 자원, 경제규모 등 그 지역이 갖고 있는 여러 요소에 적합해야 된다는 의미에서 적정기술이란 단어를 사용했지."

"그렇군요. 그런데 박사님, 적정기술을 다른 말로 중간기술(Intermediate technology)이라고도 하잖아요?"

"그 단어도 함께 사용하고 있지. 중간기술은 첨단기술도 아니고 아주 낮은 수준의 기술도 아닌 중간수준의 기술을 말하지. 지금은 첨단기술의 세상이잖아. 수 백 가지 기술이 어우러져서 한 가지 제품이 만들어지고, 핸드폰 같은 기기가 그런 제품이지.

몽골로 가는 비행기(몽골항공)
- 비행기 창으로 몽골항공의
심볼인 칭기즈칸의 로고가
보인다.

기술이 너무 발달하고 너무 많은 기술 제품들이 쏟아져 나오고 있어서 일반인들은 정말로 필요한 기술이 어떤 것인지 알기가 어려울 때가 있지. 슈마허 선생은 인류의 건강한 미래를 위해서는 지금과 같은 첨단기술이 필요하지 않다고 했지. 예전에 인류가 사용했던 기술과 현재 사용하는 기술의 중간 수준 정도의 기술만 사용해도 인간의 삶의 방식에는 큰 문제가 없다고 본 것이지.”

“그래서 슈마허 교수님이 중간기술이란 이야기를 했군요.”

“적정기술이란 말을 사용하기 전에는 중간기술이란 말을 썼었지. 슈마허 선생은 자신이 직접 적정기술 활동을 했었는데 활동 후에 중간기술이란 단어보다는 적정기술이란 말을 사용하게 되었지.”

“왜 그렇게 단어를 바꾸게 되었나요?”

“실제로 기술을 만들어 사용하다 보니까 중간수준의 기술인 것은 맞지만 그 기술을 적용하는 지역이나 나라의 환경, 경제 수준, 자원의 종류에 따라 다를 수 있다고 본 것이지. 그래서 중간기술이란 말 보다는 그 지역(나라)에 적합하다는 뜻의 ‘적정기술’이란 단어가 좀 더 적합한 표현이라고 생각한 것이지.”

“슈마허 선생이 적정기술을 주창한 때가 아주 오래 전인데 지금 다시 적정기술이 이야기되는 이유는 무엇인가요?”

“지금의 상황은 1970년대의 에너지 위기 상황보다 더 급박하지. 세계 산업은 너무 거대하고, 지구의 자원 소비는 끝이 보이지 않고, 환경파괴로 인한 인간의 삶의 터전이 얼마나 많이 파괴되었는지를 생각해 봐. 정말 더 늦기 전에 적정기술로 돌아가야 한다는 생각이 들 때가 있어.”

“그렇군요. 몽골은 적정기술이 필요한 나라인가요?”

“몽골은 겨울이 길고 여름이 짧은 나라로 초원을 돌아 다니며 유목생활을 하는 사람들이 많고, 국민소득이 낮고 산업이 발달하지 않아서 적정기술이 적합한 나라 중의 하나라고 할 수 있지.”

“이번 여행은 몽골에 적용할 만한 기술을 알아보시려고 가는 것인가요?”

“몽골에 적합한 적정기술을 살펴보는 것이 이번 여행의 주목적이지. 몽골은 우리와 인종이 같고 오래 전부터 서로 밀접한 문화와 역사를 교류한 나라 중 하나이지. 이곳에는 한국 사람들이 세운 대학이 여러 개 있어 이곳에 정착한 과학자들을 만나서 몽골에 적합한 적정기술에 대한 논의를 하려고 해.”

“저는 몽골 여행이 처음이라서 많이 설렙니다. 그리고 적정기술을 살펴볼 수 있다는 생각에 더욱 그렇고요. 동행을 허락해 주신 박사님에게 정말로 감사 드립니다.”

칭기즈칸 공항에서 울란바토르 시내로

비행기 안에서 승연이와 적정기술 이야기를 나누는 사이 비행기는 칭기즈칸의 땅 몽골 국제공항에 도착했다. 공항에는 필자의 일정을 도와줄 박 교수가 마중 나와 있었다. 그는 대덕 연구단지 연구원으로 근무하다 뜻한 바가 있어 몽골에 들어와서 이곳 대학의 교수로 일하고 있었다.

“박 교수님, 안녕하세요? 오랜만에 뵙겠습니다. 얼굴이 그대로네요.”

“어서 오십시오. 칭기즈칸의 나라 몽골에 오신 것을 환영합니다. 김 박사님, 다시 뵙게 되어 반갑습니다.”

“저도 박 교수님을 다시 뵙게 되어서 기쁩니다.”

“그런데 함께 동행한 이 소녀는 누구지요? 따님이신가요?”

“아, 인사해. 우리를 도와 주실 몽골대학의 박 교수님이야.”

“안녕하세요. 저는 김 박사님을 따라 이곳에 왔습니다. 잘 부탁 드립니다.”

“제 딸이 아니라 적정기술에 관심이 있는 학생입니다. 이번에 저와 동행하게 되었습니다.”

“어린 여학생이 적정기술에 관심을 갖기가 쉽지 않을 것 같은데. 어쨌든 며칠을

몽골 칭기즈칸 국제공항

몽골 울란바토르 광장에 세워진
칭기즈칸 동상
- 몽골사람들은 누구나
칭기즈칸을 존경한다. 세계를
정복한 칭기즈칸 시대가 다시
도래하기를 기대한다.

이곳에 함께 하면서 몽골을 즐기기 바랍니다."

　우리는 박 교수의 차를 타고 공항을 출발해서 몽골의 수도인 울란바토르로 향했다. 울란바토르로 가는 중간에 작은 마을 몇 개와 너른 평원을 통과했다.

　"몽골의 초원은 대단히 인상적입니다. 날씨가 쾌청해서 수 킬로미터 밖에 있는 산들이 아주 가까워 보입니다."

　"그렇습니다. 한국에서는 볼 수 없는 경치지요. 이곳 몽골 사람들은 언제나 멀리 있는 초원을 바라보고 생활하기 때문에 눈이 나쁜 사람이 없습니다. 이곳에는 안경을 쓴 사람이 거의 없습니다. 우리나라에서는 시력이 2.0이면 눈이 좋다고 하지만 몽골 사람들의 눈은 4.0, 5.0도 있습니다. 독수리처럼 멀리 볼 수 있지요. 항상 푸른 초원을 멀리서 바라보기 때문이지요. 하지만 이제는 목초지 생활을 버리고 도시로 들어와서 사는 유목민들이 많아져서 사람들이 컴퓨터나 핸드폰에 익숙하지요. 안경을 쓰는 사람들이 생겨나고 있습니다.”

“몽골의 인구는 얼마나 되나요?”

“몽골의 인구는 우리가 생각하는 것보다 상상외로 적습니다. 이 너른 몽골 땅에 사는 사람들 다 합쳐도 300만명 정도입니다. 그 중에 반 정도가 수도인 울란바토르에서 삽니다. 사실 울란바토르는 이웃나라인 러시아가 지어 준 계획도시입니다. 한 30-40만 정도 살면 적당한 땅인데 초원에 살던 유목민들이 대거 도시로 유입되면서 지금은 인구가 140만명 정도 됩니다.”

“몽골 전체 인구의 반 정도가 울란바토르에 산다면 나머지 지역에는 사람이 거의 없겠네요?”

“그런 셈이죠. 나머지 지역은 세계에서 인구밀도가 가장 낮습니다.”

“30-40만명이 살도록 계획된 도시에 140만명이 살 수 있나요?”

“너무 많은 사람들이 도시로 유입되면서 많은 문제가 생기고 있습니다. 유목민들의 재산이라는 것이 가축과 게르뿐입니다. 유목을 포기하고 게르 하나만 들고 들어오는 유목민들 때문에 울란바토르 산동네에는 게르 빈민촌이 만들어졌습니다. 유목민이 도시로 오는 이유는 초원의 사막화 때문입니다. 초원이 사막으로 변하고 있기 때문에 더 이상 유목이 어려운 지역이 많아지고 있습니다. 도시로 들어오면 돈을 벌 수 있다는 생각을 하지만 실제로 돈벌이가 쉽지 않습니다.”

“준비가 안 된 상태에서 사람들이 몰려들었으니 많은 문제가 생겼겠군요.”

“게르에서 태우는 갈탄이 도시공해를 유발합니다. 공기가 얼마나 나쁜지 세계 환경단체에서 대기오염이 가장 심각한 도시로 울란바토르를 선정했습니다. 울란바토르에서 하루를 보내면 담배 세 갑을 피운 것과 같다고 합니다. 게르나 주택에서 나오는 연기 때문이지요. 갈탄을 주로 태우지만 연료가 부족하면 비닐이나 폐타이어 같은 것을 태우기 때문에 대기의 질이 매우 나쁩니다. 뿐만 아니라 식수가 부족합니다. 울란바토르에는 비가 많이 내리지 않습니다. 지하수를 식수로 사용하는데 지하수에는 석회석이 많이 녹아 있습니다. 이 물을 계속 먹게 되면 담석이 생깁니다. 이런

몽골의 초원과 게르

– 몽골의 초원은 골짜기에 나무가 듬성 나 있는 둥근 언덕과 키가 낮은 풀들로 이루어진 평원으로 되어 있다.
가축을 키우는 곳에는 몽골의 전통 천막인 게르가 보인다.

몽골의 자연을 배경으로 말을 끌며 걷고 있는 몽골 주민

– 인간이 자연에 동화되어 산다면 환경 파괴나 자원의 고갈과 같은 위험 요인들은 줄어들 것이다.

부분에 적정기술이 적용되어야 할 것 같습니다."

"상황이 좋지 않군요. 대기오염, 식수, 주거환경, 식량 등에 적정기술이 적용될 분야가 많아 보입니다. 박 교수님은 지금 어떤 일을 하고 있나요?"

"저는 지금 도시로 유입된 빈민들의 문제를 다루고 있습니다."

"빈민들의 어떤 문제를 다루십니까?"

"그들을 다시 초원으로 돌려보내서 그곳에 생활 터전을 만들어 주는 일을 하고 있습니다. 유목을 했던 사람들이라서 도시에 정착하기가 쉽지 않습니다. 유목을 포기했는데 다시 초원으로 돌아가라고 할 수는 없고……."

"그렇다면 다른 대안이 있나요?"

"울란바토르 인근에 초지를 개간해서 채소를 기르는 일을 함께 하려고 합니다. 그곳에 유목민을 정착시켜 농업을 해 보면 어떨까 합니다."

"아, 지난 번에 이야기한 빈민 재정착 신재생에너지 사업을 말씀하시는 것이지요?"

"네 그렇습니다. 저희가 내일 현장을 방문을 할 예정입니다. 그곳에 가서 제가 구상하는 신재생에너지 적정기술 마을 사업에 대해 자세히 설명 드리겠습니다."

"빨리 가 보고 싶네요."

차가 몽골의 전형적인 언덕 고개를 지날 때 목초지에서 풀을 뜯고 있는 양떼를 만났다. 창 밖을 보고 있던 승연이가 흥분해서 손가락으로 양떼를 가리키며 말했다.

"김 박사님, 저기 양떼들을 보세요. 말로만 듣던 몽골의 양떼입니다. 초원에서 풀을 뜯고 있어요. 너무 아름다운 광경이에요."

"그렇네. 양떼의 중간에 뿔이 있는 것들이 보이는데 저것들은 염소인 것 같다."

박 교수가 대답했다.

"몽골에서는 흔하게 볼 수 있는 광경입니다. 몽골에서는 가축들을 들에 풀어 놓고 방목을 합니다. 검정색 뿔을 가진 놈들은 염소입니다. 나머지는 주로 양과 소입니다. 이런 말이 있습니다. '몽골에는 사람보다 가축이 더 많다.' 실제로 몽골에 사는 사람 수는 3백만이고 가축의 수는 2천만 정도 됩니다."

"가축의 수가 정말로 많네요."

"염소나 양은 몽골의 주 수입원이지요. 몽골의 양털로 만든 캐시미어는 질이 좋

몽골 초원에서 풀을 뜯는 양 떼
– 사람보다 많은 양떼들. 평화로운 것 같지만 너무 많은 양과 염소는 문제를 야기시킨다. 초원의 풀을
과도하게 뜯어 먹어서 초원의 사막화의 원인이 되고 있다.

기로 유명하지요. 유목민들에게는 가축을 키우는 것 이외에 별다른 수입원이 없습니다.”

“가축이 이렇게 많은데 먹이는 다 어디에서 구하지요?”

“가축들에게 특별한 먹이를 주는 것이 아니라 철마다 풀이 자라는 곳으로 이동하면서 가축을 풀어 키웁니다. 그리고 양고기나 말고기는 식량으로 먹고 털은 깎아서 옷을 만드는 회사에 팝니다. 가축들이 초원의 풀을 과도하게 뜯어 먹어서 몽골의 초원이 황폐화되고 있다고 걱정이 많습니다. 가뜩이나 사막화 때문에 골치를 썩고 있는데 가축들로 인해 사막화가 가속되고 있다고 합니다.”

“그렇군요. 양떼를 풀어 키우는 것도 좋지만 적당한 곳에 가두어 놓고 키우고 양이나 말의 젖을 이용해서 낙농제품을 만드는 것도 가능할 것 같습니다. 저희가 직접 키우는 것보다 유목민들에게 우유를 적절한 가격에 사 모아서 그것으로 치즈나 유제품을 만드는 것을 생각해 보아야겠습니다.”

“맞습니다. 저도 같은 생각을 하고 있었습니다.”

 | 청소년과 함께 하는 나눔과 배려의 적정기술

초원 위에 설치한 풍력발전기
– 태양광발전과 더불어 신재생에너지로 각광을 받는 풍력발전으로 얻은 전기는 몽골의 지하수를 뽑아내는
데에 사용된다.

바람과 석탄으로 만든 전기

"이제 울란바토르에 다 온 것 같군요."

"그렇군요."

승연이가 다시 손가락으로 산 너머를 가리키며 말을 했다.

"박사님, 저기를 보세요. 저쪽 초원에 바람개비가 보이네요."

"그렇네. 바람을 이용한 풍력 발전기군. 바람개비 두 개가 돌아가면서 전기를 만들고 있네. 발전 용량은 그다지 커 보이지는 않는데."

"바람개비가 돌면 전기가 만들어지나요?"

"좋은 질문이야. 내가 전기를 만드는 원리를 알려줄게. 바람개비, 물레방아, 자동차 바퀴, 무엇이든지 회전하는 물체는 에너지를 만들지. 우리 일상에서 쉽게 볼 수 있는 자전거를 생각해 보자. 자전거에 앉아서 발로 자전거 페달을 밟으면 자전거 바퀴가 돌아가지. 돌아가는 바퀴에 발전기를 연결시키면 발전기가 돌고, 발전기 안에는 코일과 자석이 있는데 이 자석이 돌면 코일에 전기를 유도시켜주지. 그렇게 해서 전기가 발생하고 발전기와 램프를 전선으로 연결하면 램프에 불이 들어 오지. 전기 발생의 원리는 이와 같이 간단해."

"그러면 수력이나 화력발전소에서 전기를 만드는 방법도 자전거와 같나요?"

"기본적으로 같지. 수력은 물의 낙차로 발전기를 돌리고, 원자력이나 화력은 원자력 붕괴로 만든 열이나 석탄을 때서 나오는 열로 물을 끓이고, 이 때 발생하는 수증기의 힘으로 발전기를 돌리지."

"어떤 힘이든 그 힘으로 발전기를 돌리면 전기가 만들어지는 군요."

"그렇지. 자동차 바퀴가 돌아가면 바퀴에 연결된 발전기가 회전하면서 전기를 만들고 그렇게 만들어진 전기는 운전석 앞에 장착한 배터리에 저장되지. 또 무엇이 있나? 아, 자전거에도 작은 발전기가 있어서 밤에 불을 켤 수 있지. 자전거에는 전기를 저장하는 배터리가 없으니까 발전기에서 만들어진 전기를 직접 사용하지. 풍력발전은 바람이 발전기를 돌리지."

"풍력발전은 바람이라는 자연 에너지를 이용해서 전기를 만드니까 자연을 더럽히지 않고 폐기물이 나오지 않아서 깨끗하겠군요. 태양을 이용해서 전기를 만드는 방법도 풍력발전기와 같은가요?"

"태양에너지를 이용한 태양광발전은 조금 다르지. 원리는 간단해. 일정 에너지의 빛을 금속판에 비추면 전자들이 금속판 표면으로 튀어 나오는데(광전효과, 노벨 물리학상 수상) 이 전자들을 모아서 전기를 만들어요. 이 원리는 오래 전에 아인슈타인 박사가 이론적으로 정리를 했지. 태양광발전기는 풍력발전과 마찬가지로 에너지를 만들 때 공해가 발생하지 않는 깨끗한 에너지 발전장치라 할 수 있어."

"그렇군요. 작은 자전거나 큰 발전소나 전기를 만드는 방법이 같다는 점이 재미있군요."

승연이가 다시 말했다.

"적정기술을 주창한 슈마허 선생님도 풍력이나 태양광 같은 친환경 에너지의 사용을 추천하셨지요?"

"그렇지. 공해가 없는 자연 에너지를 이용하는 방식이라서 환경을 해치지 않거든. 많은 사람들이 호응했었고, 미국에서는 적정기술을 연구하는 부서를 둘 정도였는데, 하지만 안타깝게도 얼마 후에 연구가 중단되었지. 적정기술 연구가 계속되었다면 지구의 환경이 지금보다는 더 좋아졌을 텐데."

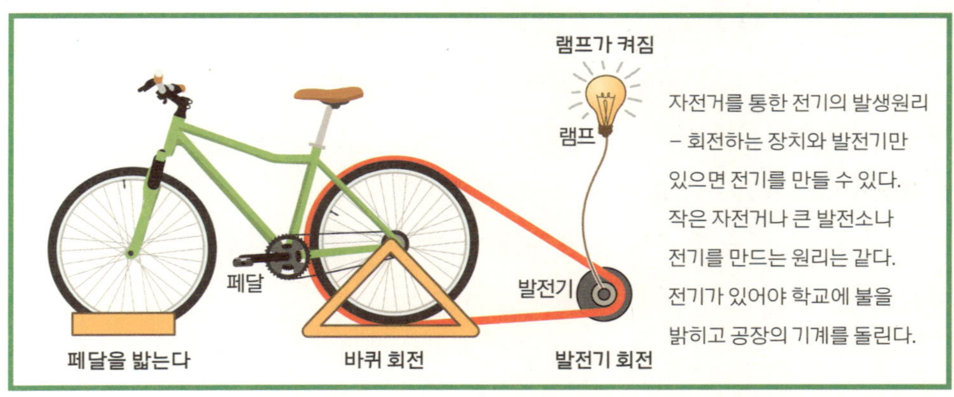

"그런데 왜 적정기술 연구가 중단되었나요?"

"국가 간의 힘을 겨루는 상황(미국과 소련의 냉전시기)에서 적정기술은 그다지 매력적이지 않지. 적정기술은 서로가 나누고, 자연환경을 배려하는 것에 중점을 둔 기술이니까. 상대방을 이기기 위해서는 강력하고 남성적인 큰 기술이 필요하다고 본거지."

"안타깝네요."

"그 당시의 태양광이나 풍력에너지는 지금과는 달랐지. 가정이나 마을 정도에서 사용 가능한 수준의 작은 규모를 이야기했고, 그것도 한 곳에 집중시키지 않고 여러 곳에 분산시켜서 사용하는 것을 권장했었지. 그래야 고장이나 큰 문제가 발생하지 않고 운영이 쉬우니까. 지금은 고비사막과 같은 곳에 태양광을 이용해서 거대한 발전소를 만들고 있지. 태양광발전소는 많은 태양광 패널을 펼쳐 놓아야 하기 때문에 발전소의 부지가 일반 발전소보다 5-10배 정도는 되어야 해. 태양광이 친환경 발전이기는 하지만 이렇게 크게 만들면 적정기술이라고 할 수는 없지. 운영과 관리에 문제가 많고."

"인류가 적정기술을 받아들였다면 대기오염, 자연 파괴, 자원의 고갈, 사막화 현상 같은 문제가 지금과 같이 심각하지는 않았을 것 같네요."

"그렇다고 볼 수 있지. 사람들의 마음에는 기본적으로 욕심이 있거든. 큰 산업을 일으켜서 다른 나라보다 더 잘 살고자 하는 욕구가 지금과 같은 거대 산업경제를 만든 것이지."

"과학기술이 많이 발달하지 않은 몽골에서 적정기술로 몽골이 안고 있는 다양한 문제를 해결하면 좋겠네요."

"그렇지. 태양광이나 풍력은 환경에 친화적이고 공해가 없는 대안기술이라고 할 수 있지. 아마 지하에 매장된 석탄이나 석유 같은 화석에너지를 다 쓰고 나면 이런 신재생에너지가 인류 문명의 주 에너지가 될 거야."

"그렇겠네요. 풍력에너지를 사용하는 것을 보니 몽골에도 바람이 제법 부는 모양이지요?"

"바람이 질이 좋아서 풍력발전이 잘 되는 곳이 있지. 특히 내몽골 고비사막의 사막화를 막기 위한 프로젝트에는 태양광이나 풍력 같은 신재생에너지를 많이 사용하지."

"사막화 방지 프로젝트는 어떤 방식으로 진행되나요?"

"사막화를 막으려면 나무를 심어야 하고, 나무를 자라게 하려면 물이 필요하지. 사막에서 물을 찾기는 매우 어렵지. 지하수를 사용해야 하는데 물을 퍼 올리는 목적으로 독립적으로 운영할 수 있는 태양광이나 풍력발전이 사용되고 있지."

"독립적 운영이란 말은 어떤 뜻이지요?"

"아, 그 말은 예를 들어 도시에서 사용되는 전기는 발전소에서 만들어서 전선줄을 타고 주택이나 공장까지 오잖아? 사막에는 큰 발전소를 세울 수 없고 다른 지역에서 전기를 운송해 온다고 해도 거리가 너무 멀지. 그럴 경우 독립적인 작은 전기생산 발전소를 만들게 되고 태양광 패널이나 풍력 바람개비를 설치하고 그곳에 발전기만 연결하면 발전소를 독자적으로 운영할 수 있지. 먼 곳에서 전선줄을 통해 전기를 가져오지 않고 독자적으로 전기를 생산한다고 해서 독립적인 운영이라고 해."

풍력발전에 대한 이야기를 하는 동안 우리 일행이 탄 차가 울란바토르로 들어서고 있었다.

"김 박사님, 저기에 큰 굴뚝이 있는 공장 같은 것이 보이네요"

"어디?"

"저 산 아래 평지에 있는 저기요."

"그렇군. 저것은 화력발전소야. 큰 굴뚝이 중앙에 있고, 증기 탑이 왼쪽에 2개 오른쪽에 1개가 있네."

이번에는 박 교수가 말을 이어갔다.

산 위에서 본 울란바토르 인근의 광경
– 이 사진은 가장 가난한 게르 천막 집에서부터 부유층이 사는 고층 아파트까지 울란바토르의 다양한
주택을 담고 있다. 사진 중앙에는 발전소를 상징하는 증기 탑이 보인다.

"김 박사님이 연구기관에 근무하셔서 발전소는 잘 아시는군요. 이곳 몽골은 전기
사정이 좋지 않습니다. 전기는 화력발전으로 충당하고 있습니다. 몽골에서는 땅을
파기만 하면 석탄이 나옵니다. 땅에서 나오는 석탄(갈탄)은 질이 좋지 않은 연기가
나는 유연탄입니다. 화력발전의 연료로 주로 사용하는데 석탄을 땔 때 나오는 연기
가 대기를 오염시키고 있습니다. 연기를 줄이려면 굴뚝에 필터를 사용해야 하지만
돈이 드는 문제라서 계속 미루고 있습니다."

"저도 그 이야기를 들어서 조금 압니다. 그 문제를 한국의 에너지 연구기관에 의
뢰를 했다고 합니다. 필터를 만들어 발전소에 장착하는 작업이 한국 기술진에게는
그다지 어려운 일은 아니지만 기술과 경제수준이 약한 이곳에서는 그렇게 쉽지 않
습니다. 몽골정부가 한국의 연구기관에서 기증 형식으로 필터를 설치해 달라고 했
답니다."

"그렇군요. 공해를 줄이는 적정한 기술을 찾아야 할 것 같습니다. 김 박사님, 저 쪽

을 보시면 울란바토르의 다양한 주택을 한 눈에 볼 수 있습니다."

게르 빈민촌과 부자들의 아파트

고도가 높은 지역으로 들어서자 울란바토르 시의 전경이 눈에 들어왔다.

"아, 그러네요."

"가장 가까운 곳에 판자로 담을 친 지역에 흰색 게르들이 보일 겁니다. 이 게르 한 채가 한 가족의 주택이라고 보면 됩니다. 게르 주변에 나무 판자를 사용해서 담장을 만들어 놓았습니다. 유목민들은 모두 이 게르에서 삽니다. 게르에서 사는 사람들이 가장 가난합니다. 저 작은 주택에 가족 구성원 모두 함께 삽니다. 너무 좁은 공간이라서 자녀들이 성장하면 여러 문제가 발생하기도 합니다."

"여러 채의 게르가 보이네요."

"게르 지역 뒤에 빨간색이나 푸른색 지붕의 주택들이 보일 겁니다. 저 정도의 주택에 살면 몽골에서는 중산층에 속한다고 보아야 합니다. 물론 더 잘 사는 사람은 아파트에 살고 있지요."

"화력 발전소 뒤 산에 위치한 집들은 어떤 형태입니까?"

"평지의 빌딩들은 아파트입니다. 몽골의 부자들이 살지요. 저 지역을 몽골의 비버리 힐스(Beverly hills, 미국 로스앤젤레스의 고급 주택가, 성을 연상시키는 집이 즐비한 1920년대 초기부터 형성된 할리우드 스타들과 대부호들의 주요 거주지)라고 부릅니다. 모든 몽골 사람들이 살고 싶어하는 동네지요. 그리고 산 마루에는 일반 주택가가 있고 산꼭대기에는 다시 가장 가난한 사람들이 사는 게르 빈민촌이 있습니다. 고도가 높을수록 가난하다고 보아야 합니다."

"이곳에서 울란바토르를 보니 게르 천막촌부터 몽골의 비버리 힐스까지 한 눈에 들어오는군요. 저는 가난한 지역의 문제에 관심이 많습니다. 내일 울란바토르 산동네 빈민촌을 둘러 보았으면 합니다."

"그러시지요."

시내를 지나면서 도시의 빌딩이 나타나자 승연이가 말했다.

"박사님, 몽골이 전부 초원으로만 되어 있는 줄 알았는데 시내 중심지는 우리나라의 도시와 비슷하네요."

호텔 창을 통해 바라 본
울란바토르 도심의 풍경
– 울란바토르는 몽골의 수도다.

"그렇지. 아무리 가난한 나라도 도시의 모습은 비슷하지. 어느 곳은 서울보다도 더 도시 같아. 적정기술이 가난한 지역에 적용되는 기술이기는 하지만 도시나 농촌 어디에도 필요하지. 도시는 도시에 적정한, 농촌은 농촌에 적정한 기술을 개발해서 적용해야 하지."

"그렇겠군요."

우리를 태운 차는 울란바토르 시내를 관통해서 일행이 며칠 동안 묵을 호텔에 도착했다.

"박 교수님, 수고하셨습니다. 차로 저희를 이곳까지 데려다 주셔서 감사합니다."

"김 박사님, 이곳 호텔 식당에서 내일 아침을 드시고 10시쯤 만나지요. 제가 적정기술 현장 몇 곳을 함께 가시는 것으로 일정을 짜 놓았습니다."

"네, 그렇게 하지요."

"그럼 푹 쉬시고 내일 뵙는 것으로 하겠습니다. 학생도 몽골에서의 첫 밤을 잘 보내기 바래."

승연이가 대답했다.

"몽골이 처음이라서 마음이 설레어 잠이 잘 오지 않을 것 같아요. 이곳까지 오는 동안에 몽골에 관한 유익한 이야기 많이 해 주셔서 감사합니다."

울란바토르
산동네

둘째 날이 되었다. 호텔에서 아침을 먹고 오늘은 울란바토르 산동네 빈민촌을 둘러보기로 했다. 굿네이버스 지부장이 굿네이버스가 운영하는 어린이 돌보미 시설을 방문해 보자고 권했다.

"김 박사님, 빈민촌으로 가는 길에 저희가 운영하는 아동 돌보미 시설이 있는데 보고 가시면 좋을 것 같습니다. 돌보미 센터가 산동네 꼭대기에 있습니다. 여기는 고지가 높을수록 가난하다고 보면 됩니다. 저희 나라도 마찬가지이지 않습니까? 잘 사는 사람들은 평지에 지은 넓은 주택이나 고급 아파트에 살지만 가난한 사람들은 자투리 땅을 찾아서 가건물 같은 집을 짓거나 산동네 비탈의 작은 집에 세 들어 살지요. 가난한 사람은 대부분 유목민들입니다. 목초지에서 양을 키우던 유목민들이 돈을 벌고자 울란바토르로 몰려들었습니다. 초원이 사막화되어 먹고 살기가 어려워진 환경난민들이 많지만 그 보다는 도시에 일거리를 찾아 유목생활을 버리고 무작정 상경하는 사람들도 많습니다."

"네, 좋습니다."

울란바토르가 계획된 도시이기는 하지만 산동네에는 길 같은 도로가 없다. 그냥 차가 가는 길이 동네의 도로가 된다. 승용차가 먼지를 날리며 꼬불꼬불 산동네 길을 따라 달렸다. 일행은 흔들리는 차 안에서 한국과 몽골에 대한 이야기를 나누었다.

"한국과 몽골이 수교를 하고 나서 이곳으로 진출한 한국사람들이 많습니다. 언제나 그렇듯이 가난한 지역에 진출한 한국사람은 두 부류입니다. 맨 먼저 온 사람들 중

울란바토르 산동네 풍경
- 주택가의 모습이다. 주택의 양철 지붕은 붉은 색이나 푸른색의 파스텔 톤이다. 주택과 주택 사이의 공간에 길 같지 않은 도로가 자연적으로 생겼다.

에는 몽골 사람들을 상대로 사업을 하자고 하거나 한국에 진출시켜 준다고 하고 문제를 일으킨 사람들이 있습니다. 순진한 몽골사람들 다수가 피해를 보았다고 합니다. 그 이후에 몽골 사람들이 한국사람들을 경계했다고 합니다.”

“언제나 그런 사람들이 있지요.”

“몽골 사람들은 기본적으로 한국사람을 아주 좋아합니다. 생긴 모습으로 한국사람과 몽골사람을 구별하기 어렵습니다. 몽골사람이 한국사람보다 더 근육질이고 얼굴이 조금 넙적한 편이지만 거의 비슷하게 생겼다고 봐야지요.”

“두 민족이 같은 몽골리안(Mongolian)이지 않습니까?”

“그렇지요. 어떻게 보면 아주 오래 전에 바이칼호 부근에서 함께 살다가 동쪽으로 이주하다 한 부족은 몽골에 남고 다른 부족은 한반도까지 들어갔는지도 모르지요.”

“그렇게 생각할 수 있겠군요.”

“역사적으로 원나라가 세계를 지배할 때 고려의 공주들이 몽골로 시집을 많이 갔다고 배웠습니다. 그래서 몽골 사람들의 지배층 피에 한국사람의 피가 섞여 있지요.”

“역사, 문화적으로 가깝다고 배웠습니다.”

"지금도 몽골사람들은 한국을 '솔롱고스(Solongos)'라고 합니다. 이 말은 '무지개'란 뜻입니다. 원나라 황제의 아내가 무지개 너머 아름다운 고려에서 왔기 때문이란 이야기가 있는데, 어쨌든 한국을 그만큼 좋아한다는 말이겠지요."

"저도 들은 적이 있습니다."

"요즘 한국에서 들어 오는 사람들 중에는 건강한 사업가들이 많습니다. 종교단체 사람들이 있고, 몽골을 이해하고 사업을 함께 하려는 사람들이 있습니다. 몽골은 광물자원이 풍부한 나라입니다. 몽골의 자원과 한국의 기술이 결합하면 서로에게 이익이 되는 사업을 만들 수 있지요. 또 박사님처럼 몽골의 과학과 교육에 관심을 갖고 오시는 분들도 있습니다. 앞으로 몽골과 한국의 관계는 더욱 확대될 것으로 기대됩니다."

"좋은 현상이군요."

"필요한 물건을 주어서 돕는 것보다 과학기술이나 교육을 통해 사람들을 일으켜 세우는 것이 지속성 측면에서 바람직합니다. 우리나라도 어려웠던 시절에 미국이나 유럽에서 선교사들이 들어와서 학교와 병원을 세워주지 않았습니까? 이화여대나 연세대학이 모두 그렇게 해서 세워진 대학들이지요. 이곳 몽골에도 대학을 중심으로 인재를 양성해야 합니다."

"이곳에서 일하시면서 교육자가 되셨군요. 저도 동감하고 있습니다."

"별말씀을 다 하십니다. 이번에 한국의 한 여행사에서 저희에게 가난한 아동들을 돌보는 데 사용하라고 산동네 빈민촌에 돌보미 센터 건물을 지어 기증했습니다. 운영은 저희가 하고 있는데 아이들이 너무 많아서 고민입니다. 저기 저 간판이 있는 집이 돌보미 센터입니다. 함께 가 보시지요."

게르에서 온 아이들

우리는 차에서 내려서 돌보미 센터로 들어갔다.

아동 돌보미 센터의 내부는 잘 정리되어 있었다. 한국의 유사 시설의 인테리어에 뒤지지 않았다. 돌보미 센터 안에는 몽골 어린이들이 많이 있었다.

"이 아이들은 대부분 게르 주택에서 온 아이들입니다. 방과 후에 이곳으로 옵니다. 적당 시간 이곳에서 휴식을 취하고 집으로 돌려 보내려고 하지만 아이들이 사는

울란바토르 아동 돌보미 센터
– 우리나라도 어려웠던
시절에는 집의 울타리를
나무로 만들었었다. 간판
하단의 문구가 눈에 들어온다.
가난한 지역을 돌보는 일을
'지역사회 개발(Community
development)'이라고 한다.

집의 공간이 너무 협소해서 게르로 잘 돌아가려 하지 않습니다. 밤이 될 때까지 이곳에서 머물다 집에 가서 잠만 잡니다."

"그렇군요. 이런 시설이 더 지어져서 많은 아이들이 혜택을 받으면 좋겠네요. 그리고 이런 일에 많은 사람들이 관심을 가져야 할 것 같습니다."

"저기에 있는 저 자매가 아이들을 돌보는 봉사자입니다. 저 자매도 어린 시절 가난을 겪어 보았기 때문에 아이들 돌봄에 적극적입니다. 제가 소개해 드리겠습니다."

지부장은 아이들 속에서 분주히 일하고 있는 한 자매를 불렀다.

"인사하세요, 한국에서 온 김 박사님입니다. 아이들 돌보는 일에 관심이 많으십니다."

"안녕하세요. 저는 아말자갈이라고 합니다."

"네, 저는 김입니다."

"방문해 주셔서 감사합니다."

"제가 한 번 와보고 싶었습니다. 이 아이들을 위해 봉사를 하고 있다고 들었는데요, 일하기가 어렵지는 않습니까?"

"이 아이들의 모습은 저의 유년시절과 비슷합니다. 저도 작은 게르에서 태어나서 그곳에서 자랐습니다."

"언제까지 게르 생활을 했나요?"

"성장기 내내 게르에서 생활했습니다. 게르는 공간이 작아서 자라나는 아이들에게 적합하지 않습니다."

"가족이 몇 명이었는데요?"

"아버지, 어머니와 4남매였습니다."

"그럼 6명이 게르에서 함께 생활한 것이군요?"

"여자 아이들이 사춘기 이후에 게르에서 생활하는 것은 좋지 않습니다. 여러 가지 위험에 노출될 수 있거든요."

"게르 생활의 어려움에 대한 기사를 읽었습니다."

"여기에 와 있는 아이들은 대부분 이곳 산동네 게르에서 생활하는 아이들입니다."

"아이들이 학교를 마치면 이곳으로 오나요?"

"예, 대부분 이곳으로 옵니다. 게르 이외에 갈 곳이 없습니다."

"공간에 비해 아이들이 많은 것 같네요?"

"네, 그렇습니다. 아이들 수가 너무 많아서 어려운 점이 많습니다."

"아이들의 관리는 어떤가요?"

"쉽지는 않지만 아이들 활동기록을 만들어 관리해 주고 있습니다. 부모님의 가족 관계나 경제적 상황을 이해하는 것이 아이들의 미래 교육을 위해서 필요합니다."

"수고가 많으시군요. 제가 도와드릴 일이 무엇이 있을지 생각해 보겠습니다."

"특별한 것은 없고 아이들 학용품을 지원해 주면 좋겠습니다."

"알겠습니다. 친절하게 설명해 주어서 고맙습니다."

자매는 아동보호시설에 대해 자세히 설명을 한 후 다른 업무를 보러 산 아래로 걸어 내려갔다. 자매의 뒷모습을 보니 머릿속에 여러 생각이 복잡하게 교차했다.

따뜻한 겨울나기

"저희가 저 자매에게 생활에 도움이 되도록 작지만 급료를 지급합니다. 자신의 어린 시절을 생각하면서 아이들을 돌보는 일을 아주 열심히 하고 있습니다. 김 박사님, 이 근처에 빈민 아이들을 돌보는 작은 교회가 있는 있는데 그곳을 방문해 보면 어떨까요? 기술로 지원할 수 있는 것이 있을 수 있습니다."

"교회요?"

"네, 가난한 나라인 몽골에는 빈민을 구제하기 위해 종교단체들이 많이 들어옵니다. 그런 단체 중의 하나인데 목사님이 아주 열심입니다."

"아, 그래요. 그럼 한번 가보지요."

몽골 빈민촌 아동 돌보미 센터 시설
– 방과 후에 아이들이 가야 하는 곳은 좁은 공간의 게르다. 아이들은 방과 후에 이곳으로 온다. 시간이
지나도 아이들은 게르로 돌아가려 하지 않는다.

우리를 태운 SUV 차량이 울퉁불퉁 비포장 산길 도로를 지나서 판자 울타리가 쳐진 작은 교회에 도착했다.

"여기입니다. 내리시지요."

우리는 차량에서 내려 주위를 훑어보고 나서 교회 안으로 들어갔다. 교회 안에서 목사 부부가 우리를 반갑게 맞이했다.

"어서 오십시오. 저희가 지부장님으로부터 연락을 받기는 했는데 방금 한국의 한 교회에서 이곳을 방문해서 교회 안이 시끄럽습니다."

"괜찮습니다. 시끌벅적 사람 사는 소리가 들리는 게 좋네요. 저는 한국의 과학기술 단체에서 온 김이라고 합니다. 몽골의 여기저기를 다니면서 과학기술로 도울 수 있는 것이 무엇이 있는지 살펴보고 있습니다. 혹시 일하시면서 기술로 도움을 드릴 수 있는 부분이 있으면 말씀해 주시지요."

일행은 천천히 교회 안을 둘러 보았다.

"먼저 교회 내부를 보시지요. 여기 이 난방기구를 보십시오. 저 난방 파이프가 없었다면 저희가 추운 몽골의 겨울을 나기가 어려웠을 겁니다. 아시다시피 몽골의 겨

교회 내부를 따뜻하게 해 주는 난방기구
– 누구든지 자신이 갖고 있는 재능으로 남을 도울 수 있다. 작은 재능이라도 잘 사용하면 다른 이에게는 큰 선물이 된다. 난방기구가 있어서 추운 겨울에도 아이들이 뛰놀고 휴식할 수 있다.

울은 영하 30도가 넘습니다. 추울 때는 영하 40도까지 됩니다. 이런 날씨에는 가축들도 견디지 못하고 많이 죽습니다. 어떤 고마운 기술자가 와서 교회 안에 난방기구를 만들어 주었습니다. 여기 파이프로는 물이 흐릅니다. 그리고 파이프는 전기로 데워집니다. 이 장치 덕분에 추운 겨울에도 교회 안이 훈훈합니다.”

“아이들이 매달려서 놀고 있는 저 기둥들을 말씀하시는 거지요?”

“네, 그렇습니다.”

“파이프로 흐르는 물은 어디에서 오는 겁니까?”

“이곳에서는 지하수를 사용합니다. 지하에 상당량의 지하수가 있습니다. 펌프로 퍼 올려서 사용합니다.”

“지하수가 흐른다니 다행입니다.”

“그렇지요. 울란바토르가 물이 부족한데 이곳은 다행이 지하수가 있어서 걱정이 덜합니다.”

“물을 데워서 공간을 훈훈하게 하는 방식이 지세이버와 비슷합니다. 지세이버에서는 돌을 데우는데 여기는 물을 데우는군요.”

“지세이버라면 혹시 난로 위에 올려 놓는 장치를 말하는 것인지요?”

“네, 맞습니다. 원리가 비슷합니다. 과학을 하는 사람들은 비열(Heat capacity)란 단어로 설명을 합니다. 물을 1도 올리는데 필요한 에너지입니다. 물질마다 비열이 다른데 비열이 얼마냐에 따라 열을 보존하는 능력이 다릅니다. 물이나 돌이 그런 능력이 좋습니다. 제가 너무 과학적으로 설명한 것 같은데 그냥 그런 것이 있다고 생각하면 됩니다."

"비열이요? 인문학을 배운 제게는 생소한 단어입니다. 저야 뭐 그냥 따뜻하면 그것으로 최고지요."

"맞습니다. 비열이 무엇인지 몰라도 따뜻하면 그만이지요. 장치를 만드는 사람들이 알고 있으면 됩니다. 어쨋든 누군지 모르지만 좋은 기술로 이곳에 따뜻함을 선사해 주셨군요. 혹시 기술이 필요한 다른 곳은 없는지요?"

물을 아낄 수 있는 세면대

"보여드릴 데가 한군데 더 있습니다. 저기 밖으로 나가시지요."

우리 일행은 아이들이 세수를 하고 있는 야외 세면대로 이동했다.

"이곳에서 아이들이 손을 씻습니다. 여기 위쪽의 통에 물이 저장됩니다. 손으로 아래에 있는 막대기 같이 생긴 것을 눌러 위로 올리면 통에 있는 물이 아래로 내려옵니다. 누르고 있는 시간에 따라서 아래로 내려 오는 물의 양이 달라집니다. 아이들이 이 장치에 익숙하기 때문에 물을 아끼면서 세수를 할 수 있습니다."

"재미난 장치군요. 누가 이런 좋은 아이디어를 생각해 냈나요?"

"전에 있던 것이라서 누가 만들었는지는 잘 모르겠지만 물이 부족한 이곳에서 물을 절약해서 쓰도록 고안된 장치로 생각하고 있습니다."

"이곳 상황에 맞는 적정한 기술이라고 할 수 있습니다."

"적정한 기술이요?"

"네, 우리는 이런 기술을 적정기술이라고 부릅니다. 어느 지역의 환경에 적합하다는 뜻으로 그렇게 부릅니다."

"아, 그런 뜻이군요. 맞습니다. 저 장치는 저희 마을에 맞는 적정한 세면대입니다."

"그런데 이곳의 겨울 날씨가 영하 30도가 넘는다고 하는데 물이 얼지 않나요?"

"아, 이곳의 물은 지하수입니다. 땅 속에 있는 지하수라서 얼지 않습니다. 전기 펌프를 이용해서 지하에 있는 물을 순간적으로 끌어 올립니다. 그리고 필요한 만큼만 이 통에 넣어 사용합니다. 물론 오랫동안 저장해 두면 물은 얼지요. 저희는 적당히

아이들이 손을 씻는 적정 세면대 - 꼭지를 아래에서 위로 누르면 통에 담겨있는 물이 아래로 내려온다. 누르지 않으면 내려오던 물이 멈춘다. 물이 부족하고 추운 몽골의 환경에 적합한 장치다.

사용할 정도만 사용합니다."

"그것도 이곳의 환경에 맞는 방식입니다. 이곳에서 빈민 아이들과 함께 하면서 힘드신 일은 없는지요?"

"왜 없겠습니까? 이곳에는 항상 아이들이 넘쳐 납니다. 어른들은 일을 하려 밖으로 나가고 없고, 아이들이 뛰놀 곳이라고는 이곳 밖에 없습니다. 특히 겨울이 되면 아이들 수가 넘쳐납니다."

"그렇겠군요. 좋은 일을 하고 계십니다."

"그렇습니다. 제가 한국에서 목사로 일을 할 때에는 제 자신이 어떤 거룩한 일을 하고 있는 사람이라는 자만심에 빠져 있었습니다. 하지만 이곳에 와서 빈민들과 함께하면서부터는 마음이 자유로워서 좋습니다. 껍데기 같은 것들은 다 벗어 던졌습니다. 몸이 힘들 때도 있지만 마음은 언제나 기쁩니다."

"아이들이 교회로 잘 옵니까?"

"이곳에 오는 아이들은 대부분 가난한 가정의 아이들이라서 뛰고 놀 공간만 있으면 좋아합니다. 또 저희가 점심이나 간식을 주니까 더 좋아하지요."

"그런 돈은 어떻게 마련하나요?"

"한국에 있는 다른 교회나 사업가들이 보내줍니다."

"그렇겠군요. 저 같은 과학자가 도울 일이 있으면 말씀해 주시지요."

"한가지 부탁이 있습니다. 아이들의 목욕을 위해 샤워시설을 만들고 싶은데 도움이 필요합니다."

"영하 20도 이상에서 작용하는 몽골에 적합한 샤워시설을 구상해 주십시오. 저희에게 반드시 필요한 시설입니다."

"알겠습니다. 저희가 한번 검토해 보겠습니다."

말젖 요구르트와 양고기 국수

"감사합니다. 여기까지 오셨는데 저희와 점심을 같이 하시지요. 저기 보이는 게르가 저희 교회의 주방입니다. 오늘의 요리는 몽골 양고기 국수입니다. 맛이 괜찮습니다."

"네, 좋습니다. 저는 양고기를 좋아합니다. 몽골에 와서 자주 먹어 보았습니다."

"식사를 함께 하신다니 제가 기분이 좋습니다. 어떤 분들은 이곳의 환경이 깨끗하지 않다고 식사를 같이 안 하시는 분들도 있습니다."

"그렇습니까? 저는 웬만하면 식사를 같이 합니다. 지난번에 몽골 친구와 함께 야외에 설치된 게르에 간 적이 있습니다. 유목을 하는 게르라서 환경이 좋지 않았습니다. 플라스틱 통에 말젖을 담아 놓았는데 우유 통에는 파리들이 앉아 있었습니다. 몽골 교수가 컵으로 우유를 떠서 먼저 먹고 나서 한 컵을 떠서 저와 일행에게 권했습니다. 저와 동행했던 다른 사람들은 비위생적이라서 손사래를 치고 먹지를 않았습니다. 저는 친구가 권하는 컵을 들어 맛을 보고 마셨습니다."

"맛이 어떻던가요?"

"맛이 이상했습니다. 말 냄새가 심하게 났습니다. 몽골 사람들은 말젖을 잘 먹는다고 합니다. 통에 담아 놓고 시간이 지나면 말젖이 요구르트가 된다고 합니다."

"말젖을 드셨다니 대단합니다. 처음 먹는 사람은 속이 편하지 않을 수 있습니다."

"맞습니다. 제가 그랬습니다. 하루 종일 속이 좋지 않아서 고생을 했습니다. 하지만 몽골 친구가 주는 것을 제가 거부하면 친구가 될 수 없을 것 같아 먹었습니다."

"그렇지요. 사람 사이의 관계는 신뢰로부터 시작하지요. 저희와 같이 다른 나라에서 온 사람들은 특히 그렇습니다. 현지 사람들에게 믿음을 얻지 못하면 어떤 일도 할 수 없습니다."

"저도 그렇게 생각합니다. 말젖을 먹고 제가 고생을 하기는 했지만 서로간에 신뢰가 생겨서 몽골 교수와 더 친밀해졌습니다."

유목민의 게르. 필자가 방문한
게르에서 초청자인 몽골교수가
손님에게 줄 말젖 통을 들고 게르
안으로 들어가고 있다. 바닥에
널려 있는 청색 플라스틱 통에
말젖을 받아 놓는다. 시간이
지나면 말젖이 요구르트가 된다.

교회 주방으로 사용하는 게르
안의 풍경
– 몽골에서 난로는 몽골 가정의
필수품이다. 이 난로가 있어야
음식을 조리할 수 있다.

"그렇습니다. 이런 곳에서 일을 하려면 어떤 것을 가져다 주는 것보다 이곳 사람들과 함께 생활하면서 같은 마음을 쌓아가는 것이 중요합니다. 물건을 가져다 주는 것은 한 순간이지만 신뢰를 쌓으면 오래 갑니다."

"제가 아프리카의 NGO 단체에서 일하는 분에게 들었습니다. 많은 사람들이 선한 일을 한다면서 부족 마을에 들려서 이런 저런 것을 주고 왔다고 합니다. 그가 한 번은 마을을 방문했을 때 마을 촌장이 자신들이 먹는 물을 먹으라고 권했다고 합니다. 그는 조금 망설이다가 촌장이 권하는 물을 마셨답니다. 그랬더니 촌장이 말하기를 당신이 이곳을 방문한 외부인 중에 자신이 권하는 물을 먹은 첫 사람이라고 했답니다. 아무도 부족들이 먹는 물을 먹지 않고 자신들이 가져간 생수통의 물을 먹은 것입니다. 그리고 나서 그 분은 부족장의 친구가 되었답니다. 이 후에 부족들이 그가

하는 이야기를 잘 경청했다고 합니다. 친구가 되는 것이 무엇인지를 말해주는 좋은 사례지요."

"네, 공감이 갑니다. 저기 게르 안으로 들어가시지요."

우리는 교회 식당인 게르 안으로 들어갔다. 식당으로 사용하는 게르는 몽골에서 흔히 볼 수 있는 일반적인 게르였다.

"여기가 주방입니다. 이 난로에서 양고기 국수를 끓였습니다. 한국의 닭 칼국수와 비슷합니다. 바로잡은 양고기를 넣고 끓인 국수라서 맛이 있습니다."

"아, 그렇군요. 언제나 난로는 게르의 중앙에 놓여 있네요. 그리고 연통은 천정으로 향해 있고."

"네, 늘 이 구조로 되어 있지요. 수천 년 동안 이 모습이었으니까 이곳 사람들이 결정한 가장 적절한 형태라고 할 수 있습니다. 이런 물건들은 고칠 필요가 없습니다. 수천 년 동안 사용하면서 문제를 수정했으니까 완전한 제품이라고 할 수 있지요."

게르 중앙에 놓인 난로 위에는 커다란 철제 그릇이 놓여 있었다. 그릇 안에는 삶은 국수가 들어 있었다. 우리 일행은 식당에서 떠 주는 국수를 맛나게 먹고 나서 인사를 하고 다음 행선지로 향했다.

대한민국 적정기술 1호
지세이버(G-savor)의 현장으로

지세이버 공장견학

몽골 여행을 계획하기 전에 필자가 속한 (사단법인)나눔과기술(Sharing and Technologies, Inc., 나눔과기술은 최적의 기술, 배려하는 마음, 주도적인 섬김의 가치로 소외된 이웃을 위한 적정기술을 연구, 개발, 보급하는 단체)과 교류하고 있던 굿네이버스(Good neighbors, 굿네이버스는 한국 국적의 국제구호개발 NGO로서, 굶주림 없는 세상, 더불어 사는 세상을 만들기 위해 1991년 한국에서 설립되어, 전 세계 33개국에서 전문사회복지사업과 국제구호개발사업을 실시하고 있다.) 한국본부에 전화를 걸어 울란바토르의 굿네이버스 지부 사무실 방문을 협의했다.

"따르릉~"

"네, 여보세요?"

"이 팀장님이십니까? 저 나눔과기술의 김 박사입니다"

"아, 박사님, 안녕하세요. 그 동안 잘 지내셨습니까?"

"예, 덕분에 잘 지내고 있습니다."

"지난 번 저희가 부탁 드린 캄보디아 태양광 기기 운영 매뉴얼 영문판을 잘 만들어 주셔서 현지에서 잘 사용하고 있습니다."

"아, 그러세요. 저희도 처음 만들어 본 것이라서 매뉴얼 문구에 익숙하지 않은 부분이 많았습니다. 여러 교수님들이 신경을 써서 만들었습니다. 잘 사용하고 계시다니 기쁩니다. 전화를 드린 이유는 제가 이번에 몽골에 들어 갑니다. 몽골의 적정기술 현장을 둘러 볼 계획인데 울란바토르에서 대한민국 적정기술 1호 지세이버(G-savor, 난로에 부착해서 사용하면 열을 보존해 주고 대기 오염을 줄어 주는 적정기술 제품) 운영을 살펴보

 청소년과 함께 하는 나눔과 배려의 적정기술

몽골 주택에서 나오는 연기
– 난로에서 갈탄이나 나무를 태울 때 나오는 연기로 몽골 주민의 건강에 문제가 생기고 있다. 울란바토르는 세계적으로 대기 오염이 심각한 도시 중에 하나다(사진 굿네이버스 제공)

고 싶어서요."

"아, 몽골에 들어 가신다고요? 지세이버는 지금 울란바토르와 그 인근 현장에서 호평을 받고 있습니다. 제가 울란바토르 굿네이버스 지부에 전화를 걸어서 일정을 잡아 달라고 하겠습니다."

"그렇게 해 주시면 고맙겠습니다."

지세이버는 (사)나눔과기술 회원인 김만갑 교수가 개발한 한국 최초의 적정기술 제품이다. 김 교수는 몽골에서 코이카 봉사단원으로 업무를 수행하는 동안 천막 주택 게르의 난방문제를 돕고자 지세이버를 개발했다. 몽골의 겨울은 혹독하기로 소문이 나 있다. 영하 30-40도의 혹한을 게르 중앙에 설치한 난로 하나에 의지해서 견디어야 한다. 난로의 불이 꺼지지 않게 하기 위해서는 하루 밤에 서너 차례 석탄이나 나무를 난로에 넣어 주어야 한다. 사용할 연료가 없을 때에는 폐타이어나 플라스틱을 때기도 한다. 게르의 연통에서 나오는 유독성 연기는 울란바토르의 대기오염의 주범이다. 이런 사정을 인지한 김 교수는 적은 연료를 사용하여 오랫동안 열을 보존할 수 있는 장치를 만들었다. 온도를 가해서 달구어진 돌이 열을 오랫동안 유지하는 지세이버의 보온방식은 한국 주택의 온돌에서 기본 원리를 가져왔다. 김 교수의 기술을 이전 받은 굿네이버스가 몽골 현지에 지세이버 제작 공장을 설립하여 게르 천막과 주택의 난로에 지세이버를 공급하고 있다.

아침 식사를 하면서 승연이에게 지세이버 사업장 방문 이야기를 해 주었다.

"오늘 방문 예정지 중에 대한민국 적정기술 1호 지세이버 공장이 포함되어 있어. 한번 가보고 싶어했지?"

"지세이버 공장이요? 정말 가 보고 싶은 곳이어요."

"공장을 방문하고 나서 현지 직원들과 지세이버 개선 방안에 대해서도 논의할 예정이고 굿네이버스에서 빈민 아동들을 돌보는 돌보미 센터도 방문할 예정이야."

"지세이버 공장을 간다고 하니 정말 흥분됩니다."

아침식사를 마치고 호텔로비에서 박 교수와 굿네이버스 팀장을 만났다.

"안녕하세요? 김 박사님. 말씀 많이 들었습니다. 저는 이곳 울란바토르 굿네이버스 지부장입니다. 만나 뵙게 되어 반갑습니다."

"아, 그러시군요. 오늘 지부장님 신세를 져야 할 듯합니다. 부탁 드리겠습니다. 그리고 여기 이 소녀는 저와 함께 온 여학생입니다. 적정기술에 관심이 많다고 합니다. 특히 지세이버가 현장에서 어떻게 사용되는지 보고 싶다고 합니다. 인사 드리세요."

"안녕하세요? 잘 부탁 드립니다."

"그래요. 반갑네요. 김 박사님 제가 오늘의 일정을 대략적으로 설명 드리겠습니다. 우선 이곳에서 차를 타고 30-40분 정도를 가면 저희가 설립한 굿네이버스 사회적 기업(Social Enterprise, 취약계층에게 일자리를 제공하여 지역주민의 삶의 질을 높이는 등의 사회적 목적을 추구하는 기업)이 있습니다. 그곳에서 지세이버를 만들고 있습니다."

"저도 가보고 싶던 곳이었습니다."

"그 곳의 공장을 둘려 보시고 기술 담당자와 미팅을 갖겠습니다. 김 박사님이 방문한다고 하니까 공장 기술팀장이 아주 기뻐하고 있습니다. 물어볼 것이 많다고 합니다."

"저도 제작하는 과정에 대해 궁금한 점이 많습니다. 함께 의견을 나누면 좋겠습니다."

"공장 옆에 게르가 몇 채 있습니다. 그곳에서 지세이버 성능 개선을 위한 테스트를 합니다. 그 다음에 지세이버를 설치한 울란바토르 빈민촌 가정을 방문할 예정입니다. 저희와 저녁식사를 하시면 일정이 마무리 됩니다."

지세이버를 받아가는 울란바토르
주민(굿네이버스 사진 제공)
– 지세이버는 몽골 저소득 계층
주민들에게 제공되어 그들의 삶을
윤택하게 하는 데 사용되고 있다. 무상으로
제공되지 않고 보조금이 포함된 가격으로
판매된다. 굿네이버스는 몽골에 사회적
기업(Good Sharing)을 설립하여 몽골
현지인을 고용하여 지세이버를 생산하고
있다.

"감사합니다. 일정을 알차게 준비해 주셨군요."

"그럼 차를 타고 이동을 하시지요."

일행은 차를 타고 지세이버 공장에 도착했다. 공장에서 한국인 팀장과 몽골 직원
이 나와서 우리를 공장 안으로 안내했다. 그는 지세이버의 제작과정에 대해 대략적
인 설명을 해 주었다.

따뜻함을 담는 원리

"저는 이 공장의 기술 담당 팀장입니다. 먼저 지세이버에 대한 간단한 설명 후에 공
장을 둘러 보도록 하겠습니다. 지세이버는 한국형 적정기술 1호라고 할 수 있습니
다. 이곳 몽골의 소외된 계층의 문제해결에 적합한 제품입니다. 몽골은 주택과 게르
에서 갈탄을 연료로 사용합니다. 영하 20-30도의 추위를 이기려면 하루에 서너번
난로에 갈탄을 넣어야 합니다. 가난한 사람들에게는 연료비가 부담이 됩니다. 이 지
세이버를 사용하면 연료량이 절감됩니다. 또 열을 오랫동안 보존해 주기 때문에 갈
탄을 넣는 횟수가 줍니다. 또 갈탄의 연소시간이 길어지기 때문에 밖으로 배출되는

연기가 적습니다. 흔히 이야기하는 탄소배출권 측면에서도 유리한 기술입니다. 저희가 이 지세이버로 몽골이 겪고 있는 난방문제를 해결하고 있습니다."

"팀장님의 지세이버에 대한 설명 잘 들었습니다. 참으로 자랑스런 한국형 적정기술 제품입니다. 현재 지세이버가 얼마나 판매되었나요?"

"만 개 이상이 판매되어 사용되고 있습니다."

"만 개면 대단한 숫자네요. 몽골의 게르나 주택이 모두 난로를 사용한다는 점을 감안하면 더 많이 판매할 수 있을 것 같은데요. 앞으로 전망은 어떻습니까?"

"몽골에서 사용되는 모든 난로에 지세이버가 부착될 수 있도록 노력 중입니다. 이 제품을 난로의 연통과 연결하면 난로의 연소효율이 높아집니다. 궁극적으로 대기오염을 줄이는 효과가 있어서 몽골 정부에서도 많은 관심을 갖고 있습니다."

"혹시 사용하면서 발생하는 문제는 없었는지요?"

"그렇지 않아도 여러 기술적인 문제가 있어서 문의 드릴 것이 많았습니다. 김 박사님이 오시기를 기다렸습니다."

"아, 그러세요. 제가 아는 범위에서 말씀드리겠습니다."

공장에는 지세이버의 원판인 함석판과 판을 자르고 구부리는 기계들이 설치되어 있었다.

"이곳에서 함석을 자르고 둥그렇게 말아서 형태를 만듭니다. 그리고 용접을 해서 함석조각들을 이어 붙입니다. 내부에는 연기가 잘 빠져나가도록 통로를 만들어 주고 안에는 돌을 넣습니다."

"그러면 이곳이 몸통이 되고 오른쪽이 연통과 연결되는 부분입니다. 이 지세이버를 난로에 연결하면 난로의 연기와 열기가 지세이버로 전달되고 연기는 오른쪽 연통 부위를 따라서 밖으로 배출됩니다. 난로에서 달구어진 대기가 연통을 통해서 밖으로 빨리 빠져 나가기 때문에 기존 난로의 열 보존 효과는 크지 않습니다. 이 점을 개선하기 위해 열을 보존하는 돌을 넣은 지세이버를 난로에 연결합니다."

"난로의 열을 보존하는 목적으로 지세이버를 사용하는 것은 알고 있었지만 자세한 내용은 이번에 처음 듣습니다. 돌을 달구어 돌이 갖고 있는 열을 이용하는군요."

"그렇습니다."

"돌은 어떤 돌을 사용하나요?"

몽골 현지 공장에서 지세이버의
구조를 살펴보는 필자

"강가에서 흔하게 볼 수 있는 조약돌을 사용합니다. 울란바토르 시 앞에 흐르는 강에서 주워옵니다. 열 전달을 돕기 위해 조약돌과 황토 볼(Ball)을 함께 넣어 줍니다."

"황토 볼이라면 화분 같은 것을 만들 때 사용하는 것을 말씀하시는 것인지요?"

"네, 그렇습니다. 그런데 저는 이 황토 볼을 왜 넣어 주는지 잘 모르겠습니다."

"조약돌은 강에서 가져오기 때문에 비용이 들지 않지만 황토 볼은 한국에서 수입해 오기 때문에 비용이 제법 듭니다. 저희들이 지금 러시아 산 건축자재용 벽돌을 대신 사용할까 생각 중입니다만, 제가 이 장치의 기술적인 부분을 잘 몰라서 결정을 내리지 못하고 있습니다. 조언을 부탁 드립니다."

"예, 알겠습니다. 우리나라의 온돌의 원리를 이용한 지세이버의 열 보존 원리는 이해하고 계신 거지요?"

"네, 알고 있습니다."

"제가 다시 한번 정리해서 말씀 드리지요. 온돌은 우리나라만의 독특한 열 보온 구조입니다. 선진국의 경우 대부분 난로를 사용해서 주택에 열을 공급합니다. 우리나라는 온돌을 사용해서 주택에 열을 제공하지요. 아궁이에 불을 지피어서 온돌을 달구고, 그 온돌의 열기가 오랫동안 유지되어 추운 겨울에도 아침까지 따뜻하게 잠을 잘 잘 수 있는 것입니다. 지세이버 안에 들어있는 조약돌들이 온돌의 역할을 해주지요. 그리고 황토 볼을 조약돌과 함께 넣는 이유에 대해서는 저도 정확하게는 알지 못합니다. 혹시 황토 볼을 넣지 않고 지세이버를 실험한 경우는 없었나요?"

지세이버의 실물 사진과 구조
- 함석 구조통 안에 난로의 열을 장시간 보존할 수 있도록 돌과 세라믹 볼을 넣었다. 뜨거운 연기가 장시간
돌과 접촉하여 돌을 달구므로 열이 오랫동안 보존된다.

지세이버에 사용되는 조약돌과
황토 볼(Ball)
– 강가에서 흔하게 볼 수 있는
조약돌이 난로의 온도를 유지해
준다. 원리는 간단하다. 돌과
같은 물질에서는 열이 빠져
나가는 시간이 길다. 돌을
달구어서 주머니에 넣고 있으면
주머니 속이 오랫동안 따뜻하다.

"있었습니다. 황토 볼 대신 조각 돌만을 넣었을 때에도 보온 효과는 비슷했습니다. 하지만 저희는 황토 볼을 사용하는 어떤 특별한 이유가 있을 것 같아서 계속 황토 볼을 함께 넣어 사용하고 있습니다."

"황토 볼이 열을 잘 전달해 준다고 들었는데 실험 결과에서 보온 효과에 큰 영향을 주지 않는다면 사용하지 않아도 될 것 같습니다."

"저희가 황토 볼보다 싼 러시아제 건축자재용 세라믹 재를 갖고 있습니다. 이곳 몽골에서 집을 지을 때 열을 차단하는 내화재로 사용하는데 값이 매우 쌉니다. 이 자재로 실험을 해 보았는데 황토 볼을 사용하는 경우에 비해서 다른 점을 발견할 수 없었습니다.”

“그러면 세라믹 재를 황토 볼 대신으로 사용하십시오. 이런 재료를 조약돌과 같이 넣으면 공기 통로를 많이 만들어 주어서 통기성이 좋아질 것 같습니다. 적정기술은 가능하다면 현지에서 생산과 구입이 가능한 재료를 사용하는 것을 권장합니다. 다른 곳으로부터 자재를 가져와야 한다면 운송비가 많이 들어서 적절하지 않습니다.”

“아, 그러면 저희가 이 자재를 사용해서 실험을 계속하도록 하겠습니다. 저희가 이곳에서 여러 가지 실험을 하고는 있지만 공학을 전공한 사람이 없어서 무엇을 어떻게 해야 할지 모르는 경우가 많습니다. 또 어떤 결과를 얻었을 때에 그 결과에 따라서 지세이버의 구조나 자재를 바꾸어야 하는지 결정하기 어렵습니다. 이렇게 오셔서 자문을 해 주시니 정말 많은 도움이 됩니다.”

“이번에는 장시간 사용한 지세이버를 뜯어서 내부를 살펴볼까요?”

직원들이 실험에 사용한 지세이버를 가져와서 분해했다.

“이음새 부분에 그을음이 많아서 분리가 쉽지 않습니다.”

“그을음이란 것은 주로 갈탄이나 나무의 불완전 연소에 의해 생긴 탄소 덩어리입니다. 쉽게 말해서 고기 구울 때 사용하는 숯과 같은 물질이지요.”

“박사님, 여기 중간 부분을 보아 주십시오.”

“아, 중간에 그을음이 쌓여서 덩어리가 되었네요. 이렇게 그을음이 많으면 연기가 잘 빠져나가기 어렵지요. 가끔 청소를 해 주나요?”

“지세이버를 사용하는 주민들에게 주기적으로 청소를 해 주라고는 하는데 지시에 잘 따르는 사람이 있지만 그렇지 않은 사람들도 있습니다.”

“관리의 문제이군요. 어떤 물건이든 관리를 잘 해야 오래 사용합니다. 하지만 사용자에게 청소를 자주하라고 하는 것은 무척 번거로운 요구이지요. 청소하는 횟수를 줄이려면 연기가 잘 빠지게 구조를 바꾸어 주어야 합니다. 조약돌 지지대에 나 있는 구멍을 조금 더 크게 하거나 숫자를 늘리면 연기가 잘 빠져 나갈 겁니다.”

“아, 그렇게 해 보아야 할 것 같습니다.”

“그럼 이번에는 온도를 유지할 수 있게 넣는 황토 볼과 새롭게 확보한 세라믹 재료 모두를 가져와 보십시오.”

현지 생산자들과 지세이버의 자재
시험을 하고 있는 필자
– 장시간 사용한 지세이버를
분해해서 그동안 안에서 어떤 일이
일어났는지를 분석하고, 무엇을
개선해야 하는지를 논의하고 있다.

기술팀장이 두 자재를 가져왔다.

"제가 이 재료를 깨 보겠습니다."

큰 돌을 들어서 시험자재를 두들겨 깨 보았다.

"보십시오. 이 자재들은 쉽게 깨집니다. 내용물들이 약하게 결합하고 있기 때문입니다. 진흙 같은 재료를 물에 개어서 적당한 크기로 만든 다음에 낮은 온도에서 건조시킨 것 같습니다. 만약 높은 온도에서 구운 것이라면 이렇게 쉽게 깨지지 않습니다(필자는 세라믹을 전공하였고, 30년 동안 세라믹 초전도 물질을 연구한 재료과학자다)."

"역시 공학을 한 사람들이 있어야 기술적인 문제에 대해 확신을 갖고 해결책을 찾을 수 있을 것 같습니다."

"제가 굿네이버스 본부에서 공학을 전공한 직원을 채용하라고 권고한 적이 있습니다. 다른 나라를 돕는 일에 과학기술이 많이 사용될 것입니다. 사회복지를 전공한 사람과 공학을 한 사람이 함께 일하면 일의 효과를 높일 수 있어서 좋지요. 또 다른 부분에서 개선할 점은 없나요?"

"난로와 지세이버 연결 부위에서 일어나는 부식(금속이 산화와 결합해서 녹이 스는 현상. 온도가 높을수록 이런 현상이 잘 일어난다. 철이 녹이 슬면 산화철이 된다.)입니다. 난로에서 올라오는 연기의 온도가 600도 이상이 됩니다. 지세이버가 이 온도에 노출되면 벌겋게 달아오릅니다. 오래 사용하면 이음새 부분에 녹이 슬어서 분해가 어려워집니다."

"이 문제는 쉽게 해결될 것 같지 않습니다. 지세이버의 몸체를 온도에 더 잘 견디는 금속판으로 교체하면 부식에 대한 문제를 개선할 수 있지만 고온에서 잘 견디는 금속판은 가격이 비쌉니다. 수명을 늘릴 것인지, 가격을 낮출 것인지 고민해 보아야 합니다.”

“그 문제는 본부와 상의해 보아야 할 것 같습니다.”

“지세이버의 열 보온 효과는 어디에서 시험하나요?”

“저희가 지세이버 시험용 게르를 만들었습니다. 그곳에서 실제와 똑 같은 조건에서 연소시험을 합니다.”

“아, 게르에서 하는군요. 한번 가서 볼까요?”

일행은 건물 밖으로 나와서 지세이버를 시험한다는 게르 쪽으로 이동했다.

게르 안의 지세이버

야외에 설치된 게르는 몽골에서 일반적으로 볼 수 있는 게르였다. 게르는 몽골 유목민의 주택이다. 오래 전 칭기스칸은 이 초원에서 말 달리며 중원과 세계를 정복했다. 몽골사람들은 그 때 게르의 역할에 대해 이야기한다. 게르에는 보통 20여 명의 사람이 들어가 잠을 잘 수 있다. 밖에서 볼 때 게르가 작아 보이지만 중앙 난로를 기점으로 원주 방향에 머리를 두고 누우면 20명 이상이 누울 수 있다. 숙련된 사람이 게르를 펴고 접는데 걸리는 시간은 10분 내외다. 게르를 이용하면 많은 병사들이 신속하게 이동하고 숙식을 할 수 있다. 게르는 사막의 모래바람에도 견딜 수 있도록 설계되어 있다. 몽골 사람들은 게르가 없었다면 칭기스칸의 세계 정복은 없었을 것이라고 한다.

이쯤에서 몽골의 인구에 대한 정보를 한번 살펴보고 가도록 하자. 세계를 지배했던 몽골민족이 이 광활한 땅에 겨우 300만 명이 살고 있다고 하면 누구나 의문을 제기한다. 이유는 이러하다. 칭기스칸은 세계를 정복한 다음에 군사들을 본국으로 귀환시키지 않고 점령지에 남아서 거주하게 하는 정책을 펼쳤다고 한다. 현재 몽골사람은 중국에 속한 내몽골에 수십만 명, 시베리아에 수십만 명, 그리고 몽골 내륙에 300만 명이 전부다. 대신 점령지였던 이란이나 아프카니스탄 같은 나라에는 수백만 명의 몽골인이 살고 있다. 또한 미얀마, 중국, 베트남에서도 몽족이라는 인종으로 다수가 살고 있다. 인구가 감소한 또 다른 이유는 몽골의 종교다. 몽골의 종교는 라마 불교다. 많은 결혼 정년기의 남자들이 결혼하지 않고 승려가 되는 길을 선택한

지세이버를 시험하기 위해 만든 게르 천막
– 이 게르에서 지세이버의 성능이 평가되고 개선할 점을 찾는다. 게르 난로 연통이 수직으로 서 있다.

결과 몽골 본토의 인구가 급격히 줄었다고 한다.

"시험용 천막이라는 것이 별 것이 아닙니다. 보통 몽골에서 볼 수 있는 게르를 구입해서 설치했고, 게르 중앙에 난로를 놓았습니다. 그리고 난로의 연통과 지세이버를 연결한 다음 주기적으로 난로에 탄을 넣고 땐 다음 열이 식는데 걸리는 시간을 확인합니다. 어떨 때는 돌을 더 많이 넣어 보고, 또 어떨 때에는 난로에 들어가는 탄을 더 많이 넣어 보고 합니다."

"자, 게르 안으로 들어가 봅시다."

"야, 여기가 말로만 들었던 몽골의 게르 천막이네요."

"그렇네요. 몽골 유목민들은 모두 이 천막에서 살지요. 가축을 데리고 풀이 있는 곳을 따라 다니기에는 적합한 이동형 주택구조이지요."

"가족이 모두 이 안에서 생활한다는 것이 신기합니다."

"저도 그렇게 생각합니다."

게르 중앙에 놓인 난로를 본 승연이가 소리를 질렀다.

"박사님, 여기 좀 보세요. 천막의 중앙에 난로가 있어요. 그리고 난로와 연통 사이

게르 내부에 설치한 난로와 난로의 연통 부와 결합된 지세이버 – 지세이버는 보온 장치다. 이 작은 장치 하나가 있어서 연료가 절약되고 환경이 개선된다. 문제가 해결되면 사람들의 삶의 질이 좋아진다.

에 지세이버가 연결되어 있어요. 적정기술 책에서 보았던 바로 그 지세이버이네요."

우리는 난로에 부착된 지세이버를 살펴 보았다.

"아래 있는 난로가 전통적인 몽골의 난로입니까?"

"몽골의 전통난로를 사용할 때도 있고 터키나 유럽 쪽에서 수입한 난로를 사용할 때도 있습니다. 몽골은 다른 국가와의 외교관계를 고려해서 유럽의 난로를 수입하고 있습니다. 저희 지세이버가 평판이 좋아서 몽골의 모든 난로에 공급되도록 노력하고 있습니다."

"이곳에서 지세이버의 개선을 위한 실험을 하고 계시는군요."

"네, 그렇습니다."

"지세이버 몸체 상부에 G-savor란 표시가 선명하군요. G가 Green이란 뜻 같아 보입니다. Savor는 열을 보존하거나 생명을 보존한다는 뜻인 것 같군요. 좋은 이름입니다."

"굿네이버스 본부에 있는 이 팀장이 지은 이름입니다. 이 팀장은 지금은 캄보디아에서 일하고 있습니다."

"지세이버를 발명한 김만갑 교수는 한국에서 환경 관련 공무원으로 일을 했다고
합니다. 쓰레기를 태우는 일에 대한 전문 지식이 있어서 이런 장치를 발명하게 되었
다고 합니다."

"네, 그렇습니다. 좋은 뜻으로 저희에게 지세이버 기술을 전수해 주셨고, 그 결과
몽골에 지세이버를 생산하는 사회적 기업을 설립할 수 있었습니다."

"지세이버가 이제 몽골에 제법 보급이 되었다고 들었습니다. 이 제품은 제 값을
받고 파는 것인지 아니면 기부하는 것인지요?"

"제품 가격의 반정도의 가격으로 팝니다. 나머지 반은 기부금으로 충당하지요. 지
세이버가 필요한 게르 주택과 같은 곳에서 사는 사람들의 수입을 생각하면 지세이
버의 가격이 그다지 싸지 않습니다. 하지만 지세이버를 설치하면 연료비를 절약할
수 있기 때문에 장기적으로는 이익입니다."

"기부 형식의 적정기술 보급에 문제가 많았었는데 기부와 구매를 합한 형식으로
제품을 판매하고 있다니 고무적입니다. 가난한 나라를 돕는 일을 기부로만 할 경우
효과적이지 않습니다. 기부에 익숙해진 사람들은 물건을 돈을 주고 사려고 하지 않
습니다."

"저희도 그런 문제를 인식하고 있기 때문에 적당한 가격에 판매하는 정책을 쓰고
있습니다. 사회적 기업을 설립해서 몽골 현지인의 취업을 돕고 있기 때문에 일석이
조의 효과를 얻을 수 있지요. 이 사업을 앞으로 계속 확대할 계획입니다."

"대한민국 적정기술 1호 지세이버의 미래는 밝군요. 한국이 적정기술을 이용해
서 가난한 나라를 도울 수 있을 것이라고 누가 상상이나 했겠습니까? 이제 지세이버
이후에 2호, 3호의 적정기술 제품이 개발되어 다양한 분야의 문제를 해결했으면 좋
겠습니다."

"저희도 그렇게 되기를 바랍니다. 과학기술자들이 적정기술에 적극적으로 참여
한다면 못할 일도 아니라고 생각합니다. 오늘 이곳에 오셔서 기술적인 조언을 주신
점 대단히 감사하게 생각합니다."

"저도 공장을 방문하게 되어 많은 지식을 습득하게 되어 기쁩니다. 저를 따라 온
학생에게도 큰 도움이 되었을 것으로 봅니다."

우리는 하루의 일정을 마치고 울란바토르 시내에서 저녁을 함께했다.

“김 박사님, 한국에서도 인기 있는 음식 중에 “샤브샤브”란 음식이 있지 않습니까? 여기에도 샤브샤브 잘하는 식당이 있습니다. 오늘 저녁 메뉴로 어떠신가요?”

“샤브샤브요? 좋지요.”

“제가 잠깐 설명을 드리자면, 고기를 가늘게 썰어서 끓는 육수에 삶아 먹는 음식인 샤브샤브의 원조가 바로 몽골이라고 합니다. 칭기스칸이 세계를 정복할 때 전투 중에 식량이 떨어지면 철로 만든 투구를 냄비로 삼아서 물을 끓이고 말을 죽여서 말고기를 물에 삶아 먹었다고 합니다. 그것이 발전해서 지금과 같은 음식이 된 것이지요.”

“그렇습니까? 재미난 이야기네요.”

“이곳에서는 소고기보다 말고기 샤브샤브가 더 비쌉니다. 한번 드셔 보시겠습니까?”

“말고기를 샤브샤브로 먹는다고요? 글쎄요. 저는 아직 먹어본 적이 없어서…….”

“그럼 이번 기회에 한 번 드셔 보시지요.”

“…….”

“한 번 드셔 보시라니까요. 맛이 괜찮습니다.”

“알겠습니다. 시도해 보지요.”

일행은 말고기 샤브샤브로 저녁을 해결하고 호텔로 돌아왔다.

소외된 이웃을 돕는 신재생 에너지

사막화와 환경 난민

몽골 도착 셋째 날이다. 오늘은 박 교수와 함께 신재생에너지 단지를 방문하기로 했다. 신재생에너지 마을은 울란바토르에서 차로 2시간 정도 떨어진 거리에 있다. 이 지역은 2년 전에도 한번 방문한 적이 있다. 박 교수는 한국국제협력단(KOICA, Korea International Cooperation Agency)의 지원으로 울란바토르 근처 시골 마을에서 도시 빈민들의 재정착을 위한 사업을 시작했다. 호텔에서 아침 식사를 한 후에 박 교수의 차를 타고 현장으로 출발했다. 차 안에서 박 교수가 진행하고 있는 프로젝트에 대해 물었다.

"박 교수님이 진행하고 있는 사업은 한국의 외교통상부 소속 기관인 코이카의 지원을 받고 있지요? 어떤 프로젝트인지 설명을 부탁 드립니다."

"몽골 초원의 사막화로 인해 유목민들이 유목을 포기하고 울란바토르로 대거 유입되었습니다. 도시로 유입된 유목민들은 도시 빈민이 되어 여러 문제를 유발시킵니다. 저는 도시 빈민들을 다시 목초지로 돌려 보내어 시골에 정착할 수 있게 하는 사업을 진행 중입니다."

"어떻게 도시 빈민이 된 유목민을 농촌으로 되돌려 정착하게 하겠다는 생각을 갖게 되었는지요?"

"제가 하는 일을 설명하려면 몽골의 현 상황에 대한 이해가 있어야 합니다. 몽골 사람들은 역사적으로 유목을 삶의 기반으로 살아왔습니다. 최근 들어서 울란바토르를 중심으로 산업화가 이루어지고 있지만 대다수의 사람들은 여전히 넓은 초원을 기반으로 공동체를 이루며 살아가고 있습니다."

"그렇지요. 몽골이라고 하면 도시보다는 너른 초원이 생각납니다. 목초지에서 말과 양을 키우는 모습이 전형적인 몽골의 모습이지요."

"그런데 최근에 유목민들에게 위기가 찾아 왔습니다. 그것은 몽골 초원의 사막화입니다. 지구 온난화 같은 기후 변화에 따른 사막화가 확대되고 있습니다. 몽골의 남부와 내몽골 사이에 고비 사막(몽골고원 내부에 펼쳐진 거대한 사막이며 동서 길이가 1600km에 이른다.)이 있는데 해가 갈수록 사막의 크기가 확대되고 있습니다. 가축을 키울 수 있는 목초지가 감소해서 유목민들의 생존권이 위협받게 되었습니다."

"초원이 줄어들어 가축을 키울 수 없게 되었겠군요."

"더 이상 유목생활을 할 수 없게 된 유목민들의 상당수가 수도 울란바토르로 유입되었습니다. 1989년에 울란바토르의 인구는 60만 명이었습니다. 2011년에는 120만 명으로 인구가 급격하게 증가되었고, 2016년 현재의 인구는 140만 명 정도로 추산됩니다."

"우리나라 대전만한 인구이군요. 울란바토르가 평지에 세워진 도시이기는 하지만 도시 지역이 넓지 않은데 유입 인구를 모두 수용할 수 있나요?"

"그렇습니다. 유목민들 대부분이 도시 정착에 실패했고, 그 결과 약 30만 명의 절대빈곤층 빈민들이 도시 외곽 지역에 마을을 이루며 살게 되었습니다. 이곳에서 이들을 환경난민(환경난민은 가뭄이나 토양침식, 사막화, 산림파괴 등으로 자신들이 살던 곳에서 더 이상 안정된 생활을 영위할 수 없는 사람)이라고 부르고 있습니다."

"적정기술을 주창한 슈마허 교수가 도시가 커져서 인구가 50만 명을 넘어서면 상하수도, 공해, 빈민과 같은 문제가 발생한다고 했는데, 현재의 울란바토르가 안고 있는 문제 그대로군요. 특히 빈부의 격차가 커지면 다양한 사회적인 문제들이 발생할 겁니다. 몽골 정부에서도 이들에 대한 대책을 세우기 위해 고민을 많이 하고 있겠군요."

"그렇습니다 울란바토르 외곽에 무허가 빈민촌이 있습니다. 이들은 인간으로서 누려야 하는 최소한의 혜택조차 받지 못하고 있습니다. 위생, 보건, 고용, 치안 부재 등 여러 문제에 노출되어 있습니다."

"재정이 약한 몽골이 이런 문제에 대해 어떻게 대처할지 궁금합니다."

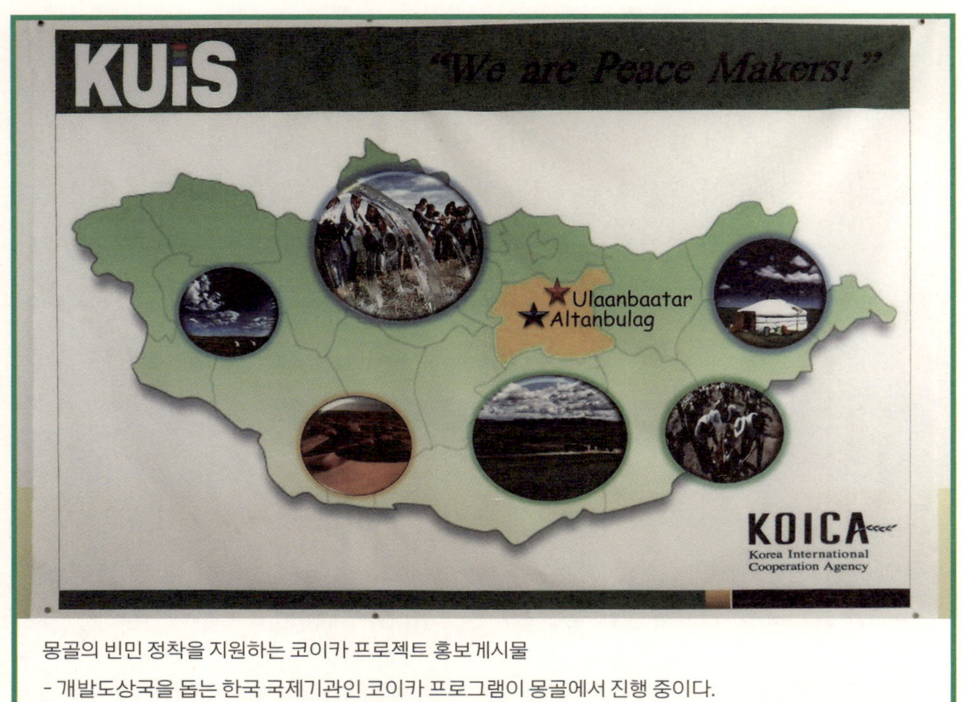

몽골의 빈민 정착을 지원하는 코이카 프로젝트 홍보게시물

- 개발도상국을 돕는 한국 국제기관인 코이카 프로그램이 몽골에서 진행 중이다.

"환경난민에 대한 당국의 대책은 매우 미비합니다. 울란바토르로 유입된 환경난민의 삶에 대한 지원은 몽골정부가 책임져야 하지만 빈약한 국가재정 때문에 고민하고 있습니다. 아직까지 도시 빈민 문제를 해결할 수 있는 정부의 실효성 있는 대책이 없는 상황입니다."

"최근 몽골의 문호개방으로 몽골의 경제가 성장하고 있다고 하는데, 몽골의 중상층 사람들이 고통 분담 차원에서 이 문제에 대한 대책을 생각하고 있는지요?"

"몽골의 상류층들과 지식인들은 도시 빈민이 된 환경난민에 대해 특별한 관심을 갖고 있지 않은 듯합니다. 도시 빈민을 환경 파괴에 따른 피해자라고 생각하지 않습니다. 그들 스스로 문제를 해결해야 한다는 생각을 갖고 있습니다."

"아무도 책임지려 하지 않는군요."

"국가 재정이 약해서 그렇겠지요."

"저희가 어제 지세이버 공장을 둘러 보면서 저소득층의 생활환경에 대한 이야기를 나누었습니다. 산동네 게르 천막촌을 방문했었는데 생활환경이 매우 열악하더군요."

"네, 그곳도 도시빈민들의 정착촌 중의 하나입니다. 높은 곳에 살수록 가난하다고 보면 됩니다. 환경난민들의 대부분은 쓰레기장에서 고철이나 파지를 줍는 생활을 통해 한 달에 10만 원 정도의 소득을 벌고 있습니다. 이곳 현지 공무원 초봉 50만 원의 5분의 1정도의 수입이지요. 환경난민의 상당수가 알코올 중독입니다."

"이 문제에 대한 박 교수님의 생각은 무엇입니까?"

"제게 무슨 큰 힘이 있나요? 몽골 정부가 나서야지요. 그래도 그냥 바라보고 있을 수만은 없고 해서 한국 정부 코이카를 통해 환경난민들을 다시 자신의 삶의 터전인 목초지로 돌려 보내어 자립할 수 있게 하는 일을 추진 중입니다."

"한국의 코이카가 정부를 대표해서 가난한 나라를 돕고 있으니까 프로젝트 기획을 잘 하면 빈민들에게 재정 지원을 할 수 있을 것 같네요."

"환경난민들이 도시로 몰려 오지만 도시에서 직업을 구하기는 하늘의 별따기입니다. 일자리가 있다고 해도 대부분 단순 노동입니다. 유목민들이 배운 것이라고는 가축 키우는 일이라서 그들이 도시에서 할 만한 일은 별로 없습니다."

"다시 교육을 시킬 수도 없고 난감하군요."

"제가 생각하기로 가장 좋은 방법은 그들을 자신들에게 가장 익숙한 목초지로 돌려 보내는 것입니다. 그곳에서 유목을 하되 농사를 같이 지어서 자급자족할 수 있게 하면 좋지 않겠나 생각합니다."

"한국 정부 코이카에서 어느 규모로 지원합니까?"

"이 일은 시간이 걸리는 일이라서 장기적으로 지원해 달라고 제가 정부를 설득하고 있습니다. 기본적으로 도시 빈민을 구제하는 일이지만 이들로 인해 발생하는 다른 문제들도 복합적으로 해결할 수 있기 때문에 몽골 정부에서 관심을 갖고 있습니다. 예를 들어, 빈민이 많아지면 게르에서 때는 갈탄의 연기로 인해서 도시의 대기는 급속도로 악화됩니다."

"대기 오염은 주민의 건강과 직결된 일이라서 시에서 관심을 가져야 할 사안이겠군요?"

"그렇습니다."

"한국 코이카의 생각은 어떻습니까?"

"지금까지 코이카의 지원으로 몽골에서 진행된 국제협력사업은 대부분 사막화

울란바토르 산동네에 만들어지고 있는 게르 빈민촌 – 목초지에서 유목생활을 하던 사람들이 게르를 들고 울란바토르로 와서 산동네 빈민촌을 만든다. 가장 높은 곳에 사는 사람이 가장 가난하다.

몽골의 산동네 주택가

– 목재로 지은 집이 산 위에 빼곡하다. 마을이 뿌연 연기에 갇혀 있다(굿네이버스 제공).

방지를 위한 녹지 조성 사업이었습니다. 고비사막의 주변 지역에 녹지를 조성해 주는 프로젝트가 정부와 민간 기업 중심으로 진행되었지만 그 효과는 그다지 크지 않았습니다."

"저도 뉴스를 통해 알고 있습니다. 사막 지역에 나무를 심어 주지만 제대로 살아남는 나무가 많지 않은 것 같습니다."

"그렇습니다. 이제는 사막화의 방지를 위한 녹지 조성 사업보다는 사막화 때문에 피해를 본 환경 피해 난민들에 대한 대책을 세울 때입니다. 지구온난화 때문에 생기는 사막화는 적당히 나무 몇 그루 심어서 될 일은 아닙니다. 비가 오지 않고 건조해진 날씨가 문제입니다."

에너지 마을 알탕블락(Altangbulag)

"그렇군요. 피해 난민을 위해 어떤 일들이 진행되고 있는지요?"

"김박사님이 오늘 저와 함께 가 볼 곳이 있습니다. 이곳에서 차를 타고 한 시간 반가량 가면 알탕블락이라는 작은 마을이 있습니다. 저희가 그곳에 있는 땅을 구입했습니다. 그곳에 도시 빈민들을 데려다 정착을 시키려고 합니다. 알탕블락 마을에는 몇백 명의 몽골 사람들이 살고 있습니다. 이들도 대부분이 유목민입니다. 가축을 키우고 돌아와서 마을에서 숙식을 합니다. 제가 이 마을 사람들을 설득해서 함께 농사를 지을 생각입니다."

"농사라고요? 몽골은 8개월 이상이 혹독한 겨울인데 농사가 가능한가요?"

"물론 농사를 지을 수 있는 기간은 매우 짧습니다. 하지만 우리 농촌에서 사용하고 있는 비닐하우스 농법을 적용하면 짧은 기간 내에 채소를 생산할 수 있습니다. 아시다시피 이들에게는 야채가 부족합니다. 대부분 육식을 하기 때문에 비타민 결핍과 같은 병에 걸려서 오래 살지 못합니다. 건강한 삶을 위해서는 채소나 과일 농사가 반드시 필요합니다."

"그렇군요. 감자 같은 것도 중국에서 수입한다고 들었습니다."

"네, 인구가 아주 적고, 또 유목민들은 흩어져 살기 때문에 농사를 지어도 운반비가 많이 들어 경제성이 떨어집니다. 이곳 알탕블락 같은 곳에서 야채 농장을 운영하면 수도인 울란바토르가 가깝기 때문에 판매가 가능하고, 이송 판매에도 큰 문제는 없습니다."

"그런데 이곳은 6월에서 8월 정도가 따뜻한 기간이라 그때는 별 문제가 없겠지만 겨울철에 비닐하우스 농사를 지으려면 비닐하우스의 온도를 일정하게 해 주어야 하는데 어떤 에너지를 사용하실 건지요?"

"요즘 각광받는 무공해 에너지인 태양광을 사용할 예정입니다. 이곳 몽골은 태양의 품질이 좋습니다. 태양광으로 전기를 만들고, 전기를 배터리에 저장해 두었다가 히터를 켜는데 사용할 예정입니다."

"좋은 아이디어 입니다. 빈민을 구제하는 신재생에너지이군요."

"김 박사님, 그럼 제 차를 타고 알탕블락에 같이 가 보시죠. 한 두 시간 가량 비포장 도로로 가면 됩니다."

"그러시지요."

우리는 박 교수의 차로 한 시간 반 정도를 달려서 알탕블락에 도착했다. 비포장 도로라서 안락한 승차감은 기대할 수 없었다. 함께 동행한 승연이는 차멀미가 나는지 가끔 고통스러운 표정을 지었다. 차는 고개 고개를 넘어 알탕블락 마을 어귀에 도착했다.

"한 시간 반의 시간이 짧게 느껴지지 않았습니다. 길이 없어서 언덕을 수없이 오르락 내리락 하다 보니 정신이 없습니다."

"하하, 여기에서는 그 정도는 늘 겪고 삽니다."

"아, 저만 그런가요? 우리 여학생은 몽골의 비포장 언덕에 대한 감상이 어떤가요?"

"아이고, 박사님, 저는 적응이 되지 않아서 힘들었습니다. 이 길이 언제 끝이 나나 조마조마하면서 왔습니다."

"차를 타고 현지를 방문하기가 쉽지 않습니다. 가난한 지역에는 제대로 된 도로가 거의 없지요. 비가 많이 오는 우기 때에 캄보디아 같은 나라의 시골 길은 이보다 더 합니다. 군데군데 물 웅덩이가 많아서 차가 거의 점프를 하면서 갑니다. 제가 몇 년 전 캄보디아 시골 마을을 방문하러 갔다가 후회한 적이 있습니다."

"아마 내년쯤에는 이곳에 포장도로가 생길 겁니다. 울란바토르에서 이곳까지 오고 가는 교통이 많은 편이라 정부에서 도로를 내 준다고 합니다."

알탕블락 마을
- 주민은 5백에서 천 명 정도로 대부분 유목에 종사한다. 마을 안에는 초등학교와 작은 불교 사원이 있다.

"좋은 소식이군요."

우리 일행은 도시 빈민의 재정착을 돕는 알탕블락 마을에 도착했다.

"여기가 제가 말씀 드린 알탕블락 마을입니다."

"작은 마을이네요."

"이 마을의 주민 수는 5백 명에서 천 명 정도입니다. 남자들은 초원에서 가축을 키우기 때문에 평상시에는 집에 없습니다. 며칠씩 밖에 나가 있다가 집에 돌아와서 쉽니다. 집에 오면 할 일이 별로 없어서 주로 술을 마시고 놀지요."

"아이들은 어떤가요?"

"이곳에 학교가 있습니다. 학교에 다녀와서는 집안 일을 돕지요. 마을 중앙에는 작은 불교 사원이 있습니다. 몽골의 종교는 불교입니다. 불교 중에서도 티벳의 불교인 라마 불교입니다."

일행은 알탕블락 마을에서 잠시 내려서 초등학교를 둘러보고 마을 상점에서 음료수를 샀다. 알탕블락에는 몽골의 전형적인 파스텔톤 양철지붕 주택이 많았다. 일행은 다시 차를 타고 신재생에너지 단지가 있는 장소로 이동했다.

알탕블락의 빈민 정착촌 부지에 선 필자
- 부지에는 잡초만 있다. 필자가 서 있는 곳이
지하수를 얻기 위해 관정을 박았던 곳이다.
지표면 가까이에 물이 없어서 관정을 땅속
깊이 박아 물을 얻을 수 있었다고 한다.

"김 박사님, 이곳이 코이카 프로젝트를 진행하고 있는 신재생에너지 단지입니다. 김 박사님이 2년 전에 왔을 때에는 지하수 관정을 파 놓은 것 이외에는 아무것도 없는 허허벌판이었지만 지금은 푸른 초지 채소 밭이 되어 있습니다."

"그 때는 부지 경계에 울타리를 쳐 놓았었지요. 비닐하우스를 짓고 태양광 패널을 설치한다고 했었는데 얼마나 진행이 되었는지 궁금합니다."

일행은 차에서 내려서 신재생에너지 단지를 둘러보았다.

"여기는 바로 물을 얻기 위해서 관정을 심은 자리입니다. 얕은 곳에는 지하수가 없어서 관정을 꽤 깊이 팠었지요. 예산이 한 천만 원 정도가 들었습니다."

"그래, 물은 풍부합니까?"

"네, 농사를 지을 수 있을 정도의 물이 있습니다."

필자가 처음 방문했을 때에는 허허벌판의 부지만 있었는데 2년이 지난 지금은 전혀 다른 모습으로 변해 있었다.

"아, 여기가 제가 전에 방문했던 정착촌 부지입니까? 아무 것도 없는 황무지였는데 이제는 밭이 되었군요. 이 넓은 땅이 모두 개간이 되었네요. 2년 동안의 노력을 알 수 있겠습니다."

"저쪽에 쳐 놓은 울타리를 보시면 농장의 경계를 알 수 있을 것입니다. 그때는 울타리밖에 없었지요. 짧은 시간이지만 현지 주민들과 노력해서 밭을 일구었습니다. 저희는 이 땅을 주민들에게 분할해서 각자가 농사를 지어 땅에서 나오는 소출의 일부를 갖도록 했습니다. 주민들은 유목민이기 때문에 농사를 지을 줄 모릅니다. 저희가 기초적인 농업지식을 가르쳐 주고 스스로 경작하게 돕습니다. 하나씩 배워서 이제는 모두 적극적으로 농사를 짓습니다."

"이곳에서는 어떤 작물을 경작하나요?"

"오이, 호박, 가지와 약용식물 등 여러 가지를 시험 재배하고 있습니다. 종자를 한국에서 가져 왔는데 잘 되는 작물이 있는 반면 이곳 토양에 맞지 않아서 열매를 맺지 못하는 것들도 있습니다. 시행착오를 거쳐서 몽골 토양에 적합한 작물을 찾고 있습니다."

"작물에도 기후와 토양에 적정한 것들이 있네요."

"네, 그렇습니다."

"주민들이 채소를 키우는 일에 잘 적응하고 있는지요?"

"처음에는 일이 서툴러서 힘들어 했는데 자신들이 키운 작물들이 열매를 맺는 것을 본 다음에는 아주 열심히 일하고 있습니다. 특히 오이 같은 작물은 이곳 토양에 맞는지 아주 잘 자랍니다."

"좋은 현상이네요. 스스로 자립하게 돕는다는 점이 중요할 것 같습니다. 삶에 대한 목적 의식이 없으면 일하려 하지 않는다고 합니다. 그동안 개발도상국을 돕고자 선진국에서 얼마나 원조를 많이 했습니까? 거의 대부분 실패했다고 봅니다. 자립정신을 갖지 못한 주민들은 항상 원조에 의존하려고만 합니다. 공짜로 사는 방식에 길들여져 있기 때문이지요."

"맞습니다. 지속가능이란 말이 있지 않습니까? 어떤 일을 꾸준히 하려면 동기 부여가 중요합니다. 자녀의 교육을 위해서는 돈을 벌어야 하고 마을과 나라의 발전을 위해서 산업이 필요하다는 인식이 있어야 합니다. 그것이 우리나라가 가난에서 탈출해서 지금과 같이 선진국의 대열에 합류하게 된 원동력이지요. 자녀들만은 가난에서 벗어나게 하려고 열심히 일했고, 일해서 번 돈으로 아이들을 교육시켜서 지금과 같이 잘 교육받은 민족이 된 것이지요."

"황량했던 이 땅이 채소밭으로 변한 모습을 보니 감회가 다릅니다. 겨울이 긴 몽골의 특성 상 채소들의 생육 기간이 짧아서 어려움이 많을 것 같은데 추운 날씨에도 채소를 생산할 수 있나요?"

"네, 겨울에도 채소를 생산할 수 있습니다."

"저쪽을 보십시오. 저곳이 태양광신재생에너지를 이용한 비닐하우스 단지입니다. 비닐하우스에서는 겨울에도 채소를 재배할 수 있습니다."

"아, 태양광 패널 중간중간에 게르가 몇 동 보이는군요. 그리고 그 옆에 비닐하우스가 있군요."

"한번 가 보시지요."

"태양광 발전을 위한 패널이 상당히 많군요. 이 정도면 겨울 농사에 필요한 충분한 전기를 얻을 수 있을 것 같군요."

"네, 그렇습니다. 저희가 태양광을 2개 조로 나누어서 운영을 합니다. 혹시라도 하나가 고장이 나면 다른 쪽을 통해 전기를 공급할 수 있도록 보완한 시스템이라고 보시면 됩니다."

"그럼 저 배터리에 저장된 전기로 지하수 펌프나 비닐하우스의 전기 히터를 작동하겠네요?"

"네, 맞습니다. 자동차 배터리에 전기를 저장해서 밤에 자동차 라이트를 켜는 것과 같은 원리지요."

"태양광 전기란 것이 아인슈타인의 광전 효과(Photoelectric effect, 금속 등의 물질에 일정한 진동수 이상의 빛을 비추었을 때 물질의 표면에서 전자가 튀어나오는 현상)를 이용한 장치라는 것을 아십니까?"

"글쎄요, 저는 잘 모르겠습니다. 저희야 전기만 잘 생산하면 그만이지요."

"그래도 어느 정도 과학지식을 갖고 있는 것이 좋습니다. 광전 효과의 원리는 이렇습니다. 금속판에 햇빛(광자, Photon)이 비치면 전자가 광자 에너지를 갖게 되고 총 에너지가 일정 이상이 되면 원자 안의 전자가 금속의 표면으로 튀어 나오는 것입니다. 그 전자들을 모으면 전기가 됩니다."

"아, 전기는 전자의 흐름이지요?"

"그렇지요. 이 현상(광전효과)으로 아인슈타인이 노벨 물리학상을 받았습니다. 아인슈타인 박사는 상대성 이론으로 유명하지만 상대성 이론은 너무 어려워서 그 당시의 과학자들에게 잘 이해가 되지 않았다고 합니다. 그래서 상대성 이론은 노벨 물리학상을 받지 못했지요. 확실하고, 모든 사람들이 받아들일 수 있는 이론이라야 노

비닐하우스 전기를 공급하는 신재생에너지 태양광 시설

- 배터리와 변환기를 교환해 주면 태양광 전력을 15-20년 장기간 사용할 수 있다.

태양광 패널에서 생산된 전기를 저장하는 배터리

– 배터리의 수명은 3-5년 정도다. 태양광발전기를 지속적으로 사용하려면 배터리를 주기적으로 교체해 주어야 한다.

벨상을 받을 수 있다고 합니다. 그래서 노벨 물리학상을 받은 주제는 어려운 이론보다는 실험으로 검증된 원리가 많지요."

"아인슈타인 박사 덕분에 햇빛을 전기로 바꾸어 사용할 수 있게 된 것이네요."

"그렇습니다. 아인슈타인은 정말 대단한 과학자입니다. 우리나라의 과학이 나날이 발전하고 있으니 곧 아인슈타인 같은 과학자들이 나오겠지요."

"그렇게 되었으면 좋겠습니다."

일행은 태양광 패널 사이를 걸으면서 다시 빈민 구제 사업에 대한 이야기를 이어갔다.

"저기 태양광 패널 중앙에 위치한 게르 천막들의 용도는 무엇입니까?"

"두 동은 창고로 사용하고, 나머지 두 동은 저희가 거주하는 숙소로 사용합니다. 저기에서 먹고 자고 합니다."

"몽골 사람도 아닌데 게르에서 숙식을 한다고요?"

"아직까지는 그럭저럭 지내고 있습니다. 게르에서 숙식을 하면 경작지가 가까워서 좋기는 한데 아침에 일어나면 경작지가 보이기 때문에 식사를 하자마자 일하러 나가게 됩니다. 그래서 일하는 시간이 많아지는 단점이 있습니다."

"그렇지요. 제 생각으로는 게르에서 숙식을 하는 것은 건강에도 좋지 않을 것 같습니다. 회사에도 출퇴근 시간이 있지 않습니까? 가능하다면 마을의 집을 세를 얻어서 그곳에서 지내시고 아침에 이곳으로 출근하는 것이 좋겠습니다."

"저희들도 그렇게 하려고 생각하던 참입니다."

채소가 자라는 비닐 하우스

일행은 비닐하우스 안으로 들어가 그곳에서 자라고 있는 작물을 살펴보았다. 비닐하우스 안에는 오이가 주렁주렁 매달려 있었다.

"여기 오이가 잘 자라고 있네요."

"네 그렇습니다. 오이는 아주 잘 자라는 편입니다. 나중에 몇 개를 따서 점심으로 먹을까 합니다."

"네, 좋지요."

"오이는 질이 좋아서 울란바토르의 식품점에 납품을 하고 있습니다. 시내의 한인

식품점에서 오이를 정기적으로 공급받기를 원하고 있습니다. 저희가 아직 품질관리를 할 만한 수준이 아니기 때문에 질 좋은 오이가 나올 때만 공급하고 있습니다만, 향후에는 정기적인 공급이 가능할 수 있을 것으로 기대합니다."

"다른 작물들도 있나요?"

"예, 몇 가지를 시험 삼아 심었는데 성공한 것도 있고 실패한 것도 있습니다."

"몽골 땅에서 이 정도의 채소를 경작한다는 것만으로도 기적이지요. 한국 사람이니까 할 수 있는 일입니다."

"맞습니다. 제가 처음 몽골에 들어오고 얼마가 지나서 갈비를 파는 한국 식당이 생겼는데 그곳에서 처음 상추를 발견하고 놀랐습니다. 어떻게 몽골에서 상추를 재배할 수 있을까 상상이 되지 않았습니다. 나중에 알고 보니 한국 사람들이 비닐하우스 농법으로 상추를 재배한 것이었습니다. 몽골에 비닐하우스 농업을 도입한 한국 사람들 정말 대단하다고 생각합니다."

"식당에서 상추를 보고 정착촌의 비닐하우스 아이디어를 얻으셨군요."

"그렇다고 보아야겠지요."

"어쨌든 대단한 성과를 거두신 겁니다."

"이제 시작일 뿐이지요. 이런 일들에서 성과를 얻기까지 과학기술의 역할이 큽니다. 태양광 전력과 같은 깨끗한 에너지가 있어서 도시로부터 멀리 떨어진 이곳에서 전기를 얻을 수 있었고, 그로 인해 농장을 경영할 수 있었습니다."

"100% 이해합니다. 지금은 과학기술 문명사회입니다. 의학의 발달로 인간의 수명이 길어지고, 인터넷에 의해 정보의 공유가 이루어지고, 신속하고 편리한 생활 등 유익한 점이 많습니다. 이곳 몽골에서 채소농사를 하는 것도 다 과학기술의 덕분이라고 할 수 있습니다."

"제 생각으로는 이번의 신재생에너지 프로그램이 몽골 빈민의 정착을 돕는 데 요긴하게 사용될 것으로 기대됩니다."

"예산이 필요하지만 꾸준히 지원한다면 좋은 모델이 될 수 있을 것 같습니다."

"저희가 비닐하우스 농법을 이곳 주민들에게도 가르쳐 주었습니다. 몇 가정이 시범적으로 주택 안에 작은 비닐하우스를 만들어서 오이 농사를 짓고 있습니다."

"비닐 하우스가 가정에서도 가능합니까?"

태양광 전기를 이용해서 겨울에도 채소를
재배하는 비닐하우스

몽골 가정 내에 만든 비닐 하우스

비닐하우스에서 오이가 잘 자라고 있다.

"개인 주택에는 태양광 같은 에너지가 없어서 채소 농사를 여름 한 철만 할 수 있지만 가능합니다. 특히 오이가 잘 자랍니다. 스스로 비닐하우스를 만들어 자신들이 키운 오이가 열리는 것을 보고 이 일에 적극적으로 참여하고 있습니다. 나중에 가정집 비닐하우스를 함께 방문해 보시면 실감하실 겁니다."

"네, 흥미롭네요."

"저는 이런 작은 농장이 확대된다면 마을 사람들의 삶의 질이 나아질 것으로 봅니다. 집에서 술만 마시던 남자들 중에 농장에 와서 일을 하면서 변하는 사람들이 있습니다. '스스로 일하고(Work for oneself), 보다 나아짐(For the better)'이 우리가 궁극적으로 성취하고자 하는 목표입니다."

"좋은 이야기입니다."

지하 곡물저장고, 지열을 이용하다

"김 박사님 같은 과학자들의 응원이 필요합니다. 그럼 이번에는 저희가 만든 채소 저장고로 가 볼까요?"

"채소 저장고가 있습니까? 한번 가보지요."

일행은 작은 문을 통해 지하로 내려가서 작물 저장고를 살펴보았다. 박 교수의 설명이 계속되었다.

"김 박사님도 아시다시피 이곳에서 작물을 재배할 수 있는 기간은 매우 짧지요. 그래서 작물을 장기간 보관할 수 있는 시설이 필요합니다. 겨울이 긴 몽골에서는 채소나 식품이 썩어서 없어지기보다 얼어서 못 먹게 되는 경우가 많습니다. 그래서 저희는 지하 저장고를 만들어서 식품을 보관하고 있습니다."

"여기가 지하 3-4 미터 정도가 되는 위치인데 한 겨울에 이곳에 식품을 저장해도 괜찮습니까?"

"저희가 시험을 해 보니 창고 밖의 온도가 영하 20-30도까지 떨어져도 지열 때문에 이곳의 온도는 영상으로 유지됩니다. 지하 저장고는 홍당무나 감자를 보관하기에 적절합니다."

"이곳의 곡물 저장고를 보니까 저희가 대학생 적정기술 아카데미에서 몽골 대학생과 풀었던 문제가 생각이 납니다. 저희가 유엔의 도움을 받아서 몽골대학생 5명

몽골에 적합한 지하 채소
저장고의 출입문
- 주 식량원인 감자를 저장할
수 있는 저장고를 만드는 것이
중요하다.

신재생에너지 단지의
지하 곡물 저장고

을 한국에 초청해서 적정기술을 교육한 적이 있습니다. 그 때 학생들에게 몽골에 적합한 비닐하우스 문제를 주고 풀어보라고 했습니다. 인터넷으로 자료를 찾아서 필요한 기술들을 비닐하우스에 적용했습니다. 학생들은 비닐하우스를 지상에 설치하지 않고 지하에 적당한 공간을 만들어 반지하 형태로 비닐하우스를 설계했었습니다.”

“이곳의 곡물창고와 유사한 주제를 학생들에게 문제로 주었었군요.”

“감자 저장고가 자신의 나라에 관한 문제라서 그런지 몽골 학생들이 관심을 갖고 적극적으로 문제를 풀려고 노력을 했습니다. 추운 겨울에 영상의 온도를 유지하는 몇 가지 방안이 있었지만 핵심은 땅속의 지열을 이용하는 것이지요."

"몽골학생들이 똑똑하지 않던가요? 이곳 울란바토르에는 똑똑한 학생이 많습니다. 오랫동안 러시아와 학문교류를 해 와서 기초과학이 강합니다."

"그렇군요. 지열을 이용해서 문제를 해결했습니다. 지구의 중심은 뜨겁습니다. 땅을 파고 들어가면 따뜻한 온기를 느낄 수 있지요. 이론적으로 지열을 이용하면 겨울에도 영상의 온도를 유지할 수 있습니다."

"다른 에너지도 고려했나요?"

"네, 땅속에 지열이 있다면 지상에는 햇빛이 있습니다."

"햇빛을 이용하려면 빛이 창고 안으로 들어와야 할 텐데요?"

"창고 지붕에 유리창을 달아서 햇빛이 창고 안으로 들어오게 했습니다. 한가지 아이디어를 더 냈는데 물을 이용하는 것입니다. 물은 서서히 뜨거워지고 천천히 식습니다(비열: 어떤 물질의 온도를 섭씨 1도 올리는 데 필요한 열량. 물은 비열이 크다.). 드럼통에 물을 넣고 드럼통 외벽을 검정색으로 칠합니다. 검정색은 열을 잘 흡수합니다. 드럼통에 넣은 물은 햇빛을 받아서 뜨거워집니다. 밤이 되면 대기 온도는 영하로 내려가지만 드럼통의 물의 온기가 비닐하우스를 따뜻하게 지켜줍니다. 이렇게 땅속의 지열과 햇빛을 이용한 비닐하우스가 몽골에 적합한 곡물 저장고가 아닐까 생각합니다."

"김 박사님 이야기를 들어보니 과학기술의 기본적인 상식만 알고 있으면 현장에서 만나는 여러 문제들을 해결할 수 있겠군요. 저희도 지열뿐만 아니라 물을 이용해서 하우스의 온도를 유지하는 방안을 생각해 보도록 하겠습니다.

"그렇지요. 여러 가지 적정한 기술이 있지만 그 지역의 환경과 기후, 경제사정에 적합한 것이라야 진정한 적정기술이라 할 수 있지요."

신재생에너지 단지를 둘러보다 보니 어느새 점심 시간이 되었다.

"오늘은 저희들과 같이 이곳 농장에서 재배한 싱싱한 채소로 점심 식사를 해 보시지요."

"네, 좋습니다."

일행은 게르 안에서 비닐하우스에서 재배한 싱싱한 채소로 점심 식사를 했다.

"상치, 시금치, 고추, 오이, 파 등 채소가 풍성합니다."

게르 안에서의 점심 만찬
– 채소밭에서 갓 따온 채소가 싱그럽다.

"한가지가 부족합니다."

"무엇이지요?"

"죄송하게도 돼지고기가 없습니다. 이곳에서는 구하기가 어렵습니다. 100% 순채소 쌈밥입니다."

"괜찮습니다. 채소 반찬이 건강에 좋지요."

몽골의 개 – 문화의 이해

일행은 비닐하우스에서 재배한 채소로 맛나는 점심 식사를 했다. 점심 후에 산책을 하면서 신재생에너지 단지를 돌아보던 중에 개 한 마리를 발견했다.

"이곳에서 개를 키우고 계시군요."

"네, 저희가 심심해서 쓰레기장에 버려진 강아지를 데려와 키우고 있습니다."

"쓰레기장이요? 누가 강아지를 쓰레기장에 버렸나요?"

"몽골 사람들은 개가 새끼를 나면 암놈은 쓰레기장에 버리고 수놈만 키웁니다."

“암놈은 버린다고요? 무슨 이유가 있나요?”

“저희도 이곳에 와서 개 이야기를 들었는데 무시하고 쓰레기장에 버려진 암캐를 데리고 와서 저만치 키우게 되었습니다만 지금은 후회하고 있습니다.”

“왜 후회하세요?”

“몽골의 개는 야생성이 강합니다. 집에만 있지 않고 초원을 돌아 다닙니다. 어떤 때에는 떼를 이루어 몰려 다닙니다. 들개 같지요. 집에는 배 고플 때에만 오고, 사람을 잘 따르지 않는 습성이 있습니다.”

“그것과 암캐를 쓰레기장에 버리는 것이 어떤 관계가 있나요?”

“암놈은 새끼를 낳지 않습니까? 암놈이 있게 되면 자연스럽게 새끼를 만들고, 그것들이 크면 무리를 이룹니다. 무리가 몰려 다니다가 배가 고프면 가축을 잡아 먹습니다. 지난 번에 우리 집 개가 이웃 유목민의 양을 한 마리 죽였습니다. 유목민이 우리 집에 와서 항의를 했습니다. 다시 그런 일이 발생하면 우리 개를 죽이겠다고 했습니다.”

“그런 일이 있으셨군요. 앞으로 어떻게 하시려고요?”

“지금 생각으로는 버리려고 합니다. 쓰레기장에서 데려온 것이 잘못이지요. 몽골 사람들의 말을 따르는 것이었는데……”

“몽골 개 이야기, 흥미롭습니다.”

“현지의 문화와 관습을 이해하는 것이 무엇보다 중요하다는 교훈을 주었습니다. 김 박사님도 세계 여러 곳을 다니시니까 이와 유사한 경험이 있으시지요?”

“제가 직접 경험한 것도 있고, 활동하시는 분들이 비슷한 사례를 이야기해 주시기도 합니다.

“어떤 것이 있나요?”

“인도의 가난한 지역에 들어가서 활동하는 NGO 단체들이 화장실이 없는 마을에 화장실을 설치해 주었다고 합니다. 이 마을에 해마다 장티푸스나 콜레라 같은 전염병이 돌았다고 합니다. 마을 사람들은 미신을 믿고 있어서 귀신 때문에 그런 일이 일어난다고 믿고 있었습니다. 그래서 누구 아프면 무당을 불러서 굿을 했다고 합니다.”

“굿을 해서 병이 나았습니까?”

“낫지 않았지요.”

몽골의 개

–몽골의 개는 야생성이 강하다. 밖에 나가 놀다가 배가 고프면 집으로 돌아온다. 주인과 친밀한 관계를 갖지 않는다.

"그러면 그 다음은?"

"그 다음은 굿을 더 세게 하는 것이지요."

"그래도 병이 낳지 않으면 어떻게 하지요."

"아이가 죽지요. 그러면 무당은 무엇인가 부정한 것이 있어서 그랬다고 이야기한다고 합니다. NGO는 그 마을의 전염병이 화장실이 없기 때문에 일어나는 일이라고 판단하고 있었습니다. 사람들이 변을 아무데나 봅니다. 그 변의 유기물이 장마 때 비를 만나면 좋은 영양분이 되어 세균들이 자라고, 오염된 물이 지하로 스며들어서 우물을 오염시키는 것이지요."

"그래서 NGO 단체가 화장실을 만들어 주었는데, 곧바로 문제가 해결되는 것은 아니었습니다."

"또 다른 문제가 있었나요?"

"이 마을 사람들은 문화적으로 화장실에 익숙하지 않았습니다. 수백년 간 화장실이 없이 살아왔는데 화장실이라는 장소에서 변을 보라고 하면 사람들이 쉽게 받아들이겠습니까? 그리고 병이 대변 때문에 생기는 것이라고 생각하고 있지도 않았고요."

"그런 문화적 적용 문제는 어떻게 해결하나요?"

"교육을 시키는 방법밖에는 없습니다. 병의 원인이 무엇이고, 왜 화장실을 사용해야 하는지에 대해 인식을 시켜 주어야 합니다."

"교육이 중요하다는 말이군요."

"그렇지요. 화장실 문제가 교육으로 어느 정도 해결되는 듯했는데 다른 문제가 발생했습니다."

"어떤 문제이지요?"

"화장실이 가득 차서 변을 정화조 밖으로 퍼 내야 하는데 아무도 변을 퍼 낼 생각을 하지 않았습니다. 변이 넘치니까 사람들은 다시 야외로 나가서 변을 보기 시작했습니다. 함께 살면서 지속적으로 교육하지 않으면 간단한 문제도 해결하기 어렵다는 예시입니다."

"그렇군요. 저도 이곳 몽골에서 개를 키우는 문제를 너무 쉽게 생각했기 때문에 아직도 저 개를 어떻게 해야 할지 고민을 하고 있습니다."

지역에 적합한 생산품

"하하, 계속 고민하십시오. 다시 신재생에너지 이야기를 하지요."

"그러지요."

"이곳에 정착한 사람들이 대부분 가축을 키우는 유목민들인데 가축을 이용한 유제품을 생산하는 사업을 하면 어떨까요?"

"그렇지 않아도 유가공 사업을 생각 중입니다."

"가축을 키우면 기본적으로 말이나 양고기가 나옵니다. 며칠 전에 저희가 말고기 샤브샤브로 저녁 식사를 했습니다. 아직 말고기를 식용으로 먹는 것이 제게 익숙하지 않아서 먹을 때 조금 부담이 되기는 했지만 맛이 좋았습니다. 이곳에서는 소고기보다 말고기를 더 쳐 준다고 하던데 정말입니까?"

"맞습니다. 이곳에서는 말고기를 더 선호합니다. 그래서 말고기 가격이 소고기보다 더 비쌉니다."

"우리나라에서도 제주도에서는 얼마 전부터 말고기 샤브샤브를 하는 음식점이 생겼다고 합니다."

몽골 초원의 말 - 초원에는 조랑말이 많지만 큰 말도 사육한다.

"제주도의 조랑말이 있지요? 그 말은 몽골에서 건너간 것입니다. 원나라 때에 고려에 선물로 준 것입니다."

"역사 시간에 배운 것 같군요."

"그런데 조랑말로 말고기 샤브샤브를 하나요?"

"글쎄요. 잘 모르겠습니다."

"이곳 신재생에너지단지에서 목축업을 하면 고기를 얻을 수 있을 뿐만 아니라 다양한 유제품을 제조할 수 있지요. 가죽이나 털도 요긴하게 사용되지요."

"직접 목축업을 하시려고요?"

"아닙니다. 목축업이 쉽지 않습니다. 직접 하기 보다는 목축업을 하는 몽골 사람들에게서 원료를 사고 이곳에서는 식품을 가공하려고 합니다."

"치즈와 요구르트 같은 유제품을 말씀하시는군요."

"네 그렇습니다. 원료를 구입하거나 반쯤 가공된 반제품을 구입해서 유제품을 만들어 볼까 합니다. 유가공 기술은 한국에서 도입할 생각입니다. 이곳의 원료는 질이 좋습니다. 말젖에는 좋은 영양소가 많이 들어 있습니다."

"반가공 제품은 제가 경험이 있습니다. 캄보디아 같은 열대 지방에 가면 야자수

수액을 채취하여 설탕을 만드는 나무 팜트리(Pam tree) - 캄보디아 농촌의 논두렁을 따라서 팜나무가 심어져 있다. 이 팜나무 수액에서 팜슈가를 얻는다.

같이 생긴 나무가 있습니다. 팜 트리(Pam tree)라고 합니다. 우리나라 고로쇠나무와 같이 팜나무에서도 수액이 나옵니다."

"코코넛 열매에서 나오는 액과 같은 것인가요?"

"비슷한데 단 맛이 있습니다."

"페트병을 나무에 꽂아 놓고 시간이 지나면 병에 액이 찹니다. 채취한 액을 모아서 솥에 넣고 적당한 온도에서 끓이면 수액이 죽처럼 되다가 나중에는 반건조 상태의 고체가 됩니다. 시골 가정에서 팜나무 액을 반건조 상태로 만들어 놓으면 제조업자가 수거해 갑니다. 나중에 공장에서 한번 더 가열하여 분쇄하면 팜슈가(Pam sugar)가 됩니다."

"그것이 팜슈가군요. 시장에서 구입해서 먹어 본 적이 있습니다."

"설탕처럼 아주 달지는 않지만 적당한 당도가 있기 때문에 요리할 때 설탕 대신 사용합니다. 시중에서 쉽게 구입할 수 있지요. 이렇게 그 지역에서 구할 수 있는 원료를 사용하여 그 지역 특산품을 만드는 것이 적정기술의 핵심이라고 할 수 있습니다. 이런 생산품 사업은 지역주민에게 수익을 가져다주기 때문에 지역의 경제 발전에 이바지할 수 있지요."

"그러니까 반제품 상태를 수거해서 완제품으로 가공하는 것이네요."

"그렇지요. 그런 방식이 더 경제적일 수 있습니다. 개도국에서 만들어지는 음식 조리용으로 사용되는 탄도 마찬가지입니다. 탄을 만들려면 숯이 있어야 합니다. 가마에서 직접 나무를 태워 숯을 만들기도 하지만 마을 사람에게 숯을 가져오면 돈을 준다고 하면 어디에서 만드는지 숯을 잘 가져옵니다. 어떤 방식이든 모든 공정을 직접 다 하기보다는 마을 주민이 일정 부분 참여하게 하는 것이 좋습니다."

"좋은 말씀입니다. 저도 그런 방식을 생각 중입니다."

"좋은 제품을 만드는 것이 중요하지만 그것을 브랜드로 만드는 것도 중요할 것 같습니다."

"물론입니다. 사회주의 체제에 길들여진 몽골 사람들에게는 그 부분이 부족합니다. 저희는 '몽골의 말'을 주제로 제품의 브랜드를 만들 생각입니다. 말 달리는 몽골이라면 목축에 대한 강한 이미지를 줄 수 있지요."

"좋은 생각입니다. 유가공 제품 생산에도 신재생에너지를 사용할 계획입니까?"

"물론이지요. 우유의 가공에는 온도와 습도 조절이 필요하고 결국 그 일은 전기가 있어야 가능하지요."

에디슨과 테슬러

"중간 규모의 신재생에너지는 저희 단지와 같은 곳에서 사용되지만 게르 주택에서는 작은 용량의 태양광 패널이 많이 사용됩니다. 적당한 규모의 태양광 패널이 있으면 게르 안에서 컴퓨터와 텔레비젼, 심지어는 냉장고까지 작동할 수 있습니다. 여기까지 오셨으니 태양광을 사용하는 게르를 한번 보여 드리지요."

우리는 게르 주택에서 태양광 패널의 사용 실태를 살펴보았다.

"저기 게르의 왼편에 놓여있는 태양광 패널이 보이시지요? 크기가 작지만 저 정도면 매우 유용하게 전기를 생산할 수 있습니다. 이곳 태양광 패널에서 만들어진 전기는 게르 안에 놓여 있는 배터리에 저장됩니다."

"게르 안에 어떤 전기장치들이 있는지 보고 싶네요."

"안으로 들어가 보시지요."

우리는 게르 안으로 들어가 가정에서 사용하는 전기 기기들을 살펴 보았다.

"태양광 패널이 전선으로 이곳의 배터리와 연결이 되어 있네요. 그리고 배터리의 전기가 컴퓨터를 작동시키고, 또… 아, 저기에는 냉장고가 있네요. 냉장고를 가동할 만큼 전기가 충분한가 보지요?"

"이곳에서 사용하는 전기는 발전소에서 생산하는 전기와는 다릅니다. 발전소에서 생산하는 전기는 교류형태로 가정에 공급되지만 태양광에서 만들어진 전기를

게르 주택에 전기를 공급하는
태양광 패널
- 태양광 패널을 전기선으로
게르 내부의 배터리와 연결한다.
이런 형태의 주택용 태양광
시설은 몽골에서는 일반적이다.

태양광 전기 사용
- 왼쪽에 태양광 패널로부터 온 전기를 저장하는 배터리가 있다. 배터리에 전구를 연결해서 사용한다. 큰
용량의 태양광 패널과 배터리를 사용하면 게르 안에서 컴퓨터와 TV 시청이 가능하다.

교류로 만들려면 패널과 배터리 사이에 직류-교류 변환기를 부착해야 합니다."

"물론 그래야겠지요."

"여기에서는 태양광에서 오는 직류를 그대로 사용합니다. 대신 직류에서 사용할
수 있도록 냉장고나 컴퓨터에 직류전원을 공급하는 장치를 부착합니다."

"배터리에서 전기를 직접 끌어다 쓰는 방식이군요."

"잘 알고 계시군요."

"제 전공은 아니지만 그 정도는 이해해야지요."

"하하."

"직류와 교류를 이야기 하니 에디슨(Thomas Alva Edison, 1847~1931, 미국의 발명가/사업가. 세계에서 발명을 가장 많이 했으며 1,093개의 미국 특허를 등록하였다. 그는 후에 제너럴 일렉트릭(GE)를 건립하였다)과 테슬라(Nikola Tesla, 1856~1943, 현대 전기 문명을 완성한 천재 과학자다. 현대 전기 문명의 근간이 되는 교류를 발명했으며, '모든 현대 기술의 원조'라는 칭호를 갖고 있다.)가 생각납니다. 미국 뉴욕의 전기 방식을 놓고 세기적인 발명가인 에디슨과 테슬라가 크게 다투었지요. 가난한 천재 테슬라는 교류를 주장한 반면, 부자이며 노력가인 에디슨은 직류를 주장했고, 뉴욕시는 에디슨의 직류를 받아 들였습니다."

"직류와 교류의 전쟁은 에디슨의 승리로 끝이 났군요."

"아닙니다. 에디슨의 승리로 끝날 것 같았지만 지금 전 세계는 테슬라가 제안한 교류 전기를 사용하고 있습니다. 교류는 변압기를 사용하기 때문에 전기를 손쉽고 값싸게 멀리 보낼 수 있습니다. 교류와 직류의 싸움이 교류의 승리로 끝이 난 것 같지만 최근에는 노트북 컴퓨터나 태양광 전기 장치가 많이 사용되면서 직류의 사용 범위가 넓어지고 있습니다."

"아, 그렇군요. 배터리에서 직접 가져오는 전기로 동작하는 기기는 직류를 사용하는군요."

"두 사람은 현재 이 세상에 없지만 교류와 직류의 전쟁은 현재 진행형입니다."

"화석연료가 고갈되고 있어서 앞으로는 태양광 에너지의 역할이 커질 것 같습니다. 태양광 패널의 가격이 비싼 것이 단점이지만 청정에너지로, 또 독립된 발전기로 잘 사용되는 군요."

"그렇지요. 발전소가 없는 곳에서 소량의 전기를 만들기에는 태양광이나 풍력이 좋지요."

"우리나라도 고속도로 변에 태양광 패널이 많이 설치되어 있는 것을 볼 수 있습니다. 우리나라는 원자력 산업이 발달해서 전기가 넘쳐나는데 태양광전기를 어디에 사용하나요?"

"전기는 수력, 원자력, 화력, 신재생에너지를 통해 만들어지고 있지만, 미래에는 신재생에너지의 역할이 커질 것으로 봅니다. 그런 때를 대비해서 태양광발전을 권장하고 있고 태양광에서 만들어진 전기를 전력회사가 사 주고 있습니다."

"그러면 그 전기는 주택에서 사용하는 것이 아니군요."

 청소년과 함께 하는 나눔과 배려의 적정기술

태양열을 사용하여 난방을 하는 몽골의 주택
- 지붕에 올려 놓은 패널이 태양의 햇빛을 열로 바꾼다. 이 열은 주택의 난방을 위해 사용된다.

"전기선을 통해 전력회사로 직접 들어갑니다. 이곳처럼 배터리가 있지는 않지요."

"이곳 몽골은 인구가 적고 흩어져서 사는 유목민들이 많아서 독립형 전원으로 태양광이 각광을 받고 있습니다만, 울란바토르 같은 큰 도시에는 석탄화력 발전소가 있어서 중앙에서 전기를 공급하고 있지요."

"태양광이 전기를 생산하지만 태양의 강렬한 열에너지를 직접 사용할 수도 있습니다. 태양의 에너지로 물의 온도를 높여서 난방을 하는 주택을 몽골에 적용하고 있다고 합니다."

"몽골의 주택에 변화가 일어나고 있는 것을 잘 알고 있습니다. 태양열주택에 대해 듣기는 했지만 지금 몽골의 경제 수준에서는 부자들을 위한 주택이라 할 수 있지요. 게르 같은 작은 주택을 개선해서 서민 주택의 보급을 늘려 가는 것이 중요합니다."

"몽골에 적용할 수 있는 기술은 신재생에너지에서부터 농업, 목축 등 그 분야가 무궁무진하다고 봅니다. 적정기술의 주창자 슈마허 박사가 이야기한 것처럼 적정기술은 몽골처럼 기술이 많이 발달하지 않은 지역에 필요한 기술인 것 같습니다."

사막을 초원으로

"몽골에서의 에너지 활용에 대해 많이 배운 것 같습니다. 우리가 갈 다음 장소는 어디인가요?"

"다음 장소는 몽골의 사막화 문제를 다루고 있는 현장입니다."

"아, 그렇습니까? 몽골이 사막화 문제로 골치가 아프다고 하지요? 사막의 확대로 초지가 줄어들어 유목을 하는 사람들이 어려움을 겪고 있다고 들었습니다. 고비사막의 사막화 확대는 세계가 관심을 갖고 함께 풀어가야 할 숙제입니다."

"네, 그렇습니다."

"그런데 몽골 사막화의 주된 원인은 무엇입니까?"

"여러 가지 요인이 있겠지만 우선 기후 변화를 들 수 있습니다. 예전에 비해서 강수량이 현저히 줄어 들었습니다. 강과 호수가 말라서 가축들에게 먹일 물을 찾기 어렵습니다. 사막이 전 국토의 30-40% 수준이었지만 이제는 국토의 80% 수준까지 사막화가 진행되었습니다. 많은 유목민들이 생업을 버리고 울란바토르로 이주하고 있습니다."

"제가 몽골에 와서 산에 나무가 없는 것이 이상해서 몽골 주민에게 물어보았습니다. 혹시 나무를 잘라서 땔감으로 사용해서 그런 것이냐고 물었더니 대답은 '아니오'였습니다. 겨울이 너무 춥고 건조해서 나무가 잘 살지 못한다고 하더군요."

"맞습니다. 산이 물을 저장하지 못합니다. 그래서 자세히 보면 물이 고여있는 골짜기에만 나무들이 자라고 있습니다."

"네, 이제는 이해가 됩니다. 기후 변화가 사막화의 주된 원인이지만 가축 수가 너무 많아서 그렇다는 이야기가 있던데요?"

"그것도 하나의 원인입니다. 가축들이 많아서 초원의 풀을 다 뜯어 먹어 사막으로 변한 지역이 많습니다. 가축을 키워 털과 우유를 만들어 팔 수 있어서 많은 사람들이 가축을 키웁니다. 하지만 이제는 사막화가 너무 진행되어서 가축을 무작정 많이 키울 수가 없습니다."

"무슨 대책이 없을까요?"

"범 국가적으로 대책을 강구하고 있습니다. 이대로 놓아두면 몽골 전체가 사막이 될지도 모릅니다. 정부가 유목민들에게 가축 수를 늘리지 않도록 권장하고 방목을

몽골의 초원

– 산에 나무가 별로 없다. 날씨가 춥고 건조해서 나무가 잘 자라지 않는다. 산 아래 평지에는 풀이 많다. 이 초원에 가축을 풀어 방목한다.

할 때 한 곳에서 오래 머무르지 않도록 하라고 교육하고 있습니다. 가축들이 한 곳에서만 풀을 계속 뜯게 되면 풀이 다 없어져 버리기 때문에 그 곳이 곧 사막으로 변합니다."

"풀을 뜯어도 한 곳에 오래 머무르지 않게 해야겠군요."

"그렇지요. 계절에 따라서 여기 저기 돌아다니게 하고 사막화가 진행되는 지역에서는 일정기간 동안 풀을 뜯지 못하게 했습니다. 그 결과 일부에서는 초원이 다시 살아나고 있다는 좋은 소식이 있습니다."

"또 다른 방법은 없나요?"

"나무를 심는 것이 가장 좋습니다. 국가적으로 식목을 권장하고 있습니다. 지금 저희가 가는 곳이 사막화 방지 프로젝트가 진행되는 곳입니다. 그곳에서는 사막에서 잘 자라는 나무의 묘목을 기르고 있습니다. 아, 이제 다 왔네요."

일행이 도착한 곳은 나무를 기르는 비닐하우스 묘목장이었다. 우리는 안에 들어가서 나무의 상태를 살펴보았다.

"김 박사님, 박사님도 아시다시피 이곳 몽골은 겨울의 나라입니다. 일년 중 4개월

사막화 방지 프로그램의 묘목장
- 묘목이 자라고 있는 위치가
평지보다 낮다. 지열을
이용한 적정기술이다. 열악한
사막기후에서도 견딜 수 있는
나무를 사막화 프로젝트에
공급한다.

만 여름이고 나머지는 겨울입니다. 묘목들이 혹독한 겨울을 견디지 못하고 죽는 경우가 많습니다. 그래서 비닐하우스에서 묘목을 키웁니다. 이곳 비닐하우스를 잘 보시면 묘목을 키우는 지면이 지하 2미터 정도 깊이에 위치합니다. 이렇게 땅을 파서 만든 묘목장은 지열이 있어서 평지보다 온도가 높습니다."

"지난번 신재생에너지 단지의 곡물 저장고와 마찬가지로 이곳의 비닐하우스도 땅을 파서 만들었네요."

"온도가 높은 온대지방에서는 겨울에도 비닐하우스를 평지에 만들지만 여기에서는 평지에 비닐하우스를 만들면 어린 나무들이 추위를 견디지 못하고 죽습니다."

"그렇겠군요."

"이곳에서 일차로 묘목을 심어 성장시킵니다."

"나무가 잘 자라고 있군요. 이 어린 나무들을 사막에 가져가서 심나요?"

"아닙니다. 온실에서 자란 나무를 사막에 직접 심으면 대부분 죽습니다. 묘목들을 온실 밖에 일정기간 심어서 잘 적응하는지를 살펴보고 그 중 튼튼한 것을 골라서 사막화가 진행된 지역에 심습니다. 비닐하우스 밖으로 나가 보시지요."

일행이 비닐하우스 밖으로 나오자 밖에는 비닐하우스 옆 평지에서 키가 다소 큰 나무들이 자라고 있었다.

"저기 저 나무들을 보십시오. 묘목 중에서 골라서 밖에 심은 것들입니다. 일부는 겨울을 넘기지 못하고 죽습니다. 살아남은 나무들은 잎들이 진한 초록색을 띠고 있습니다. 영하 20-30도의 혹독한 환경을 견디어 내야 사막에서도 적응할 수 있습니다."

"저 나무들은 정부가 사들이나요?"

"네, 그렇습니다. 한 그루당 가격이 3천-5천원 정도로 정부가 사서 사막화 지역으로 보냅니다. 그곳에 심은 나무들 중에 또 일부만이 살아 남습니다. 나무를 키우는 일이 시간이 많이 걸리는 일이라서 결과를 얻기까지 오래 기다려야 합니다."

"기다리는 인내가 필요하겠군요. 사람을 키우는 일도 마찬가지입니다. 좋은 사람을 키우면 나라가 건강해지는 것처럼 나무가 잘 자라면 국토가 건강해지겠지요. 요즘의 세계는 한 덩어리입니다. 몽골의 사막화가 남의 나라 일이 아닙니다. 몽골의 사막이 확대되면 한국으로 불어가는 황사가 더 많아집니다. 환경을 개선하는 문제는 주변국과 함께 협의하고 노력해야 합니다."

"지구촌이 환경 공동체란 생각에 공감합니다."

"세계 어느 나라나 문제가 일어나는 원인을 살펴보면 한가지 공통점이 있습니다. 그것은 과하다는 점입니다. 인간의 욕심이 자연에 과하게 작용하면 자연이 파괴됩니다. 자연의 법칙을 어긴다거나 자원을 너무 과도하게 사용하면 지구의 생태계가 파괴됩니다. 기후변화가 문제이기는 하지만 몽골의 경우는 가축을 너무 많이 길러서 초원이 황폐화되고 있는 것입니다. 사막화로 인해 유목을 할 수 없게 된 사람들이 도시로 몰려들어 도시에서 많은 문제를 일으키고 있습니다. 생태계는 하나에 문제가 생기면 다른 것에 영향을 줍니다. 자연에 순응하지 않았기 때문에 이런 문제들이 생기는 것이고, 오늘날 지구환경이 이렇게 된 것이지요. 역시 슈마허 선생이 이야기한 과도한 자원의 소비에 대한 지적이 옳은 것 같습니다. 해결책은 인간의 욕심을 자제하고 자연에 순응하고 기다리는 마음을 갖는 것입니다. 자신의 욕심으로 작은 이익을 얻을 수는 있지만 그것으로 인한 폐해는 이익의 수십, 수백 배가 됩니다."

몽골의 전형적인 작은 언덕들을 구르듯 운전하는 중에 일행 중 한 명이 언덕을 가리키며 말을 했다.

"저기 언덕 위의 돌무덤에 푸른 색 천을 묶어 놓은 것 같은 것은 무엇이지요? 아주 인상적인 색상입니다."

"아, 저거요? 저건 우리나라의 성황당과 같은 것이지요. 하늘과 땅, 그리고 자연을 숭배하는 동북아시아의 신앙인 샤머니즘(Shamanism)입니다. 몽골은 샤머니즘의 중심지입니다. 저 푸른 색은 이곳에서는 자주 볼 수 있는 색상입니다. 몽골의 초원이

몽골의 샤머니즘의 상징인 돌무덤
– 끝없이 너른 초원과 자연에서 생활해 온 몽골 민족은 하늘, 땅, 자연을 숭배하는 동북아시아 샤머니즘의
고향이다.

맞닿아 있는 하늘을 뜻하는 색입니다. 하늘을 숭배하는 까닭에 푸른색을 많이 사용합니다. 주택의 대문에도 푸른색을 칠하는 경우가 많지요.”

“저 샤머니즘이 한반도까지 전래되어서 성황당의 무속신앙을 만든 것 같군요. 저희는 큰 나무에 저런 천을 묶어 놓고 제례를 드리는 경우가 많지요.”

“그렇습니다. 몽골 초원의 녹색과 하늘의 푸른색이 몽골 사람들의 문화에 큰 영향을 주는 것 같습니다. 오시면서 보신 몽골 주택의 양철지붕의 색깔도 붉은 색과 푸른색으로 칠해져 있어서 매우 인상적입니다. 사람들의 옷 색깔도 파스텔 톤입니다.”

“기후와 풍토, 종교 같은 것에 의해 사람들의 문화가 결정이 되는 것이지요.”

“오늘 저희를 안내해 주시느라 수고가 많으셨습니다. 감사합니다.”

교육이
중요하다

오늘은 몽골 울란바토르의 한 대학에 들러서 학생들을 면담하고 학교 총장실에서 대학과 업무협약을 맺기로 한 날이다. 일행은 차를 타고 대학에 도착해서 협약식을 갖기 전에 시간이 있어서 총장실에서 교육에 관한 이야기를 나누었다. 필자가 먼저 말을 시작했다.

"이곳 몽골에 대학을 세운 지 이제 10년이 넘었을 것 같은데요?"

"그렇습니다. 사회주의 체제에서는 우리나라와 외교 관계가 없어서 문화, 교육에 대한 교류를 할 수 없었습니다. 국교를 맺고 나서 비즈니스에 관심이 있는 한국 사람들이 먼저 몽골에 들어 왔고, 그후에 저처럼 교육에 관심을 갖는 사람들이 이곳에서 학교를 세우게 되었습니다."

"이곳은 기후나 환경, 문화가 한국과 많이 다른데, 정착하시는 데 힘든 부분은 없었나요?"

"왜 없었겠습니까? 처음 이곳에 학교를 세운다고 왔을 때에는 그저 막막하기만 했습니다. 처음에는 빈민들을 모아서 초등학교와 중학교를 운영해 보았습니다. 한국의 여러 기관에서 학교 운영자금을 지원해 주셔서 시작을 할 수 있었지만 많은 어려움이 있었습니다. 여러 동료들과 함께 노력한 결과, 이제는 대학을 세우게 되었고 지금은 외양적이나 내적으로 탄탄해지고 있습니다."

"이 대학은 국제대학이라서 강의를 영어로 한다고 들었습니다. 학생들에게 도움이 되는지요?"

"국제적 감각을 갖추려면 영어를 잘 해야 한다는 생각에서 영어로 강의하도록 했습니다. 영어로 강의하면 아무래도 학생들에게 도움이 됩니다."

"몽골 학생들의 장점에는 어떤 것이 있는지요?"

"몽골학생들은 언어에 대한 감각이 뛰어납니다. 영어뿐만 아니라 다른 외국어 습득도 매우 빠릅니다."

"지리적으로 다른 민족들과 교류가 많아서 그런 것이 아닐까요?"

"그런것 같습니다."

"몽골에 대학을 세우게 된 계기 같은 것이 있나요?"

"평소에 교육에 관심이 있었습니다. 일제 강점기 중에 가난한 우리나라에 많은 외부인이 들어와서 학교와 병원을 세워 주지 않았습니까? 지금의 배재학당이나 이화여자대학이 모두 그 때 세워졌지요."

"물론 그렇지요."

"이제 우리나라가 경제적으로 어느 수준 이상으로 성장했으니까 그 때의 진 빚을 갚아야 한다고 생각합니다."

"올바른 생각입니다. 해방 후, 또 전쟁 후에는 아무 것도 없었지요. 그때는 우리나라가 세계 최빈국이었습니다. 유엔을 통해 원조를 가장 많이 받았다고 합니다. 저도 초등학교 때에 원조로 지원하는 옥수수빵을 먹은 기억이 있습니다."

"아프리카의 에티오피아나 남미의 콜롬비아 같은 나라는 한국전쟁에 참전해서 피를 흘렸습니다. 휴전선을 자세히 보면 강원도 쪽이 북으로 올라가 있습니다. 그쪽 전선을 지킨 부대가 에티오피아 군대라고 합니다."

"저희가 여러 우방에게 빚을 많이 졌지요."

"그렇지요. 지금 우리나라는 이만큼 살고 있지만 안타깝게도 에티오피아나 콜롬비아의 경제 사정이 좋지 못합니다. 저희가 다른 가난한 나라를 도와야 할 이유가 이런 역사적인 관계에 있다고 봅니다."

"세계적으로 가난했던 나라가 부자 나라가 된 경우는 한국이 유일하다고 들었습니다. 우리나라만이 갖는 어떤 특별한 이유가 있는 것인지요?"

"제 생각으로는 경제 성장의 중심에는 교육이 있다고 봅니다. 우리나라 부모들이 자녀의 교육에 얼마나 열성적입니까? 교육에 대한 열정이 우리나라를 가난에서 경

몽골국제대학
– 국제적 인재양성을 목표로
몽골 울란바토르에 한국인이
세운 대학이다.

제 강국으로 성장하게 한 원동력이 아닐까 생각합니다.”

“교육이 중요하다고는 하지만 교육 하나만으로 한 나라의 경제 성장을 이룰 수 있을까요? 다른 요인에는 어떤 것들이 있을까요?”

“전쟁 후 폐허에서 한강의 기적을 이룬 한국의 경제 성장에 대해서 다른 나라 사람들이 잘 알지 못하는 부분이 있습니다. 그것은 우리나라의 역사와 문화, 전통 같은 것입니다. 일제 강점기 시대와 한국전쟁을 거치면서 우리나라는 모든 것을 잃은 것 같아 보였습니다. 세계는 우리나라를 최빈국으로 생각했습니다. 그들은 우리 민족을 아프리카의 원시 부족 수준으로 생각했을지도 모릅니다. 하지만 우리나라에는 5천 년의 긴 역사와 문화유산이 있습니다. 그 역사 중에서는 세계 최고 수준의 문화와 제도, 교육이 있었습니다. 이런 것들이 우리민족이 다시 일어서는 데 원동력이 되었을 것입니다. 우리민족이 갖고 있는 저력과 같은 것입니다.”

“저도 비슷한 생각을 갖고 있습니다. 그래서 유구한 문화를 가져 본 경험이 있는 나라는 지금은 가난하더라도 다시 도약할 수 있는 가능성을 갖고 있다고 봅니다.”

“그렇습니다. 칭기즈칸은 지금의 이 허허벌판과 같은 초원 위에 원나라를 세웠고 게르와 기마병으로 전 세계를 정복했습니다. 지금은 땅만 크고 인구는 적은 가난한 나라가 되어 있지만 이들에게는 칭기즈칸 시대의 자부심이 있습니다. 몽골 사람들은 다시 칭기즈칸의 영광이 몽골 초원에서 재현되기를 바랍니다. 몽골 민족은 영리합니다. 민족의 DNA가 강합니다. 또한 이 나라에는 자원이 풍부합니다. 인력을 키우고 자원을 잘 활용한다면 산업이 강한 나라가 될 수 있습니다. 우리나라의 기술과 몽골의 자원이 결합하면 좋은 결과를 만들 수 있지요.”

"장기적으로 그런 모델을 만들 수 있다고 봅니다. 학교 교육에서는 어떤 분야에 중요도를 두고 있는지요?"

"지금까지는 비즈니스를 중점으로 학제를 운영해 오고 있습니다. 학교 개교 초기에 학생들을 만나서 앞으로 어떤 공부를 하고 싶으냐고 물어 보았더니 열 명 중의 여덟 명은 비즈니스를 하고 싶다고 했습니다."

"예, 저도 개인적으로 한국에 온 몽골 학생들에게 어떤 학과를 공부하고 싶으냐고 물어보았더니 비슷한 이야기를 하더군요. 몽골은 국토가 넓고 자연환경이 좋고, 자원이 많은데 왜 모두들 비즈니스를 하고 싶다고 하는지를 생각해 보았습니다. 지금 상황에서는 몽골의 경제와 산업이 너무 약해서 자원을 파는 비즈니스 이외에 다른 것은 생각하지 못하는 것 같습니다."

"그렇다고 보아야겠지요. 비즈니스를 해야 돈을 벌 수 있으니까요. 비즈니스 이외에 전통적으로 몽골은 러시아의 영향을 많이 받았기 때문에 수학, 물리와 같은 기초학문과 음악 등 예술의 수준이 높습니다. 음악을 배우게 하려고 한국에서 몽골에 자녀들을 보내는 사람들이 있지요."

"국가 발전을 위해서는 궁극적으로 공과대학이 있어야 합니다. 산업을 발달시키지 못하면 국가경제를 성장시키기 어렵습니다. 우리나라만 보아도 처음에는 가발이나 신발 같은 것을 만들어서 수출했고, 중공업과 화학공업을 발전시켰고, 이제는 철강, 자동차에 반도체, 인터넷 산업까지 못하는 것이 없습니다. 모두 공과대학에서

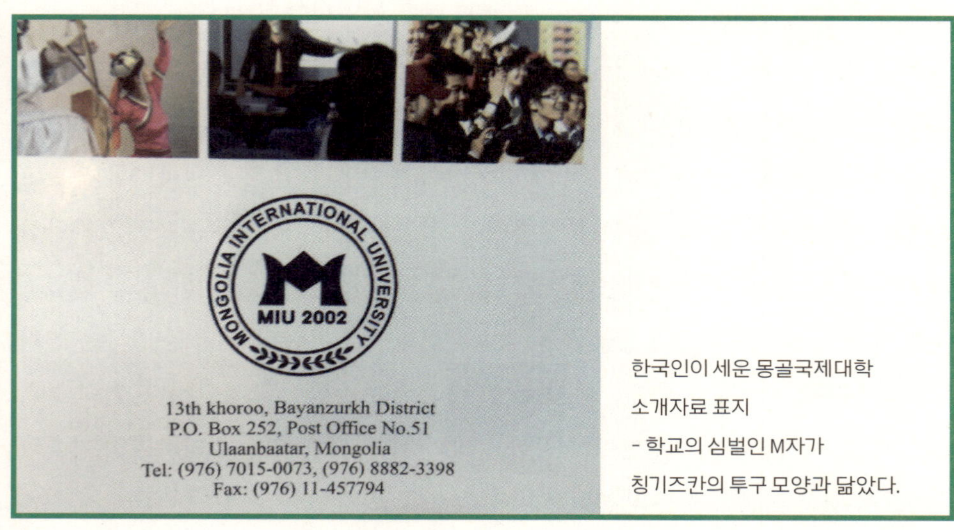

한국인이 세운 몽골국제대학
소개자료 표지
- 학교의 심벌인 M자가
칭기즈칸의 투구 모양과 닮았다.

우수한 자원들을 배출했기 때문이지요."

"여기도 차츰 달라지겠지요."

개발도상국에 필요한 인재상

"제가 개발도상국의 여러 나라를 돌아보면서 그곳에서 대학교를 세우겠다는 사람들에게 동일하게 하는 질문이 있습니다."

"어떤 질문이지요?"

"어떤 분야를 육성하려고 하십니까? 라고 물으면 대답은 모두 한결 같습니다."

"어떤 대답을 하던가요?"

"우선 글로벌 인재를 키운다고 합니다. 글로벌 인재라 함은 영어를 비롯한 외국어 몇 개는 능통하게 하고 경영학이나 국제학을 전공한 사람들을 말합니다."

"글로벌 인재가 되어야 전 세계의 다양한 영역의 사람들과 교류하며 자신의 나라를 발전시킬 수 있는 것 아닙니까?"

"글로벌 인재가 필요한 것은 사실이지만, 모두가 다 글로벌 인재가 될 필요는 없습니다. 외국과 비즈니스를 하거나 정부 부처 국제부에서 일하는 소수의 사람들이면 충분합니다."

"그럼 글로벌 인재가 아니라면 어떤 사람을 키워야 하나요?"

"글로벌 인재와 더불어 그 나라 각 지역에 적합한 인재를 키워야 합니다. 저는 이런 인재를 글로벌과 대비되는 말로 "글로칼(G-local)" 인재라고 합니다."

"글로칼이라면?"

"말 그대로 로칼(현지, Local)한 곳에 적정한 인재이지요. 목축업을 육성하려면 목축업 자체에 특화된 인재, 울란바토르의 도시 계획을 담당할 인재, 지하자원 개발에 필요한 공학자, 지방 정부에 필요한 인재, 자신이 살고 있는 환경에 적합하게 쓰임을 받을 수 있는 인재 같은 것입니다."

"그런 분야가 필요할 것 같습니다. 좀 더 자세히 설명해 주신다면……."

"예를 들어, 이곳에서 살고 있는 사람들은 다 알고 있듯이 울란바토르의 대기 환경은 재앙 수준입니다. 대기 환경을 개선하려면 환경 공학이나 토목 공학과를 만들어 공학 인재를 육성해야 합니다. 이런 분야의 전문가가 있어야 대기 환경 문제뿐만 아니라 식수의 부족, 강물의 오염 등의 문제를 해결할 수 있습니다.”

“일리가 있어 보입니다. 그런 것들이 박사님이 하는 적정기술과 관련이 있는지요?”

“매우 밀접한 관계가 있습니다. 몇 년 전에 한국과 몽골이 수교를 한 다음에 몽골 과학자들이 한국에 와서 우리나라의 연탄에 많은 관심을 표명했습니다. 우리나라 연탄은 품질이 좋아서 연기가 나지 않습니다(무연탄). 반면에 몽골에 많이 매장되어 있는 갈탄은 대부분 품질이 낮고, 연기가 많이 나는 유연탄입니다. 몽골에서는 한국의 연탄을 만들고 싶어했습니다.”

“한국에서는 석유와 가스 보일러 사용으로 사장되고 있는 석탄 산업을 몽골에서 관심을 갖고 있네요.”

“그렇습니다. 몽골에는 노천 탄광이 많아 석탄이 지천에 깔려 있지 않습니까? 땅을 파면 갈탄이 나오지요.”

“그렇지요.”

“그 갈탄을 우리나라 연탄처럼 만들어 사용하면 열효율이 높고 대기오염을 줄일 수 있다고 생각한 것이지요.”

“몽골 과학자들에게 그런 안목이 있었군요.”

“우리나라 연탄에 구멍이 몇 개나 있는지 아시나요?”

“글쎄요. 십구공탄이라고 했으니까 열 아홉 개가 있을 것 같네요.”

“그렇지요. 열 아홉 개 구멍이 있는 연탄이 있고, 스물 두 개 구멍이 있는 연탄이 있습니다. 우리는 구멍을 그냥 대충 파 놓았겠구나 하지만 사실 구멍의 크기와 숫자에는 다 공학적인 설계가 있습니다. 구멍을 파 놓으면 연탄의 표면적이 증가하지요. 구멍이 공기의 통로가 되니까 탄이 잘 탑니다.”

“연탄 하나에도 공학적인 연구가 필요하군요.”

“그 뿐만이 아닙니다. 연탄은 석탄으로 만드니까 타고 나면 재가 남게 되지요. 그런데 석탄이 모두 재가 되면 연탄의 형태가 없어집니다. 연탄이 다 타 버릴 때쯤에 남아있는 불씨를 다른 연탄에 옮기려면 연탄을 갈아야 하지 않습니까? 연탄을 갈기 위해서는 연탄의 형태가 그대로 남아 있어야 합니다. 그래서 연탄을 만들 때 석탄가루에 적정량의 진흙을 섞어서 함께 찍어 줍니다. 그러면 연탄이 다 타도 진흙은 타지

스물 두 개의 구멍이 나 있는
한국의 연탄
- 구멍의 크기와 숫자에는
공학적인 설계가 있다. 표면적이
증가하므로 공기의 이동이 쉽다.

않고 남게 되기 때문에 연탄이 모양을 유지합니다. 이런 것이 연탄에 들어있는 또 다른 설계 비밀입니다.”

“박사님 말을 들어보니 우리나라 연탄이 대단한 물건이라는 생각이 듭니다. 그래서 몽골 과학자들이 한국의 연탄에 많은 관심을 가졌군요?”

“그렇습니다. 몽골 현지에 필요한 제품을 만드는 사업을 하려면 대학 내에 그런 일에 적합한 학문을 배우는 학과가 필요합니다.”

“그래서 글로벌 인재 육성 교육보다 현지에 적합한 학문을 하라고 하는 것이군요. 그것이 적정기술의 교육 정신이군요.”

“지금은 어느 나라든지 교육뿐 아니라 첨단산업, 경제, 문화 모든 면에서 세계화를 추진하고 있지요. 어디를 가나 글로벌 인재 양성과 세계화가 키워드이지요. 글로벌 세계는 통합적인 커다란 네트워크를 추구합니다. 나라와 나라가 모두 서로 밀접하게 얽혀 있습니다. 경제적으로 서로 돈을 많이 꿔주어서 옆 나라 경제가 어려움에 처하면 돈 꾸어준 나라의 경제도 같이 어려워집니다. 유럽의 그리스의 재정 위기가 유럽 전체의 경제에 큰 영향을 미치고, 궁극적으로 세계 경제에 영향을 줍니다.”

“너무 크게 연결되어 있어서 문제라는 것이죠?”

“네, 국가 경제 사이에 상호 의존성이 크지요. 작은 규모의 산업을 여러 곳에 분산시켜서 운영한다면 문제가 발생해도 다른 지역에 그다지 영향을 주지 않습니다. ‘분산된 작은 경제’, 이것이 슈마허 선생이 주창한 적정기술 경제의 핵심입니다.”

“현지 사회에 적합한 인재 양성에 대해서 공감이 가는 부분이 있습니다. 글로벌 인재 양성 이외에 학교를 세울 때 공통적으로 하는 말에 또 어떤 것이 있나요?”

"인터넷(Internet, IT) 인재를 육성한다고 합니다."

"그렇지요. 저희 학교도 그 분야를 집중 육성할 계획입니다."

"그런데 인터넷이나 컴퓨터를 잘 한다고 해서 국가 산업이 육성되는 것은 아닙니다. 대부분의 신생 학교가 글로벌 인재와 IT 분야를 육성하겠다고 하는 것은 그렇게 해야 학생들이 대학에 많이 지원하기 때문일 겁니다. 컴퓨터는 모든 학과에서 기초 교육 정도만을 배우면 됩니다. 필요하다면 전문적으로 인터넷을 공부하는 학과를 만들면 됩니다. 그 보다는 지역의 상황을 고려해서 그에 맞는 균형 잡힌 리더십을 육성하는 교육 프로그램이 필요합니다."

"어떤 것을 말씀하시는지요?"

"우선 학과를 정할 때 몽골에 적합한지, 좀 더 자세히 말해서 몽골의 산업 육성에 필요한 자원이 될 수 있는지를 보아야 합니다."

"그 기준을 어떻게 정하지요?"

"제가 과학기술자의 관점에서 보면 몽골은 지하자원과 자연환경, 목축, 관광과 같이 몽골만이 갖는 독특한 분야가 있습니다. 그런 분야를 집중적으로 개발해야 성공합니다. 목축이나 관광은 지금도 잘 하고 있지만 지하자원 개발과 같이 산업과 경제에 직접적인 분야는 장기적으로 투자해야 합니다."

"그렇다면 저희 학교에서도 자원 분야에 관련된 학과를 만들어야 한다는 말씀이신가요?"

"그렇지요. 지금은 당장 쓰임이 적더라도 미래를 생각하고 학과를 결정해야 합니다. 제가 과학자로서 오랫동안 적정기술 활동을 해 왔지만 몽골만큼 적정기술을 적용하기 좋은 곳이 없습니다. 전기를 생산하는 에너지 적정기술, 목축업의 선진화를 위한 적정기술, 국민의 균형 잡힌 식생활을 위한 농업기술 등 무궁무진합니다."

"글쎄요. 한국의 대학에서 근무하다 이곳에 온 교수들 중에 그런 제안을 하시는 분이 있기는 있지만 제 생각으로는 아직 시기상조입니다. 아직 학교가 초창기라서 재정이 많이 소요되는 공과대학을 운영하기가 쉽지 않습니다."

"우리나라가 1970년대 박정희 대통령 때에 공업고등학교 육성 정책을 펼친 것을 기억하시는지요? 저 또래의 우수한 인재들이 공업고등학교로 많이 진학했습니다. 그 친구들이 모두 산업의 현장에서 우리나라 경제를 이끌었습니다."

울라바토르의 대기오염 – 화력발전소 증기 탑에서 증기가 올라오고 있다. 몽골이 안고 있는 문제로는 대기오염, 초원의 사막화, 적은 인구, 수자원의 고갈, 하수처리 등이 있다.

"공과대학이 아니라도 기술학교 같은 것이 있어야 한다는 이야기군요."

"그렇습니다. 종합대학이 필요하지만 아직 여건이 되지 않는다면 기술을 가르치는 학교를 생각해 볼 수 있습니다. 제가 잘 아는 몽골인 대학 교수를 만나서 몽골의 산업 발전 이야기를 했는데, 몽골의 공업기술이 바닥 수준이라고 하더군요. 일상에서 필요한 제품들을 모두 중국에서 수입한다고 합니다. 그 교수의 전공은 화학공학인데 병원에서 사용하는 소독약을 만드는 회사를 세워서 일을 하고 있습니다. 공장에서 일할 기술자 양성이 무엇보다 시급하다고 했습니다."

"기술이 곧 산업이 되니까 경제를 일으키려면 기술이 필요하겠지요."

"일본의 강점기 때 우리나라에 대학들이 세워졌는데 사회과학 분야의 학과들은 많았지만 공과대학은 없었습니다. 왜인지 아십니까?"

"왜 없었는데요?"

"우리나라에 산업 인재들이 생기는 것을 막기 위해 일본이 정책적으로 막았기 때문입니다. 몽골이 자국의 산업을 발전시키려면 기술 인력을 많이 길러야 합니다."

몽골 국제대학 총장과 필자와의 상호 업무 협약.

(사)나눔과기술이 진행한 신재생에너지 교육 훈련 프로그램에 참가한 몽골, 미얀마, 캄보디아 3국 학생들(UNDP 지원).

"아, 무슨 말씀인지 잘 알겠습니다. 여러 이야기 가운데 공감이 되는 부분이 있습니다. 학교를 운영하면서 생각해 보겠습니다. 이제 협약식을 할 시간이 되었군요. 같이 회의장으로 가시죠"

필자는 총장의 집무실에서 상호 협약식을 갖고 연구 협약 문서에 사인을 했다.

"저희가 몽골 인재의 양성을 돕도록 하겠습니다. 대학에서는 기술 인력 양성에 많은 관심을 가져 주시면 좋겠습니다."

"예, 알겠습니다. 한국의 과학기술자 그룹과 협력을 하게 되어 기쁘게 생각합니다."

(사)나눔과기술은 몽골 국제대학과의 업무 협약을 한 후에 이 대학 에너지학과 소속 학생 5명을 선발해서 유엔개발프로그램(UNDP. UN Development program)에 참여시켜 신재생에너지와 적정기술을 가르쳤다. (사)나눔과기술이 진행한 유엔개발프로그램에는 몽골, 미얀마, 캄보디아 3국의 청년 리더쉽들이 자신들의 나라와 지역

현장에 적합한 적정기술을 찾아 발굴하는 과정과 신재생에너지를 이용하여 전기를 만드는 과정을 교육하는 프로그램이 포함되어 있다.

밝은미래학교

몽골 국제대학에서의 일을 마치고 우리 일행은 적정기술 현장을 둘러보기 위한 일정을 계속했다. 차를 타고 울란바토르 외곽으로 가던 중에 일행 중에 한 분이 이런 제안을 했다.

"김 박사님, 적정기술 현장을 가는 중간에 '밝은미래학교'라는 중학교가 있습니다. 몽골의 가난한 가정의 아이들을 모아 교육시키는 학교인데 어제 그곳으로부터 그 아이들에게 과학 강연을 해 달라는 요청이 와 있습니다."

"과학강연이요? 원래 일정에 없었는데 꼭 해야 하나요?"

"제가 일정이 어떻게 될지 몰라 확실하게 대답을 주지 못했습니다. 계속 강연 부탁을 하는데 한번 가시면 어떨까요? 학교도 둘러 보시고요."

"제가 이번 몽골 방문에 강의 계획이 없어서 특별히 준비한 것이 없는데요."

"그래도 한번 해 주시지요. 김 박사님이 몽골에 왔다고 하니까 그 학교에서 꼭 한번 오셨으면 한다고 해서요."

"그래요. 시간이 되면 가 봅시다."

우리 일행은 차를 몰아서 '밝은미래학교'에 도착해서 학교 선생님들을 만나서 이야기를 나눈 다음에 강의장으로 가서 과학강연을 가졌다. 가난한 지역의 아이들이라고 하지만 얼굴은 밝았다. 교장 선생님이 말을 꺼냈다.

"김 박사님, 저희가 이곳에서 가난한 지역 아이들을 모아서 교육을 하고 있습니다. 몽골에는 길거리에 버려진 아이들이 많습니다. 가난한 청소년 아이들이 하수도관 주위에서 모여 살기도 합니다. 아직 어린 아이들이고 교육을 받아야 할 나이인데 길거리에서 지내다 보면 범죄에 노출될 가능성이 많습니다. 저희가 뜻을 모아서 이 아이들에게 무상으로 중학교 교육을 가르친 지가 10여 년이 되었습니다. 이제 학교가 조금 정착이 되고 있고 아이들의 인성도 많이 좋아졌습니다. 후속으로 고등학교 교육과정을 만들고 있습니다."

"좋은 일을 하고 계시군요."

"저희 학교가 얼마 전에 몽골 정부 교육부로부터 정식으로 중고등학교 인가를 받았습니다. 가정이 있는 아이들은 교육비를 저렴하게 받고 있습니다. 학생 중에 영특한 아이들이 있습니다. 이 아이들에게 과학 강연과 장래에 대한 이야기를 해 주시면 고맙겠습니다."

교장 선생님이 학교의 설립과정에 대한 이야기를 열정적으로 해 주었다.

"그래서 학교 이름을 '밝은미래학교'라고 지으셨나 봅니다."

"네, 그렇습니다. 아이들에게는 미래가 중요합니다."

교장 선생님의 얼굴이 낯이 익어서 물어 보았다.

"선생님 혹시 전에 중국 연변에 계시지 않으셨습니까?"

"아, 기억하시는군요. 연변의 한 대학에 있었지요. 그곳에서 학생들을 가르쳤고, 그 경험을 바탕으로 이곳에서 학교를 맡아서 일하고 있습니다. 저는 오래전부터 가난한 지역의 아이들 교육에 관심이 있었습니다. 중국보다는 이곳 몽골의 교육 환경이 더 열악합니다."

"그러시군요. 오늘 강연은 어떤 주제로 할까요?"

"몽골에 필요한 과학 기술에 대해 강연해 주시면 됩니다. 한국말로 해 주시면 몽골말로 통역해 드리겠습니다."

"교장 선생님이 통역해 주시나요?"

"아닙니다. 저희 몽골 선생님 중에 한국에서 공부를 하고 돌아오신 분이 있습니다. 그 분이 한국말을 잘 하십니다."

"과학강연 주제는 '몽골에 적합한 과학기술'로 하지요. 아이들이 자라서 자신의

몽골의 밝은미래학교
- 세계 곳곳에는 자발적으로 소외된 사람들을 돕는 사람들이 있다.

나라인 몽골을 발전시키는 데 도움이 되는 과학 기술이 무엇인지 이야기 해줄까 합니다.”

“네, 감사합니다.”

선생님들은 학생들을 모아서 가장 넓은 강의실로 이동시켰다. 제법 많은 학생들이 모였다. 강의를 시작했다. 옆에서 통역을 맡은 선생님이 열심히 통역을 해 주었다.

“과학은 세상이 움직이는 원리입니다. 과학의 원리를 잘 알면 좋은 기술을 만들 수 있고, 그 기술로 여러 문제를 해결할 수 있습니다. 여러분들이 과학 기술을 열심히 공부할 때, 여러분 자신과 가족, 더 나아가 여러분의 나라가 발전할 것입니다.”

강연 후에 질문을 받았다. 한 학생이 질문을 했다.

“선생님, 과학 기술에 대해 좋은 강연 감사합니다. 과학에도 여러 분야가 있는데 저희 몽골에 적합한 과학 기술에는 어떤 것이 있을까요?”

“몽골은 땅이 대단히 넓습니다. 그리고 지하자원이 많습니다. 땅을 파면 갈탄이 나옵니다. 지하에는 구리가 많이 매장되어 있습니다. 원자력산업에 사용되는 우라늄도 많습니다. 이런 것들을 산업화하려면 광산, 에너지, 자원과 관련된 공부를 하면 좋을 것 같습니다. 지금은 몽골 자체의 기술이 약해서 스스로 광산을 개발하지 못하고 다른 나라에 자원을 값싸게 팔고 있습니다. 여러분이 이런 분야의 공부를 하면 나중에 광산을 다른 나라에 팔지 않고 여러분의 손으로 개발하고 그곳에서 생산되는 광물을 비싸게 수출할 수 있습니다.”

“광물 이외에 다른 분야에는 어떤 것이 있는지요?”

“아주 오랫동안 몽골민족이 유목민으로 가축을 키워왔으니까 그 분야의 일을 세계에서 가장 잘 할 것 같습니다. 가축을 데리고 이리저리 다니는 것이 힘들어서 자신들의 생업을 버리고 도시로 이주하고 있지만 그것은 그다지 바람직하지 않지요. 가축을 키우고 가축으로부터 나오는 고기, 젖, 털을 이용해서 물건을 만드는 일을 공부하면 좋을 것 같아요.”

다른 학생이 손을 들고 질문했다.

“선생님, 저는 공부를 해서 앞으로 울란바토르 시의 공무원이 되고 싶습니다. 기술을 익힌 공부원이 되고 싶은데 어떤 분야를 공부하면 좋은지 알려 주십시오.”

“여러 분야가 있을 수 있지만 현재의 울란바토르의 환경을 생각할 때 환경 공학이나 토목 공학을 전공하면 어떨까 합니다. 우선 울란바토르는 공기 오염이 심각합니다. 대기 오염의 주범은 겨울에 주택에서 때는 석탄에서 나오는 연기입니다. 대기 환경을 깨끗이 하려면 주택 개량 사업이 필요하고 석탄을 대체할 수 있는 깨끗하고 안전한 에너지 원을 확보하여야 합니다. 이런 일들은 환경 공학에서 다룹니다."

"또 한 가지 질문이 있습니다. 요즈음에 울란바토르에 사람이 너무 많습니다. 빈민의 수가 늘고 있고 갈수록 생활 환경이 나빠지는 것 같아서 걱정입니다."

"그렇습니다. 지구의 환경 변화로 인한 몽골의 사막화 때문에 많은 유목민들이 도시로 몰려들고 있습니다. 하천이 오염되었고 사람이 살 택지가 부족합니다. 도로는 좁아서 교통이 혼잡합니다. 사람들이 먹을 식수가 대부분 지하에 있는 지하수인데 이것도 모자랍니다. 이런 일은 토목 공학과에서 다룹니다. 시청에서는 이런 일을 다루는 공무원이 필요합니다."

"선생님 말씀 잘 들었습니다."

강의를 마치고 선생님들에게 작별인사를 했다.

"선생님들 수고가 많으십니다. 어렵겠지만 열심히 하십시오. 교육의 효과는 긴 시간이 지난 다음에 나타납니다. 이 아이들이 자라서 몽골을 발전시킬 날이 옵니다. 그때 선생님들의 노고가 기억되고, 그것으로 인해서 한국과 몽골이 더 친해질 겁니다. 선생님들은 교육자면서 나라를 알리는 외교관이라는 생각으로 일하십시오. 밝은미래학교가 더욱 발전되기를 기대합니다."

"네, 오늘 과학 강연과 좋은 말씀 감사합니다. 저희 학교가 요즘 신축 공사를 하고 있습니다. 학교를 학교답게 만드는 일이 쉽지만은 않습니다. 조금 더 사정이 좋아지면 더 넓은 곳으로 이사를 갈까 합니다. 그 때에도 오실 수 있으면 좋은 과학 강연 부탁 드립니다."

"그렇게 하도록 노력하겠습니다."

"김 박사님이 소외된 이웃을 위한 과학기술인 적정기술의 보급을 위해 애 쓰시고 있다고 들었습니다. 저희는 내용을 잘 모르지만 몽골이 안고 있는 문제를 해결하는 데 도움이 되는 기술일 것 같습니다. 혹시 다음에 저희 학교를 방문할 기회가 있으시면 이곳 청소년들과 함께 적정기술 과학캠프를 열면 어떨까 합니다."

"좋은 생각입니다."

 청소년과 함께 하는 나눔과 배려의 적정기술

밝은미래학교에서 강연 후 질문을 하는 몽골 학생
- 생김새가 한국 학생과 다르지 않다.

"감사합니다. 나머지 일정도 건강하게 잘 마치시기 바랍니다."

"저에게도 좋은 시간이었습니다."

우리 일행은 인사를 나누고 차에 탑승해서 다음 목적지로 향했다.

스스로 깨우쳐야 한다

일행은 차를 타고 다시 몽골의 언덕을 달려 초등학교로 행했다. 일행은 차 안에서 계속 교육에 대한 이야기를 나누었다.

"김 박사님, 개발도상국 지원에 대한 유엔 보고서를 읽어 보셨는지요?"

"관심 있게 보고 있지는 않지만 가끔 이야기를 전해 듣습니다. 가난한 나라의 상황이 개선되고 있다는 좋은 소식이 있기는 하지만, 유엔이 지원하는 방식에 한계가 있다는 부정적인 의견도 있습니다."

"어떤 방식을 말하는 것인가요?"

"구호 중심의 지원을 말하는 것입니다. 유럽이나 아시아의 선진국으로부터 자금을 받아서 아프리카와 아시아의 빈국의 도로와 하수도 시설, 병원, 학교 등을 세워주고 있습니다. 없던 것들이 생기니까 당장에는 효과가 있어 보이지만 시간이 지나면 무용지물이 되는 경우가 많다고 합니다."

"그 이유가 무엇인지요?"

"운영과 관리가 어렵기 때문입니다. 중국이 아프가니스탄에 종합병원을 지어 주었다고 합니다. 병원이 다 지어지고 나서 운영을 하려고 하는데 운영비가 아프가니스탄 일년 보건예산의 1/5이나 된다고 합니다. 가난한 아프가니스탄에서 그 정도의 예산을 부담하기는 어렵지요. 그래서 병원 건물만 덩그러니 지어 놓고 놀고 있다고 합니다."

"운영 예산과 같은 부분은 미리 예측할 수 있지 않습니까?"

"알면서도 그냥 지었겠지요."

"왜 그런 일을?"

"무상으로 지어 준다고 하니까 지어 달라고 하고 병원 건축에 드는 비용을 정부가 업체들에게 주니까 그런 부분에 이익이 생기는 것이지요. 후진국의 행정이 대체적으로 그렇습니다."

"다른 나라에서도 유사한 사례가 있습니까?"

"인도차이나 반도의 가난한 나라인 캄보디아에 유니세프에서 초등학교를 지어 주었지만 비어 있는 곳이 많습니다. 캄보디아의 경우는 사회주의 전쟁 때 킬링필드(Killing field)로 많은 지식인들이 죽어서 학생들을 가르칠 선생이 부족합니다."

"그러면 누가 아이들을 가르치지요?"

"다른 나라에서 민간 차원으로 NGO나 종교단체 같은 곳에서 와서 교육을 해 줍니다. 선생님을 확보하지 못한 학교는 텅 비어 있지요."

"학교나 병원을 건설해 도와 준다고 해서 다 좋은 것은 아니군요."

"운영이 가능하다면 도움이 되지요. 도와 주는 나라에도 문제가 많습니다. 선진국들이 가난한 나라를 돕는다고는 하지만 그들 나름대로의 원칙이 있습니다."

"어떤 원칙이 있지요?"

"가난해도 아무 나라나 돕는 것은 아닙니다. 도움 후에 어떤 이익이 있는지를 미리 계산합니다. 나중에 비즈니스를 하게 될 때 이익이 되거나 그 나라에 지하자원이 많이 매장되어 있을 경우에 도움을 줍니다. 자국의 이익을 생각하는 것이지요."

"인도주의적인 생각은 아니군요."

"어떤 부분은 인도주의적 정신에서 돕는 것이지만 전체적으로 인도주의라고 하

캄보디아의 초등학교
- 2003년 유니세프의 도움으로 지워진 초등학교의 교실 문들이 폐쇄되어 있다. 물질로 돕는 것보다
지속적으로 운영하게 해 주는 노력이 필요하다.

기는 어렵죠. 그래서 유엔이 나서서 그런 방식으로 돕지 말라고 하지만 말을 듣지 않습니다.”

“우리나라의 경우는 어떤지요?”

“우리나라가 얼마 전에 OECD 국제기구에 가입을 했습니다. 그리고 가난한 나라를 돕는 일을 시작했습니다. 아시다시피 우리나라만큼 유엔의 도움을 많이 받은 나라가 없습니다. 1950년대 한국전쟁 이후에 가장 많은 원조를 받은 나라입니다. 그때를 생각해서라도 이제는 우리가 가난한 나라를 도와야 합니다. 어떻게 보면 빚진 자의 의무와 같지요. 오래 전부터 가난한 나라를 도와 온 선진국들은 국민총생산의 0.3% 정도를 씁니다. 우리나라는 이제 0.15% 정도입니다. 액수로 따지만 2조 원 정도됩니다. 다른 나라와 형평을 맞추려 일년에 4조 원 정도를 가난한 나라를 위해서 사용해야 합니다.”

“4조 원이면 큰 예산이군요.”

“큰 것 같지만 여러 나라를 도와야 하니까 나누면 그렇게 큰 액수는 아니지요.”

“우리 나라는 주로 어떤 나라를 돕고 있나요?”

"우리도 선진국과 비슷하기는 하지만 한국전쟁 때 우리나라에 병사를 파견한 아프리카의 에티오피아나 남아메리카의 콜롬비아 같은 나라를 주로 돕고 있습니다. 몽골, 라오스, 네팔이나 캄보디아와 같은 아시아 나라도 돕고 있습니다."

"유엔의 무상지원 방식에 대한 지적을 하셨는데 무상이 아니라면 어떤 다른 방식이 있나요?"

"유엔도 생각하고 있지만 실제적인 변화가 있으려면 교육이 중요하다는 생각을 하고 있습니다. 왜 일을 해야 하는지, 마을의 수익이 생기면 어떤 좋은 점이 있는지 등 스스로 생각할 수 있어야 가난에서 벗어나 자립을 할 수 있다고 봅니다."

"정말로 선진국이나 유엔이 다른 나라가 스스로 깨닫고 자립하기를 바라고 있다고 봅니까?"

"조금 대답하기 어려운 질문입니다. 식량 부족과 같은 아주 어려운 상황에 처해 있는 나라에 대해서는 인도적 차원으로 지원하는 것이 마땅하지요."

"외부의 원조로 식량 문제가 해결된다고 해서 그 나라의 경제사정이 크게 달라질 것 같지는 않은데요?"

"그 다음부터는 스스로 노력해서 하나씩 해결해 나가야겠지요."

"어떻게 해야 스스로 자립할 수 있지요?"

"의식 개혁을 통해 왜 일해야 하는지를 알게 하고, 깨우친다면 그 다음에는 기술을 가르쳐야 합니다. 우리나라가 좋은 예입니다. 다른 어떤 도움보다 교육이 가장 중요합니다."

"교육으로 가난한 나라가 발전해서 선진국이 된다면 다른 선진국들이 좋아할까요?"

"그것이 애매한 부분입니다. 우리나라와 같은 나라가 세계 최빈국에서 경제 강국으로 성장해서 일본과 독일의 IT, 전자, 반도체 산업과 경쟁하고 있지요. 우리나라의 반도체 산업이 선진국의 반도체 산업을 무너뜨렸습니다. 사실 그 어떤 나라도 우리나라가 오늘날과 같은 경제 성장을 이룰 것으로 보지 않았습니다."

"이제는 선진국들이 가난한 나라가 부자 나라로 성장하는 것을 경계하겠군요."

"그렇지요. 그것은 냉정한 국가 간의 경쟁이니까요. 저 같이 민간 영역에서 일하는 사람들은 가능하다면 전 세계의 많은 사람들이 가난에서 벗어나서 좋은 환경에

몽골 초등학교 도착

- 붉은 색으로 쓴 러시아 글자가 눈에 들어온다. 몽골은 자신의 글자를 오래 전에 잃었다. 대신 그들의 말을 러시아 문자로 표기해서 쓴다.

서 살게 되는 것을 바랍니다만, 국가는 국가의 이익을 우선으로 생각해야겠지요. 민간이 할 일과 국가가 할 일이 다르다고 생각하면 이해가 될 것입니다."

"적정기술 전도사로 일하시면서 느끼신 부분이군요."

"가난한 나라를 지원하는 것이 중요하다고는 하지만 무상으로 이런저런 것들을 지원하는 것으로 가난의 문제를 해결할 수는 없습니다. 시간이 걸리더라도 스스로 자립할 수 있도록 교육하는 것이 무엇보다 중요합니다."

"그렇겠지요, 교육의 힘은 그 가치를 가늠할 수 없지요."

"아, 그렇군요. 좋은 말씀 감사합니다. 이제 저희의 마지막 견학지인 몽골의 초등학교에 거의 다 와 갑니다. 제가 담당 선생님에게 몽골 초등학교에서의 교육에 대한 설명을 부탁해 놓았습니다."

100달러짜리 컴퓨터

일행은 차에서 내려서 학교 안으로 들어갔다. 몇몇 선생님이 나와서 우리의 방문을 반겨주었다. 학교를 둘러 보던 중에 담당 선생님에게 물었다.

몽골 초등학교에서 사용되는 저가
컴퓨터
- 화면은 흑백이다. 개발도상국에
무상으로 보급되고 있다.

"저희는 과학 기술자입니다. 몽골 초등학교의 과학 교육에 대해 관심이 많습니다. 혹시 이곳 초등학교에서 과학 기자재를 이용한 교육 같은 것이 있으면 알려주시면 좋겠습니다"

"그렇지 않아도 과학자들이 방문한다고 해서 저희가 초등학생들을 위한 컴퓨터 교육에 대해서 설명하려고 준비한 것이 있습니다."

"컴퓨터요? 컴퓨터는 가격이 비싸서 몽골에서 초등학교 예산으로 구하기가 쉽지 않을 텐데요?"

"저희가 학생들 학습용으로 보유한 컴퓨터가 있습니다. 물론 저희에게 컴퓨터를 살만한 재정이 있는 것은 아닙니다. 구호 단체에서 무상으로 저희에게 보급해 준 것입니다."

선생님들이 흰 바탕에 녹색 선으로 테두리를 장식한 컴퓨터를 학생들 가방에서 꺼내 보여주었다.

"이 컴퓨터로 학생들을 교육하고 있습니다. 주로 학교에서 사용하고 필요하면 집에 가져 가기도 합니다"

"이 컴퓨터 어디에서 본 듯한 컴퓨터인데요. 예전에 미국 MIT 교수인 네그로폰테(Nicholas Negroponte는 미국인 컴퓨터 과학자로, MIT 미디어 랩의 설립자로 잘 알려져 있다. 한국어로도 번역되어 베스트셀러가 된《디지털이다(Being Digital)》의 저자이다) 교수가 정보기술의 혜택을 받지 못하는 가난한 나라의 어린이들을 위해 만들었다는 값싼 100달러짜리 컴퓨터인 것 같습니다."

"가난한 나라에 첨단기기인 컴퓨터를 싸게 만들어 제공하겠다는 생각이 놀랍습니다."

"지금은 인터넷 시대입니다. 가난한 나라든 부자 나라든 인터넷으로 연결되어 있습니다. 물론 도시 지역에 한정된 이야기이지만요. 네그로폰테 교수는 앞으로 인류는 인터넷을 아는 세대와 모르는 세대로 나뉘어진다고 예측했습니다."

"그 말은 일리가 있네요. 인터넷을 모르고는 일을 하기 어려운 세상이니까요."

"가난한 나라에 적합한 값싼 컴퓨터를 만들어 인터넷 세대를 키워야 한다는 생각으로 100달러짜리 컴퓨터를 만들게 된 것이지요. 모든 사람들이 컴퓨터를 만드는 기술자가 되어야 한다는 생각은 아닙니다. 군인이든, 소방관이든, 공무원이든 일을 할 때 컴퓨터를 필수적으로 사용해야 합니다."

동행한 일행 중의 한 명이 물었다.

"그런데 100달러로 컴퓨터를 만들 수 있나요?"

"100달러가 목표라고 들었습니다. 지금은 200달러 정도에 만들 수 있다고 합니다. 대량으로 만들면 그 가격에도 가능하다고 하네요. 아프리카와 아시아의 가난한 나라들, 북한에도 보급할 거라고 했습니다. 괜찮은 아이디어입니다."

일행 중 한 명이 몽골 선생님에게 물었다.

"이 컴퓨터에는 어떤 기능들이 있나요?"

"모니터는 흑백이고, 글을 쓸 수 있습니다. 또 간단한 그림 작업이 가능합니다. 카메라가 안에 들어 있어서 사진을 찍을 수 있습니다. 그리고 USB포트도 여러 개 설치되어 있습니다."

"100달러짜리 치고 기본적으로 할 수 있는 것이 많군요."

"흥미로운 점은 노트북에 수동식 발전기를 설치했기 때문에 전기 발생 회전축을 컴퓨터에 삽입해서 돌리면 전기가 충전됩니다. 전기가 없는 곳에서 사용할 수 있지요."

"그건 대단히 창의적인 발상입니다. 전기가 없는 몽골의 게르에서도 사용하면 좋겠군요."

100달러짜리 값싼 컴퓨터를 사용해서 수업을 하는 몽골의 초등학교 학생

"가난한 나라의 상황을 고려해서 그렇게 설계했다고 합니다."

"집에 가져갈 수 있다고 했는데 집에서는 어떤 작업을 하나요."

"학교에서 학습한 내용을 부모에게 보여줄 수 있고, 집에서 가족과 함께 사진을 찍어서 가져올 수도 있지요."

"부모님들이 아이들이 컴퓨터를 사용하는 것을 보면 매우 흥미롭게 생각하겠군요."

"네, 그렇습니다."

"슈마허 선생이 주창한 적정기술은 첨단과 원시기술의 중간 정도 수준의 기술이라고 말했지만 그때는 1970년이었고 지금은 컴퓨터와 IT와 같은 첨단 기술을 사용하고 있으니, 현재의 중간 수준 기술은 그 때와는 차이가 크지요. 아프리카의 시골 마을에서도 핸드폰을 사용하니까요. 기술이 이 정도까지 발달하리라고는 생각하지 못했겠지요. 기술이 어디까지 발전할지, 또 그런 발전이 인류에게 궁극적으로 좋은 것인지는 모르지만 현대 문명에서의 기술의 발전이 너무 과도한 것 같다는 생각이 듭니다."

동행한 박 교수가 말했다.

"현재의 인공지능은 그 수준이 인간에 근접한 것 같습니다. 놀랍기도 하고 걱정이 되기도 합니다."

"너무 과도한 기술의 발전은 경계해야겠지요. 인류 문명 발전에 적정한 과학 기술의 수준을 결정해야 할 때인 것 같습니다."

꼭 필요한 기술이 적정기술

"학생들 교육 이외에도 인터넷을 활용해서 가난한 나라의 문제를 해결할 수 있는 사례들이 있습니다."

"SNS(Social Network Service 인터넷 같은 네트워크로 소식을 전하는 전반적인 서비스)를 이용해서 아무도 잘 가지 않는 오지의 지도를 만든 사례를 알고 있습니다. 인도와 네팔 경계의 외진 마을이었는데 그곳은 홍수가 잦아서 여름이면 피해가 크다고 합니다. 이 지역의 길은 지도에 나와 있지 않았습니다. 홍수 때 길을 못 찾아 피해를 입는 사람들이 있었습니다. 한 학생이 지혜를 발휘해서 자신이 직접 길을 걸으면서 SNS로 길의 위치를 올렸습니다. 그 자료를 구글(Google, 웹 검색, 포털 사이트, 또는 관련 사이트를 운영하는 미국의 다국적 IT 회사)이 받아서 지도를 만들었고, 지금은 구글 지도에 길이 표시되어 있습니다. 그 외에도 주파수를 이용해서 벌레를 쫓거나, 소리나 빛을 이용해서 맹수를 쫓는 성공적인 사례가 있습니다."

"그렇군요. 정보화 사회에서는 인터넷을 이용하는 다양한 기술을 생각해 볼 수 있겠군요."

"그렇습니다."

"핸드폰의 사용은 어떤가요?"

"아프리카 도심 지역에 적합한 핸드폰을 생각해 봅시다. 핸드폰을 부자 나라의 점유물로 생각하기 쉽지만 가난한 아프리카 나라들에도 도심에서는 핸드폰을 쉽게 구입할 수 있습니다."

"아프리카도 잘 사는 지역은 전기가 들어 오고 통신 시설도 있을 테니까 핸드폰을 사용하는 데 큰 문제가 없겠지요."

"네, 도시와 농촌 사이에 격차는 있지만 도시에서는 핸드폰을 보편적으로 사용합니다. 핸드폰은 2G에서 4G까지 그 가격과 기능이 천차만별이지요.”

“어떤 핸드폰을 권해야 할지 그 기준을 어떻게 결정하지요?”

“핸드폰을 구입하려는 사람이 어떤 계층인지를 알아야 합니다. 핸드폰 구매자가 글을 읽을 줄 모르고, 경제 수준이 그다지 좋지 않고, 사업을 준비하고 있는 중년의 남자라고 합시다. 지역의 통신 사정, 대상의 경제력, 문맹률, 관습 등을 고려해 볼 때 그에게 가장 적합한 핸드폰은 음성 통화 중심의, 가격이 저렴한 “2G폰”이 될 것입니다. 그 사람은 멀리 떨어져 있는 구매자들과 2G폰으로 사업에 필요한 정보를 교환할 수 있습니다.”

“그런 구매자에겐 4G 폰보다 2G 폰이 더 적절하겠군요.”

“그렇습니다. 선진국에서 주로 사용하는 “4G 스마트폰”은 다양한 기능을 포함하고 있지만 문자를 모르는 사람에게는 소용이 없지요. 좋은 결과를 얻으려면 구매자나 대상 지역의 상황과 사용자의 문화, 요구 등에 적합한 기술을 찾아서 적용하는 것이 중요합니다.”

꿈이 있는 인재가 세상을 바꾼다

“기술과 더불어 중요한 부분이 교육이라고 말씀하셨는데, 교육에 대한 견해를 좀 더 상세하게 이야기해 주시면 좋겠습니다.”

“무엇보다도 청소년 교육이 한 국가의 미래를 만들어 가는 데 중요합니다. 특히 아이들에게 희망과 꿈을 심어주는 것이 중요합니다. 제가 청소년 과학 강연을 자주 합니다. 청소년과 함께 하는 교육을 통해서 느끼는 바가 많습니다. 사람들이 “꿈(Dream)”이란 말을 자주 사용합니다. 그런데 그 꿈이란 것이 참 묘합니다. 꿈을 꾸는 사람과 그렇지 못한 사람 사이에는 너무나 큰 차이가 있습니다. 장래에 무엇이 되겠다고 꿈을 꾸는 사람은 그 꿈을 이루기 위해 부단히 노력합니다. 그것은 단순히 공부를 열심히 하는 것과는 다릅니다. 꿈을 꾸는 사람은 그 꿈을 한 번에 이루지 못하더라도 또 다시 시도합니다.”

“꿈을 꾸는 사람들이 그 꿈을 이루는 놀라운 사례는 많지요.”

“제가 양자역학(Quantum mechanics)에 관심이 있습니다. 이 양자역학의 세계에서는 불가능이란 없습니다. 양자역학을 공부해 보면 물질과 정신세계가 연결되어 있다

아프리카 문맹자에게 적합한 통신기기는 2G폰 - 아이들도 핸드폰을 갖고 싶어 해서 진흙으로 핸드폰을
만들어 전화 놀이를 한다.
https://mulumbwaluchen.wordpress.com/2016/04/18/bridging-the-digital-divide-in-africa/

는 생각이 듭니다. 요즘 다른 과학자들과 이야기하고 있는 주제인데 아이들에게 칭
찬을 해 주면 아이들이 갖고 있는 DNA(Deoxyribo nucleic acid, 디옥시리보 핵산)의 염기
서열이 달라질 수 있습니다. 건강한 DNA가 후대로 유전이 되면 건강한 가계에서
훌륭한 인재들이 많이 배출된다고 합니다. 반대로 부정적인 사고를 가진 사람들에
게 범죄자가 많다고 합니다."

"저도 들어서 알고 있습니다. 좋은 가문에서 선생, 교수, 의사, 법관, 목사가 많이
배출된다고 하지요. 그것이 반드시 유전적인 결과만은 아닌 것 같습니다."

"환경이 좋아야 열매도 실한 법이지요. 무생물인 물이나 음식에 대해서도 좋은 이야기를 해 주면 물이 얼음이 될 때 예쁜 꽃이 피고 음식이 상하지 않지만, 반대의 이야기를 해 주면 물이 얼음이 될 때 예쁜 꽃을 피지 않고 음식도 금방 썩는다고 합니다. 이렇듯 우리가 살고 있는 세계에서 물질과 영혼이 서로 연결되어 있다는 증거가 많습니다. 그렇기 때문에 우리는 청소년들에게 희망의 말을 많이 해 주고 꿈을 이루고 살아갈 수 있도록 격려해 주어야 합니다."

"양자역학과 청소년의 꿈, 처음 듣는 이야기지만 재미있군요."

"그래서 저는 아이들에게 강의 말미에 종이를 한 장 주고 그 위에 자신의 희망을 적으라고 합니다. 그리고 그 종이를 책상 앞에 붙여 놓고 매일 한 번씩 읽으라고 합니다. 그러면 그 희망이 이루어진다고. 희망과 꿈이 있는 아이들은 자신의 목표를 향해 열심히 공부합니다. 공부를 잘 해서 어떤 사람이 되는 것이 아니라 그것이 되고자 하는 꿈을 갖고 있기 때문에 그런 사람이 되는 것입니다. 이것이 양자역학을 통해서 본 꿈이 이루어지는 원리입니다. 이 문제는 나중에 다시 자세히 설명 드리겠습니다."

"이제 숙소로 돌아가야 할 시간이 되었습니다. 이번 몽골 여행이 유익했는지 모르겠습니다. 몇 곳을 더 들려야 하지만 시간이 없어서 이번에는 이 정도에서 마쳤으면 합니다."

"감사합니다. 제가 몽골에 올 때마다 박 교수님께 신세를 지는 것 같아서 미안한 마음이 있습니다. 몽골에서의 업무에 많은 진전이 있기를 기대합니다."

3부

청소년과 함께
하는 적정기술

보이지 않는 것들의 가치

보이지 않는 것들의 가치

청소년 인문학 캠프의 행사장으로 돌아왔다. 이번 인문학 캠프의 주제는 '관계 맺기'이다. 캠프의 첫 번째 시간은 인간 사회에서의 관계의 중요성을 인식하는 프로그램이었다. 참가 학생들이 손에 손을 잡고 협력하여 원을 그리거나 이동하면서 좁은 통로를 빠져 나오기도 하고 하면서 사람들 사이의 관계의 중요성을 알아갔다. 특별히 학생들은 다른 사람과 잡은 손을 통해 36.5도의 감성적 관계를 이해해 갔다. 키가 큰 사람과 작은 사람, 강인한 인상을 주는 사람과 예술가형 얼굴을 가진 사람, 밖으로 표출된 모습을 보고 사람의 내면을 알기 어렵다. 세상 사람들은 어느 누구 하나도 같은 사람이 없고 모두 제 각각 자신만의 개성을 갖고 있다. 세상에 하나밖에 없는 자신의 모습. 누구든 그것을 인정한다면 상대방을 이해하지 못해서 일어나는 문제가 줄어든다. 사회 안에서 구성원으로 살아가려면 상대방에 대해 알아야 한다. 관계를 통한 이해는 배려로, 배려는 나눔으로 연결된다.

　두 번째 시간에는 특정 주제에 대해 참가자의 생각을 자유롭게 표출하는 프로그램을 진행했다. 주제는 '적정기술로 만들어 가는 세상'이었다. 학생들은 각 조에 배당된 게시판에 오늘의 주제에 대해 자신들의 의견을 글과 그림으로 표현했다. 토론을 통해 과학기술의 과도한 발달로 인해 발생한 현대 사회의 문제에 대해 참가자들과 충분히 의견을 나누었다. 학생들은 과학기술의 양면성(빛과 그림자)에 대한 대토론을 통해 인간과 기술이 공존할 수 있는 방안을 만들어 갔다. 과학의 발달이 인류를 질병에서 해방시키고 다양한 편리함을 주고 있지만, 다른 한편에서는 지구환경과

관계 맺기
- 공존을 위해서는 사회 안에서의 사람들 사이의 관계가 중요하다(부안 인문학 캠프에서).

생태계가 파괴되고, 기술이 인간의 영역에 과도하게 침범하면 인간과 기계가 대립하게 된다는 것을 알게 되었다. 캠프 일정의 게시판을 작성하는 중간에 작가에게 질의하는 시간이 주어졌다. 토론 조의 조장이 손을 들어 질문을 했다.

"박사님, 적정기술에 관한 토론을 해 보면서 '적정기술'이 단순히 기술의 문제가 아닌 것을 알게 되었습니다. 과학기술이면서도 인문학적인 내용이 많았습니다. 적정기술에는 기술과 함께 인류가 서로를 배려하고 돕는 나눔의 정신이 담겨 있다는 것을 발견했습니다. 과학기술 중심 사회에서 인간이 살아가야 하는 방식에 대해 다시 한번 생각하게 되었습니다."

필자가 대답했다.

"적정기술에는 나눔과 배려, 기다림, 인간 중심적 관계와 같이 청소년들에게 필요한 덕목이 많습니다. 청소년들에게 가장 필요한 것이 무엇인지에 대해 말하고자 합니다. 청소년에게는 무한한 미래가 있습니다. 지금 이 시점에서 가장 중요한 것은 자신의 꿈입니다. 미래를 만들어 가는 청소년에게 꿈을 꾸는 것만큼 중요한 일은 없습니다. 꿈을 꾸는 사람의 인생은 땀을 흘려 땅을 일구어 가을에 곡식을 추수하는 농부의 삶과 같습니다. 꿈이 없는 사람은 인생의 목적 없이 어둠 속에서 방황하는 사람과 같습니다. 꿈이 있는 사람은 꿈을 이루기 위해 노력하지만 꿈이 없는 사람은 시간을 허비합니다. 아직도 꿈을 찾지 못한 사람은 자신이 가장 잘 할 수 있는 것이 무엇인지 생각해 보고 그것을 이루려고 시간을 투자해야 합니다. 어떤 직업이 자신의 적성에 맞는지 찾아서 그 일을 하면서 세상을 더 나은 모습으로 바꾸려 노력해야 합니다. 그런 노력들이 모이면 여러분이 살아가는 세상이 건강해집니다. 그렇게 하는 가운데 여러분의 꿈이 성취됩니다. 개개인 각자의 꿈은 다른 사람들의 꿈과도 연결이 됩니다. 더 나은 미래를 만들고자 하는 마음이 많이 모이면 이 사회는 다양한 사람들이 모여 사는 살기 좋은 세상이 됩니다. 그런 면에서 이번 행사의 주제인 '적정기술로 만들어 가는 세상'은 청소년들의 '관계 맺기'에 매우 적합한 주제입니다. 적정기술의 세계관(세상을 바라보는 관점)은 다른 사람과 협력하고, 자신이 가진 것을 나누고, 함께 땀을 흘려서 일하고, 기다리고 배려하는 마음입니다. 또한 적정기술은 특정 지역 고유의 문화, 경제, 자연 환경을 배려합니다. 적정기술은 다른 사람과 공존해서 사는 방식을 알려 줍니다. 상대방을 배려하고 함께 나누는 적정기술의 정신을 갖춘 사람은 이 사회를 건강하게 이끄는 지도자가 될 수 있습니다. 적정기술의 정신을 갖춘 사람이 많아지면 사회가 건강해집니다."

다른 학생이 질문을 했다.

"사회를 구성하는 공동체의 구성원들이 개인의 목표를 이루기 전에 상대방을 이해하고 협력해야 한다는 말이군요. 그러면 공동체 안에서 개인의 목표는 어떻게 이루어가야 하는지요?"

"인간은 사회적 동물이라고 합니다. 이 말은 인간은 다른 사람들과 일하며 살아간다는 말입니다. 그런 의미에서 개인의 목표를 반드시 자신의 노력만으로 이룰 필요는 없습니다. 주위 사람들과 일하며 그 가운데에서 자신의 목표를 보다 미래지향적으로 만들어 갈 수 있습니다. 인간의 삶의 궁극적인 목표에 대해서 생각해 봅시다. "인생에서 가장 중요한 것은 무엇일까요?" 지금과 같은 자본주의의 사회에서는 돈을 많이 번 사람을 성공한 사람이라고 여기는 경향이 있습니다. 대부분의 청소년들이 공부를 잘 해서 인정받는 좋은 대학의 원하는 학과에 입학하기를 바랍니다. 그리고 안정적인 직업을 갖고 편안한 생활을 하려고 합니다. 그것이 가장 최선의 가치일까요? 조금 더 길고 넓게 생각해 보면 그보다 가치 있는 것들이 많습니다. 청소년은 꿈을 꾸고, 꿈을 이루기 위해 노력하며, 그 꿈으로 세상을 변화시켜야 합니다. 공부를 잘해서 변호사나 의사와 같이 사회에서 인정받는 명망 있는 직업인이 되었다고 해서 꿈을 이룬 것은 아닙니다. 직업은 꿈을 이루기 위해 사람들을 만나고 꿈을 실현하는 하나의 통로일 뿐입니다. 꿈을 통해 자신이 원하는 직업에서 열심히 일하며 그것을 통해서 세상을 지금보다 더 나은 모습으로 변화시켜야 합니다. 자신이 일하고 있는 현장의 모순과 불합리한 점을 개선하고, 그런 행위를 통해 사람들에게 용기를 심어 주고, 또 다른 이에게 꿈을 꾸게 하는 것이 꿈의 궁극적인 목적입니다. 자신과 그 주변의 환경이 보다 나아지면 자신이 속해 있는 사회가 건강해집니다. 그리고 그 안에 자신이 존재하는 이유와 추구해 온 인생의 가치를 발견해야 합니다."

"꿈은 눈에 안 보이지 않습니까? 추상적인 것 같고 도전하기 어렵다는 생각이 들 때가 있습니다."

"이 세상에는 눈에 보이는 것과 보이지 않는 것이 있습니다. 우리는 눈에 보이는 것에 익숙합니다. 사람들은 눈에 보이는 것을 통해 세상을 이해합니다. 우리가 아는 세상은 빛과 반응하는 세상입니다. 밤하늘을 장식하는 수많은 별들과 일상에서 만나는 사물들은 빛을 통해 우리의 눈으로 들어옵니다. 우리는 그것들을 보고 세상이 어떻게 돌아가는지를 판단합니다. 하지만 이 세상에는 보이는 것보다 보이지 않는 것이 더 많습니다. 인간이 이 우주에서 알고 있는 것은 전체의 5%밖에 되지 않습니다. 나머지 95%는 빛과 반응하지 않기 때문에 인간의 눈에 보이지 않습니다."

"보이지 않는 것은 어떤 것인가요?"

"우주에 존재하는 빛과 반응하지 않는 물질을 암흑 물질(Dark matter)이라고 부릅니다. 존재하지만 볼 수는 없는 물질이지요. 물질일 수 있지만 정신적인 흐름의 통로일 수도 있습니다. 눈에 보이지 않는 물질들은 우리가 알지 못하는 어떤 역할을 합니다. 암흑물질 이외에 인간의 정신세계도 있습니다. 인간이 추구해 온 사상 같은 것은 눈에 보이지 않지만 인류의 삶을 이끌어 왔습니다. 그런 것들이 없다면 이 세상은 존재할 수 없습니다. 그래서 우리는 보이는 5%보다 나머지 95%에 더 관심을 가져야 할지 모릅니다."

"인간의 정신세계가 보이지 않는 95%의 세계와 관련이 있다는 말인가요?"

주어진 주제 함께 풀어 보기 - 유년기부터 함께 문제를 풀어가면서 상대방의 의견을 존중하는 정신을 배울 필요가 있다(청소년 적정기술 캠프에서).

"확실하지는 않지만 관련이 있을 수 있습니다. 위대한 인류의 문화유산은 물질이기 보다는 정신적인 것입니다. 인도의 정신적 지도자인 간디 선생의 '무저항주의' 인류의 죄를 대신해 십자가에 매달려 죽은 예수 그리스도의 '사랑'과 자연계의 법칙을 존중하고 그것에 순응하고 살아야 한다는 부처의 정신 등, 용기와 희망을 갖고 정직하게 살아 온 많은 정신적 선지자와 지도자들의 인생에는 이런 무형의 가치가 담겨 있습니다. 눈에 보이지 않지만 많은 사람들에게 전해져서 그들의 삶의 모토가 되는 정신적인 가치는 인류의 역사가 있는 한 기억될 영원한 문화유산입니다. 우리는 인류의 역사에서 가장 강력한 힘을 가졌던 통치자나 경제적으로 부유했던 부자보다 인류에게 정신적 가치를 전해 주었던 지도자들을 기억합니다. 그들의 주장에는 인간의 삶에 지대한 영향을 미친 건강한 사상이 내포되어 있기 때문입니다. 시대정신의 중요성을 아는 사람들은 눈에 보이지 않는 정신적 가치를 목숨보다 중하게 생각하고 따릅니다."

"정신적인 가치가 물질보다 더 강한 힘을 갖는다는 말이군요."

가치 있는 인생

"그렇게 생각합니다. 우리의 인생도 마찬가지입니다. 인생의 가치는 어떻게 평가될까요? 경쟁 중심의 현대사회가 추구하는 목표는 단순해 보입니다. 경쟁에서 승리하는 것이 삶의 목적인 것 같아 보일 때가 많습니다. 낙오한 자는 성공의 대열에서 제외됩니다. '과연 승리하는 것만이 진정한 성공일까요?' 우리는 무엇이 되는 것, 어떤 자리에 연연합니다. 하지만 실제로는 무엇이 되느냐 보다는 무엇이 되는 과정이 중요하고, 또 그 자리에서 어떤 일을 했느냐가 중요합니다. 과정을 생략한 결과는 무의미합니다. 꿈이 무엇이 되는 것이 아닌 것처럼 인생의 가치도 무엇을 성취하는 것에 있지 않습니다."

"어떤 것을 이루는 것보다 그것을 이루는 과정이 중요하다는 말이군요."

"과정이 건강하면 결과도 건강합니다. 인생의 가치는 '무엇을 하고 어떻게 사는가'에 있습니다. 모든 사람들이 일을 해서 돈을 법니다. 돈을 버는 것은 중요합니다. 자신과 가족의 생계를 위해서 돈이 필요합니다. 하지만 돈을 버는 것 그 자체보다 그것을 어떤 방식으로 벌어서 어떻게 사용하느냐가 더욱 중요합니다. 사업을 해서 돈을 많이 벌었다고 생각해 봅시다. '그것으로 무엇을 하지?' 나와 내 가족만의 풍요함을 위한 투자? 그 보다는 회사의 확장에 투자해서 더 많은 사람들이 회사에서 일을 하게 하면 좋을 것입니다. 일하지 않는 사람은 먹지 말라는 말이 있습니다. 일 가운데에서 건강한 사람과의 관계가 만들어집니다. 노동은 인간을 건강하게 만듭니다. 인간은 누구나 사회의 일원으로 다른 사람과 관계를 맺고 일하며 살아야 합니다. 공동체에서 많은 사람들이 협력하며 일을 해서 성과를 만들어 낼 때 그 공동체는 건강합니다. 내가 하는 일로 인해 주변의 사람들이 변하고 사회가 더 건강해지고 더 많은 사람들이 혜택을 받는다면 그 일은 충분히 가치 있는 일이라 할 수 있습니다. 자신보다 경제적으로 약한 사람들에게 작은 도움을 준다면 더욱 좋겠지요."

시련은 인간을 성장시킨다

"사람들과 다 같이 어우러져 사는 방법을 배우는 것이 중요하다는 말이군요."

"사회의 건강한 구성원으로, 또 미래의 지도자가 될 자원들이 갖추어야 할 덕목입니다."

라이트 형제의 미국 최초의 비행기
- 하늘을 날고자 하는 인간의 꿈과 도전이 비행기를 만들게 했다(1903년 12월 17일).
http://www.wright-house.com/wright-brothers/wrights/1903.html

"성장기의 청소년은 정서적으로 불안할 수 있습니다. 청소년들이 사춘기의 불안한 시기를 거치면서 시련을 많이 겪습니다. 자신의 목표를 찾지 못해서 방황할 때가 많습니다. 이런 시간을 어떻게 이겨내야 하는지요?"

"누구에게나 시련의 시간이 있습니다. 특히 우리나라의 사회는 너무 빨리 변하고 있습니다. 사회 자체가 사춘기를 겪고 있다고 할 수 있습니다. 사회의 변화에 적응하지 못하는 사람들은 쉽게 좌절합니다. 목표를 세우지 못하고 방황하는 청소년들이 많습니다. 사회에 책임이 있지만 더 큰 이유는 청소년들에게 꿈을 키워주지 못한 교육제도에 문제가 있습니다. 꿈을 꾸는 사람들은 실패가 오더라도 쉽게 좌절하지 않습니다. 어려운 시간은 누구에게나 찾아옵니다. 어떻게 보면 그 시간은 성공을 위해서 거쳐야 할 필연적인 시간일 수 있습니다. 실수를 하지만 그것으로 인해 인생의 방향을 잘 잡을 수 있다면 위기는 기회가 됩니다. 어려움 속에서 방황하더라도 자신의 꿈을 놓치지 않는다면 그 시간들은 오히려 청년의 삶을 담금질하는 연마와 단련의 시간이 됩니다. 단련을 받지 않은 사람은 시련을 이겨내지 못합니다. 꿈이 있는 사람은 시련의 시간을 꿈을 이루기 위해 필요한 하나의 과정으로 생각합니다. 그렇기 때문에 청년은 반드시 꿈을 가져야 합니다. 꿈을 실현시켜 준 청소년 교육 이야기 하나를 해 볼까요?"

"네 듣고 싶습니다."

『미국 중부 오하이오 주 서쪽에 인구 15만 명 정도인 데이톤이란 작은 도시가 있습니다. 그곳에 라이트(Wright) 주립대학이 있는데 이 대학의 이름은 미국인으로 비행기를 처음 만든 라이트 형제의 이름을 따서 지었습니다. 당시에 라이트 형제는 데이톤 시의 시민이었습니다. 데이톤시 북쪽으로 16킬로미터를 가면 라이트-패터슨 공군기지(Wright-Patterson Air Force Base)가 있습니다. 이 공군기지는 미국에서 가장 큰 기지 중의 하나로 라이트 형제의 비행기부터 최신 항공우주선까지 다양한 항공기의 시험을 할 수 있는 곳입니다. 공군기지 안에는 미국의 항공우주산업의 역사를 볼 수 있는 비행기 박물관이 있습니다. 패터슨 비행기 박물관은 세계에서 가장 크고 오랜 역사를 가진 군사항공 박물관으로 세계 1, 2차대전과 한국전쟁 및 베트남 전쟁에서 사용된 군용기들이 전시되어 있습니다."

필자는 라이트-패터슨 항공우주 박물관에서 안내인의 안내를 받으면서 전시되어 있는 비행기들을 차례차례 둘러 본 적이 있었다. 박물관 직원이 나와서 비행기의 역사에 대해 설명을 해 주었다.

"데이톤은 아주 특별한 곳입니다. 이 비행기 박물관은 오하이오 주의 관광 명소로 유명합니다. 미국 전 지역에서 많은 관광객과 학생들이 방문합니다. 이곳에서는 세계 항공기 개발의 역사를 알 수 있습니다."

"대표적인 비행기를 소개해 주시지요."

"저쪽에 있는 비행기를 보십시오, 저 비행기는 제2차 세계대전에서 명성을 떨쳤던 B29 폭격기입니다."

"아, 사진에서 많이 본 그 비행기군요."

"또 저기 있는 저 비행기는 퇴역한 B29 중 히로시마에 원자폭탄을 투하했던 비행기입니다. 세계사를 바꾸어 놓은 역사적인 비행기라고 할 수 있지요. 어떤 비행기는 1 대를 만들어서 성능 테스트를 한 다음에 문제가 있어서 실전에 투입되지 않은 비행기도 있습니다."

"정말 다양한 비행기들이 전시되어 있군요."

박물관에는 그 동안 미국이 개발한 거의 모든 비행기가 전시되어 있다고 해도 과언이 아니었다. 오하이오 주에 있는 초, 중고등학교에서는 청소년들의 꿈을 키워 주기 위한 교육 프로그램으로 라이트-패터슨 박물관 견학 과정을 만들어 진행한다. 비행기 견학을 많이 한 학생들 중 어떤 아이들은 이렇게 말한다고 한다.

"저는 이 다음에 커서 비행기 조종사가 되는 것이 꿈입니다. 공군 파일럿이 되어서 초고속 음속 비행기를 타고 높은 하늘을 마음껏 날고 싶습니다."

다른 학생의 말이다.

"저는 우주 비행사가 되고 싶습니다. 디스커버리 우주선과 같이 달과 지구 사이를 왕래하는 우주선을 타는 것이 꿈입니다."

실제로 많은 청소년들의 꿈이 자신이 바라던 대로 이루어졌다고 한다. 그래서 미국의 항공기와 우주선 비행사 중에서 오하이오 주 출신이 가장 많다. 박물관을 소개하는 직원이 데이톤 출신 비행사와 우주인에 대한 설명을 이어갔다.

"이곳 출신의 유명한 비행사나 우주인들이 많습니다. 대표적인 사람으로 아폴로 우주선을 타고 달에 간 닐 암스트롱(Neil Alden Armstrong, 1930 – 2012, 달 위를 걸은 첫 번째 우주인이다.)이 있습니다. 또 지구 궤도를 돈 첫 번째 미국인 우주비행사인 존 글렌(John Glenn, 1921 출생, 파일럿으로 한국전에 참전했다.)도 이 지역 출신입니다. 글렌은 나중에 상원의원이 되었지요. 디스커버리 우주왕복선(Space Shuttle Discovery)를 타고 가다가 안타깝게도 우주선 폭발 사고로 숨진 주디스 알린 레스닉(Judith Arlene Resnik, 1949 – 1986, 전기공학박사, 우크라이나에서 이민 온 유태인 2세, 미국의 두 번째 여성 우주인)도 이곳 출신 여성 우주인입니다. 이들 모두 어릴 때부터 이 박물관 견학을 통해 비행기를 보면서 우주인으로서의 꿈을 키워갔습니다."』(《꿈의 물질, 초전도》, 김찬중, 2015년 '하늬바람에 영글다' 중에서 발췌)

하늘을 날고자 한 인간의 꿈, 그리고 비행기를 보고 자란 많은 청소년의 꿈은 이루어졌다. 지금도 꿈을 이루려는 청년들의 도전 정신은 이 세상을 보다 나은 모습으로 바꾸고 있다.

내가 결정하는 나의 인생

"선생님, 저는 이런 질문을 해 보고 싶습니다. 이 세상에는 정말 많은 사람들이 살고 있고 우리는 그 중의 한 명일 뿐입니다. 우리의 힘은 너무 미약합니다. 그런 우리가 어떻게 이 세상의 변화의 중심에 서 있을 수 있을까요? 그냥 세상이 그렇게 가고 있구나 라고 생각하고 그 방향을 따라갈 수 밖에 없는 것 같다는 생각이 지배적입니다. 선생님의 생각은 어떠세요?"

“네, 이 세상은 정말 거대합니다. 그 안에서 우리는 아주 작고 힘 없는 존재입니다. 어떤 새로운 시도를 한다고 해서 그것으로 인해 세상이 변할 것이라는 확신을 갖기 어렵습니다. 보통의 사고로는 그렇습니다. 하지만 그렇게 많은 사람들이 살지만 모두에게 기회는 동일합니다. 어떤 사람들은 평범한 인생을 살지만 또 어떤 사람들은 가치가 있다고 생각하는 것을 향해서 열정을 갖고 삽니다. 삶의 방향이 다른 것은 우리의 정신 세계가 우리의 행동을 결정하기 때문입니다. 그것은 보이는 세상에서 우리가 할 수 있는 판단입니다. 우리에게는 보이지 않는 95%의 또 다른 세상이 있다고 했습니다. 우리가 알지 못하는 보이지 않는 것들이 우리의 정신세계를 지배할 수 있습니다. 인도의 정신적인 지주였던 간디 선생에게 어떤 큰 힘이 있었던 것이 아닙니다. 그렇지만 그의 사상, 그가 삶에서 중요하다고 생각한 사상이 현실에서 실현되었습니다. 우리의 존경 받는 민족 지도자인 도산 안창호 선생이나 조만식 선생의 사상도 마찬가지입니다. 눈에 보이는 어떤 것들보다는 보이지 않는 무형의 정신이 세상을 변화시킬 것이라는 믿음이 있어야 합니다. 우리에게 그 신념이 있을 때 놀랍게도 세상은 변합니다.”

“다시 보이지 않는 95%의 영향력에 대한 이야기군요.”

“우리는 어떤 상황에서 예상하지 못한 일이 일어날 때 ‘어떻게 저런 일이 일어날 수 있지?’라고 말합니다. 우리의 상식으로 이해되지 않는 일이 일어났기 때문이지요. 하지만 우리가 보이지 않는 95%의 세상이 있다는 것을 인정하고 우리가 인식하지 못하는 일이 일어날 수 있다고 믿는다면 우리가 상상하지 못했던 일이 일어나도 놀라지 않을 수 있습니다. 비정상적인 일을 자주 경험해 보면 더더욱 그렇겠죠. 보이지 않는 세상이 존재한다고 믿는다면 이제까지 없었던 새로운 것을 상상하고 그것을 이루려고 노력할 수 있습니다. 꿈을 꾸고 원하는 목표에 도전하십시오. 지금까지 인류의 문화를 이끌어 온 사람들은 어떤 사람들인가요? 많은 선도적인 혁신가들이 있으며 스티브 잡스가 그런 사람 중의 한 명입니다. 인류의 문명 생활을 하나의 작은 상자에 담고 싶어했던 스티브 잡스의 열정으로 인해 스마트폰이라는 혁신적인 제품이 탄생하였습니다. 스마트폰이 인간의 삶에 미치는 궁극적인 영향은 좀 더 미래에 평가되겠지만 꿈과 열정으로 스마트폰을 탄생시킨 스티브 잡스의 생각은 가히 혁신적이라고 할 수 있습니다.”

스티브 잡스의 혁신적 사고로 탄생한 스마트폰
http://www.businessinsider.com/steve-jobs-was-wrong-about-big-phones-2014-9

"스티브 잡스의 새롭고 창의적이고 도전적인 사고가 이제까지 없었던 새로운 세상을 만들게 되었다는 말이군요."

"스티브 잡스는 스스로 꿈을 꾸고 그것을 실현하기 위해 노력했습니다. 마찬가지로 우리의 인생은 우리 스스로 결정하고 실행해야 합니다. 세상이 이런 식으로 흘러간다고 해서 그냥 따라가서는 안 됩니다. 스스로 결정해야만 그 결정에 힘이 실리고 그것으로 인해 자신만의 독자적인 인생이 만들어집니다. 특히 자라나는 청소년에게는 이 점이 매우 중요합니다. 이렇게 말하고 싶습니다. '당신의 미래를 스스로 결정하라.(Design your future by yourself.)'"

"자신의 삶을 스스로의 결정하라는 말이 가슴에 와 닿습니다."

"많은 사람들이 무엇을 할지 독자적으로 결정하지 못하고 다른 사람들이 했던 것을 그대로 답습합니다. 부모님이 공부를 하라고 하면 공부하고, 대학에 진학할 때에도 많은 사람들이 선호하는 학과를 지망합니다. 미래를 만들어 가는 사람들이라면 이런 수동적인 삶에서 벗어나야 합니다. 해야 되는 것이니까 하는 것이 아니라 자신이 하는 일에 '왜'라는 질문을 던져야 합니다. 자신이 결정하고 그것을 이루려 노력해야 합니다. 꿈을 꾸고 그것을 통해 세상을 바꾸려고 노력할 때 그 열정은 우리가 알지 못하는 95%의 세상을 통해 실현될 수 있습니다. 자신의 꿈이 반드시 이루어질 것이라는 긍정적인 생각이 실제로 꿈이 이루어지게 합니다. 그러므로 이제부터라도 만나는 사람들에게 자신의 꿈을 이야기하고, 꿈을 이루기 위해 노력해야 합니다."

생각하는 대로 이루어진다

청소년들에 질문을 했다.

"여러분은 생각한 대로 이루어진다는 말을 믿습니까?"

"……."

학생들은 대답하기를 주저했다.

"잘 믿기지 않을 것입니다. 하지만 믿어야 합니다. 현실의 세계에서 실제로 그렇게 되는 경우가 많기 때문입니다. 어떤 일이 성취되었다면 그렇게 되기를 간절하게 바랬기 때문입니다. 원리는 간단합니다. 어떤 사람이 자신이 원하는 것이 이루어지게 해 달라고 매일 기도를 했습니다. 책상 앞에 자신이 원하는 바를 적어 놓고 매일 아침 집에서 나오기 전에 그 글귀를 외쳤습니다. 기도나 외침만이 있었던 것이 아니라 그는 부단히 노력했습니다. 그리고 몇 년이 지나서 그것이 이루어졌습니다. 이와는 달리 어떤 사람은 열심히 노력하고 공부했지만 자신이 원하는 것을 이루지 못한 사람도 있습니다. 아마도 노력 이전에 열망이 적었기 때문일 것입니다. 그러면 질문을 하나 더 하겠습니다. 어떤 일이 이루어진 것에 대해 기도와 노력 중 어떤 것의 영향이 더 컸을까요?"

학생들은 여전히 대답이 없었다. 필자가 이야기를 계속했다.

"둘 다 중요하지만 제 생각으로는 기도가 더 중요했던 것 같습니다. 기도는 물질적인 것이 아닙니다. 우리의 정신과 관련이 있는 행위입니다. 그것은 꿈을 꾸는 행위와도 같습니다. 기도는 눈에 보이지 않는 것인데 어떻게 기도를 통해 원하는 바가 이루어 질 수 있을까요? 그리고 도대체 어떤 경로를 통해 기도가 전달된 것일까요? 또 정신적인 열정이나 기도가 얼마나 빠른 속도로 전달이 될까요? 아직도 사람들은 이 세상이 무엇에 의해 어떻게 움직이는지 잘 알지 못합니다. 많이 알아가고 있다고 생각하지만 세상을 알면 알수록 세상(우주)는 모르는 것 투성이입니다. 아주 작은 것을 다루는 양자역학(Quantum mechanics, 전자나 원자와 같이 작은 입자들의 움직임을 기술하는 학문)이란 학문이 있습니다. 작은 것들이 만들어내는 세상은 우리가 살고 있는 세상과 많이 다릅니다. 예를 들자면, 사람은 아무리 애를 써도 단단한 벽돌로 쌓아 만든 벽을 뚫고 지나갈 수 없습니다. 그러나 원자나 전자와 같은 아주 작은 것들의 세계에서는 그런 일이 가능합니다. 작은 것들의 세상에서는 공(입자)을 벽을 향해 던지면 언젠가 한 번은 공이 벽을 뚫고 지나갑니다. 이런 일이 우리가 사는 세상에서 일어나면 기적이라고 말하겠지요."

"과학적으로 받아들여지는 이론인가요?"

"네, 그렇습니다. 사실 우리가 살아가고 있는 과학기술 문명인 전자산업의 핵심원리가 바로 양자역학입니다. 더 재미있는 상황이 있습니다. 그것은 '생각한 대로 이루어지기'입니다. 저는 우리가 뜻하는 것이 무엇이든지 생각한 대로 이루어질 수 있다고 봅니다. 예를 들어, 공을 던질 때 왼쪽으로 던지면서 오른쪽으로 가라고 생각하면 공은 어디로 갈까요? 제 생각으로는 공을 던지는 사람이 생각한 방향으로 공이 날아갈 겁니다. 이런 일이 우리가 사는 세상에서도 일어날 수 있습니다. 그것이 꿈과 용기, 배려와 같은 무형의 정신세계와 관계가 있다고 생각합니다. 우리가 꿈을 꾸고 생각한 대로 어떤 일이 성취된다면 꿈을 꾼다는 것이 얼마나 즐겁고 흥분되는 일이겠습니까?"

"정말 선생님이 말하는 보이지 않는 95%의 세상은 우리의 상식으로는 이해하기 어렵군요."

"이 세상은 그렇게 단순하지 않습니다. 1 더하기 1이 2라고 생각하지만 그것이 2가 될 수도 있고 또 10이 될 수도 있습니다. 우리의 생각이 우리 자신과 우리가 살고 있는 이 세상을 바꿀 수 있습니다. 그렇기 때문에 인간은 어떠한 어려운 상황에서도 꿈을 꾸고 희망을 이야기하며 살아가야 합니다."

격려하기

"이번에는 격려에 대해 이야기해 보도록 하겠습니다. 어떤 목표를 세우고 노력하는 사람에게 다가가서 그 사람을 격려해 준 적이 있습니까?"

"네, 있습니다."

"격려를 받은 사람의 반응이 어떠했나요?"

"좋아했던 것 같습니다."

"칭찬을 받으면 기분이 좋지요. 칭찬은 한 사람의 인생을 바꿀 정도로 대단한 위력을 갖습니다. 칭찬도 보이지 않는 무형의 정신이지요. 제가 격려의 힘을 체험한 적이 있습니다. 제가 청년 시절에 군대에서 제대를 하고 대학원에 진학하기 위해서 도

노란색 작은 해바라기
- 격려의 말은 식물의 성장을 돕는다.

서실에 앉아서 공부를 하고 있을 때였습니다. 군대를 갔다 온 대부분의 친구들은 기업에 들어가기 위해 취업을 준비하고 있었습니다. 저는 취업보다는 공부를 더 해 보는 것이 좋을 것 같아서 대학원으로의 진학을 생각하고 있었습니다. 제 꿈은 하얀 가운을 입는 사람이 되는 것이었습니다."

"하얀 가운이라면 의사를 말하는 것인가요?"

"아닙니다. 의사가 아니라 연구실에서 실험하는 연구자였습니다. 저의 꿈은 연구소나 대학에서 연구하는 과학자였습니다. 연구자가 되려면 대학을 졸업하고 다시 대학원에 들어가 공부를 더 해야 하거든요."

"하얀 가운을 입는 연구자가 되는 꿈을 언제부터 갖게 되었나요?"

"청소년기에는 여러 꿈을 갖고 있었습니다. 유년기에는 밤하늘을 바라보며 별들을 연구하는 천문학자가 되고 싶어했었고, 고등학교 시절에는 부모님이 치과의사가 되는 것은 어떠냐는 말을 듣기도 했습니다. 군대에 갔다 와서 제 인생의 방향을 정했지요."

"꿈을 정하고 나서 어떤 일을 하셨나요?"

"우선 대학원에 진학을 해야 하니까 입학 시험을 준비하는 것이 우선이었지요. 다른 친구들이 같이 회사에 취업을 하는 것이 어떠냐고 했지만 저는 이미 생각을 진학 쪽으로 정한 후였습니다."

"많은 친구들이 박사님의 생각에 동의하고 격려해 주었나요?"

"모두가 격려해 준 것은 아니었습니다. 도서관에서 공부를 하고 있는데 한 친구가 제 생각을 알고 찾아와서 "열심히 공부하는구나. 네가 원하는 것을 이룰 수 있을 거야."라고 내게 격려의 말을 해 주었습니다."

"그 때 기분이 어떠셨나요?"

"기분이 많이 좋았지요. 친구의 격려로 저는 더욱 공부에 매진할 수 있었고 원하는 대학원에 진학했습니다. 특별할 것 같지 않지만 이처럼 작은 격려가 사람을 변화시키고 세상을 바꿀 수 있습니다. 자신의 의지가 중요하지만 격려는 그 의지를 더욱 강하게 해 줍니다. 격려하는 사람이 있다는 것은 어떤 것이 이루어질 수 있는 좋은 환경에 있는 것과 같지요. 격려의 효과는 사람에게만 해당되지 않습니다. 아침에 집에서 나오면서 화분에 심겨진 나무에게 물을 주면서 '나무야 건강하게 잘 자라라.'라고 말해 주어 보십시오. 나무가 사람의 말을 알아듣습니다."

"나무가 사람의 말을 알아 듣는다고요?"

"알아 듣는다고 합니다. 나무에게 아름다운 음악을 들려주어 보십시오. 좋은 마음을 전해 듣거나 음악을 듣고 성장한 나무는 병에 걸리지 않고 건강하다고 합니다. 물론 열매도 많이 맺고요."

"식물이 사람의 마음을 알아듣는다는 것이 무척 신기하네요."

"그것이 보이지 않는 95%의 세상입니다. 무생물이 사람의 마음을 이해하는 예시도 있습니다. 일본의 한 과학자가 물을 사용해서 사람의 마음을 전하는 실험을 했습니다. 똑같은 물병을 두 개 준비해서 그 안에 동일한 종류의 물을 채운 다음에 하나의 컵에는 '너를 사랑해(I love you)' 또는 '감사(Thanks)'라고 적은 종이를, 다른 컵에는 '나는 네가 싫어(I hate you)'라고 쓴 종이를 붙인 다음에 냉장고에 넣고 물을 얼렸습니다."

"결과가 어떠했나요?"

"좋은 마음이 전달된 물에서는 아름다운 육각 눈꽃이 핀 반면에 나쁜 마음이 전달된 물에는 눈꽃이 피지 않았습니다."

"정말인가요? 그렇다면 물이 사람의 마음을 알고 있다는 말이네요."

"그렇습니다. 또 다른 예가 있습니다. 이번에는 사람이 먹는 밥을 사용해서 실험을 해 보았습니다. 전기밥솥을 사용해서 밥을 한 다음에 동일한 두 개의 용기에 밥을

좋은 말에 반응해서 꽃이 핀 눈의 결정
- 사람의 마음이 물질에 전달된다.

나누어 놓고 사람들이 지날 때마다 한쪽 밥에는 '야, 맛있는 밥이구나' 또는 '일하는 것이 즐거워'라는 긍정적인 말을 하고 다른 밥에는 '짜증난다. 살기 싫다'라는 부정적인 말을 했습니다. 그리고 일정 시간이 지난 다음 밥의 상태를 살펴보니 긍정적인 말을 들은 밥에는 누룩이 피었고, 부정적인 말을 들은 밥에는 썩은 곰팡이가 피었습니다."

"정말 신기하네요. 어떻게 사람의 마음이 무생물인 물이나 밥에 전달되지요?"

"그것이 우리 눈에 보이지 않는 95%의 세상과 관련이 있습니다. 물질과 정신. 이 두 가지는 사실 다른 것이 아닐 수 있습니다. 아인슈타인의 에너지-물질 등가 방정식($E=mc^2$)에 의하면 눈에 보이는 물질이 눈에 보이지 않는 에너지로 바뀔 수 있습니다. 에너지는 어떤 현상을 만드는 힘과 같습니다. 에너지가 있으면 여러 가지를 이룰 수 있습니다. 물질과 에너지가 같은 것처럼 물질과 정신이 같을 수 있습니다. 두 가지 모두 동일한 것으로부터 출발했다면 우리의 생각이 물질에 전달될 수 있는 것입니다. 생물학적으로도 칭찬과 격려는 인간의 DNA에 영향을 준다고 합니다. 이런 과학적인 증거를 통해 우리가 하는 행위나 말이 주변 사람들에게 어떤 영향을 줄 수 있는지 알 수 있습니다. 칭찬과 격려를 많이 받은 청소년은 정신적으로 건강하게 성장할 뿐 아니라 유전적으로도 건강해진다는 것입니다."

"정말 보이지 않는 95% 세상에서 일어나는 일은 신기하군요. 보이는 것만 생각하지 말고 보이지 않은 것을 의지하며 꿈과 희망을 키워갈 필요가 있겠네요."

"이번에는 배려에 대해 이야기하려고 합니다. '배려하는 마음'은 인간이 살아가는 공동체 생활에서 가장 중요한 핵심 가치 중의 하나입니다. 다른 사람을 배려하는 마음은 특별한 마음이 아닙니다. 사람이 이 세상에서 살아갈 수 있는 것은 상대방이 나를 배려해 주기 때문입니다. 아무도 나를 배려해 주지 않는다면 그 누구도 이 세상에서 살아갈 수 없습니다. 예를 들어, 도로에서 운전을 할 때 사고 없이 안전하게 갈 수 있는 것은 내가 운전을 잘 해서라기보다 다른 운전자들이 나를 도와 주고 있기 때문입니다. 신호등을 잘못 보고 운전할 경우가 있지만 사고가 일어나지 않는 것은 다른 사람들이 나를 배려하고 기다려 주기 때문입니다."

"배려가 특별한 마음이 아니라는 말이 제게는 매우 특별하게 들리는군요."

"적정기술에는 배려의 마음이 있습니다. 내가 가지고 있는 기술로 약한 사람을 돕는 마음, 지구 자원을 함부로 과도하게 사용하지 않는 마음, 바다에서 물고기를 잡아도 작은 치어들은 다시 바다에 놓아 주는 마음이 바로 공존의 세상을 만들어 가는 핵심인 '배려'입니다. 상대방을 배려하지 않는 사회는 건강한 사회가 아닙니다."

"그래서 많은 사람들이 돈을 벌면 가난한 사람들을 배려하는 마음으로 기부를 하는군요."

"그렇습니다. 자기가 번 돈의 10%는 항상 다른 사람들을 위해 기부해야 합니다. 사업으로 돈을 벌려면 물건을 팔기 위해 열심히 일해야 하겠지만 그와 더불어 누군가 자신의 상점에 와서 물건을 사주는 사람이 있어야 합니다. 사는 사람에게 고마움의 표시로 그런 분들이 살고 있는 지역에 수익의 일정 부분을 돌려드리는 행위를 기부라고 하지요. 오래 전에 미국 로스앤젤레스에서 인종 차별 문제로 흑인 폭동이 일어났던 적이 있었습니다. 경찰이 통제할 수 없을 정도로 폭동이 심해졌습니다. 흑인들과 그들에게 동조한 세력들은 항의하기 위해서 백인 지역으로 몰려가고 있었습니다. 백인 지역을 사수하기 위해 경찰의 통제는 더욱 강해졌습니다. 그런데 어찌된 일인지 갑자기 흑인들이 진행 방향을 한인 상가 지역으로 바꾸었습니다. 그들은 한인 상가에 들어가서 물건을 들고 나오거나 상가에 불을 질렀습니다. 다급한 일부 한인들은 총을 들고 흑인들에게 대항했습니다. 이 사건으로 로스앤젤레스의 한인 상권은 극심한 피해를 보았습니다. 백인 경찰들이 일부러 흑인 세력들을 한인 상가 쪽으로 향하게 했다는 이야기도 있지만 확실하지는 않습니다.”

“왜 흑인들이 한인 상가 쪽으로 향했는지요?”

“확실하지 않지만 폭동 소요 중에 한인과 흑인간의 갈등을 유발하는 루머(Rumor, 근거 없이 떠 도는 소문)가 있었습니다. 미국에 이민을 간 한인들은 주로 흑인들을 대상으로 사업을 했습니다. 한인들은 흑인들의 고수머리를 펴는 약이나 염색 약, 장신구 등을 팔아서 수입으로 올렸습니다. 그런데 한인들은 자신의 사업장이 있는 흑인 동네에 살지는 않았습니다. 한인들은 교육열이 높습니다. 학군이 좋은 백인 지역에 거주하면서 사업만 흑인 지역에서 할 뿐이었습니다. 흑인 사회에서 사업을 하지만 흑인 사회에 함께 하지는 않았던 것입니다.”

“흑인들도 그 사실을 알고 있었나요?”

“물론 알고 있었지요. 이번 폭동은 흑인에 대한 백인들의 인종차별 때문에 일어났는데 실제로 화를 당한 사람은 한인들이었습니다. 흑인들이 평소에 백인 뿐만 아니라 한인들에게도 불만이 많았다고 합니다. 한인들이 자기네 동네에 와서 사업을 하면서 지역 사회 발전에 아무런 기여를 하지 않고 있었습니다. 그런 불만이 쌓였고, 그로 인해 한인 상가에 불을 지르게 된 것이었지요. 예상하지 못한 상황에 한인들은 분개했습니다. 이민을 와서 고생해서 번 재산이 한 순간에 잿더미가 되었으니까요. 시간이 지나 폭동 사태의 원인이 무엇인지 이해한 한인 상인들은 그 후부터 사업을 해서 얻은 수익의 일부를 지역 사회를 위해 기부하기 시작했습니다. 이민 초기의 한인들은 경제적으로 넉넉하지 않았기 때문에 이웃을 배려해야 한다는 지역의 관습을 알았더라도 실행하기 어려웠을 것입니다.”

“그 사건 이후에 한인과 흑인 사회가 서로 협력하게 되었나요?”

“그렇다고 합니다. 이제는 개인 뿐만 아니라 기업들도 사업을 해서 돈을 벌면 기업 차원에서 일정액을 그 지역을 위해 기부하고 있다고 합니다. 한인들이 기부라는 배려 행위가 특별한 것이 아니라 당연한 것이라는 생각을 갖게 된 것입니다.”

“그렇군요. 경제적으로 부유한 나라들이 유엔을 통해 가난한 나라를 돕는 것도 알고 보면 당연한 일이군요.”

“우리나라가 세계 시장에 많은 제품들을 수출하고 있지요. 우리 제품을 사 주는 나라 중에는 유럽, 미국과 같은 선진국 뿐만 아니라 베트남, 미얀마, 필리핀과 같은

미국 로스앤젤레스의 흑인 폭동이 한인 상가 쪽으로 확산되었다.
http://www.ramweb.org/watts-riots-1965.html

아시아 나라와 중동과 아프리카의 가난한 나라들이 있지요. 이런 나라들이 제품을 사주기 때문에 우리나라가 지금과 같이 성장할 수 있었던 것이지요. 물건을 사 주는 나라에 대해 감사하는 마음, 그것이 바로 배려입니다. 우리나라가 OECD(The Organization for Economic Co-operation and Development, 경제개발협력기구)에 가입한 다음부터 가난한 나라를 돕는 일에 국가 재정의 일부를 사용하고 있습니다. 가난한 나라에 학교나 병원을 지어 주거나 과학기술을 이용해 질병이나 위생, 식량 문제들을 해결해 주고 있지요. 나눔과 배려의 적정기술이 그런 일에 사용되고 있습니다. 우리나라가 가난할 때 다른 나라로부터 경제적인 원조를 받았으니까 이제 경제 선진국이 된 우리가 마땅히 해야 할 일이지요. 이런 것들은 국가적 차원의 배려라고 볼 수 있습니다."

"적정기술로부터 소외된 이웃, 가난한 나라, 더 나아가 지구 자원과 환경을 생각하는 배려의 정신을 배울 수 있군요."

"배려에 대한 예를 한 가지 더 들어보지요. 우리가 알고 있는 밀레의 유명한 그림 중에 '이삭 줍는 여인들'이란 그림이 있습니다. 석양이 진 저녁에 아낙들이 들판에 나와 땅에 떨어진 이삭을 줍고 있는 그림입니다."

"네, 학교 미술시간에 배워서 잘 알고 있습니다."

"아낙네들이 땅에 떨어진 낟알을 열심히 주워서 집에 가져가 저녁을 합니다. 그런데 밭에 왜 곡식 낟알들이 떨어져 있는지 아십니까?"

"글쎄요. 잘 모르겠습니다."

"밭의 주인이 추수를 하면서 곡식을 다 거두어 가지 않고 일부러 땅에 낟알을 적당히 남겨 둡니다. 땅에 떨어진 낟알은 고아와 과부, 가난한 사람을 위한 배려이지요. 추위가 오고 식량이 떨어지면 과부들이 밭에 나와서 떨어진 낟알을 주어 갑니다. 이 밭의 주인만 그렇게 하는 것이 아니라 거의 대부분 밭의 주인들이 동일하게 하지요. 이런 배려를 통해 소외된 이웃에게 따뜻한 마음을 전할 수 있고 그로 인해 공동체 사회는 건강해집니다."

"배려는 공동체 구성원들이 갖추어야 할 기본 덕목이군요."

"비슷한 예가 천수만의 철새 떼입니다. 10월이나 11월경에 멀리 시베리아에서부터 가창오리들이 겨울을 나기 위해서 우리나라 서해안 천수만으로 날아옵니다. 이즈음에 많은 사람들이 가창오리의 멋진 군무를 보러 천수만으로 갑니다. 그런데 그 많은 가창오리가 왜 천수만으로 와서 몰려 있는지 아는 사람은 많지 않습니다."

"오리들이 천수만으로 오는 이유가 무엇이지요?"

"오리들이 천수만으로 오는 이유는 천수만 인근 영농단지 토지에 떨어져 있는 벼 낟알을 먹기 위해서입니다. 천수만 주변은 바닷물을 막아 만든 농지입니다. 봄이 되면 이 지역에서는 비행기를 이용해서 벼를 뿌리고 가을에 트랙터로 추수를 합니다. 트랙터로 추수를 하면 땅에 많은 낟알이 떨어지게 됩니다. 그것을 먹으러 가창오리

밀레의 이삭 줍는 여인들

천수만에서의 가창오리의 군무
https://en.wikipedia.org/wiki/Swarm_behaviour

들이 천수만으로 몰려 오는 것입니다.”

“저는 천수만 호수가 오리들이 살기 좋은 환경이라서 오는 줄 알았습니다.”

“지금과 같이 논밭이 구획정리가 되어 있고 겨울에 논에 물이 없는 상태에서는 오리들이 쉴 곳이 없습니다. 낮에는 논에서 낟알을 주워 먹고 밤에는 호수 위에 앉아서 잠을 잡니다. 오리들이 호수에서 배설을 하기 때문에 호수 물이 더럽습니다.”

“그렇군요. 천수만 영농단지에 떨어져 있는 낟알들이 오리의 식량 자원이군요.”

“오리를 생각해서 낟알을 회수하지 않는 것은 아니지만 대규모 기계 영농으로 인해 낟알이 많이 떨어져서 그냥 자연스럽게 남게 되지요. 그런데 몇 년 전부터 문제가 발생했습니다. 영농단지를 경영하던 기업이 재정에 어려움을 겪자 정부에 영농단지 일부를 개인에게 팔게 해 달라고 요청을 했고, 정부는 기업의 요청을 허락해 주었습니다. 단지의 일부를 개인에게 불하했는데 그 해부터 천수만에 오는 오리 수가 줄어들었다고 합니다.”

“왜 그렇지요?”

“개인 영농업자들이 생산량을 높이기 위해 추수한 낟알을 남기지 않고 모두 수거해 갔기 때문입니다.”

“언제나 사람의 욕심이 개입하면 공존의 삶의 방식이 손상을 입는군요. 자연과의 공생에 대한 어떤 대책이 필요하군요.”

“정부에서 개인 영농 사업자에게 추수 때에 낟알이 적당히 남도록 해달라고 권고했고 정부의 권고에 동의하는 사람들이 많아져서 오리 떼들이 다시 천수만을 찾아온다고 합니다.”

“땅이 거칠어지면 농사를 중단하고 비옥하게 되기를 기다리는 것, 물고기 치어를 잡지 않고 생태계를 보존하는 행위, 일정 기간 산행을 금지해서 산의 자연과 동식물을 보존하는 행위, 천수만을 찾아오는 가창오리를 위해 낟알을 남겨 두는 배려심이 과도한 과학기술의 발달을 경계하는 적정기술의 정신과 일맥상통한다고 해야겠군요.”

“그렇지요. 배려의 마음을 확산해서 자연과 인간이 공존하는 세상을 만들도록 노력해야 합니다.”

내 안에 일등

“이번에는 다양성의 문제에 대해 이야기하려 합니다. 세상에는 정말 많은 사람들이 살고 있습니다. 그런데 수십 억의 사람들 중에 놀랍게도 같은 사람은 하나도 없습니다. 쌍둥이라고 해도 모습이 조금씩 다르고 성격도 같지 않습니다. 그리고 타고난 재능도 각기 다릅니다. 학교에서는 공부를 잘 하는 사람들이 인정을 받지만 사회에 나와서는 반드시 공부를 잘 한 사람이 성공적인 삶을 사는 것은 아닙니다. 과연 이 세상의 다양성은 어떤 의미를 갖는 것일까요?”

한 학생이 대답했다.

“저는 깊이 생각해 보지는 않았지만 사람들이나 동물들이나 생김새나 성격이 모두 같다면 재미가 없을 것 같습니다. 판에 박힌 듯한 생태에서 지루함을 느끼지 않을까요?”

“저도 그렇게 생각합니다. 사람에게는 자신만의 독특한 재능이 있습니다. 학교에서 공부를 잘 하는 사람이라고 하면 영어. 수학, 언어 등 모든 분야에서 뛰어난 사람을 말합니다. 천재적인 능력을 가진 사람 몇몇을 제외하고 사람이 모든 분야에서 뛰

적정기술을 논의하는 과학자 모임
- 지구상에 수많은 사람이 있지만 모습과 성격이 똑같은 사람은 하나도 없다.

어날 수 있을까요? 알고 보면 모든 과목에 재능이 있는 사람은 그다지 많지 않습니다. 능력을 평가하는 교육 제도가 모든 분야에 재능이 있는 것처럼 보이게 만들 뿐이지요. 이 세상(사회)이 돌아가려면 2–3만 개의 직업이 있어야 한다고 합니다. 다양한 재능들이 모아져서 이 사회가 돌아갑니다. 학생을 가르치는 교수, 사업을 잘 하는 사람, 대장장이, 농부, 교사, 군인, 글 솜씨가 좋은 문필가, 시인, 연예인 등 여러 직업을 가진 사람들이 모여서 건강한 사회를 만듭니다."

"그렇다면 공부보다 각자에게 주어진 재능을 잘 개발하는 것이 중요하겠군요."

"저는 이렇게 말하고 싶습니다. '내 안에 일등'이란 말이 무슨 말이냐 하면 스스로 자신의 꿈을 설정하고 그것을 향해 열심히 배워 나갈 때 누구든지 일등이 될 수 있다는 말입니다. 세상을 잘 보십시오. 사람들이 어떤 일을 하면서 살고 있는지. 학교에서는 다양한 공부를 하지만 사회에서 나가서는 한, 두 가지 정도의 일을 하고 삽니다. 저는 학생들에게 강의를 할 때 이런 이야기를 합니다. '찐빵 하나를 잘 만들자' 무슨 말이냐 하면, 찐빵 하나만 잘 만들어도 평생을 먹고 살 수 있다는 말입니다. 동네에 나아가서 사람들이 어떤 일을 하고 사는지 살펴보십시오. 음식점, 세탁소, 회계

무엇이든 한 가지를 잘하는 사람이 되자.
- 찐빵 하나만 잘 만들어도 평생을 먹고 살
수 있다.

사, 병원 등 모두 한 가지 일을 하고 살아가고 있습니다. 자신이 잘 할 수 있는 한 가지를 잘 배우면 이 세상에서 살아갈 수 있습니다. 누구든지 다른 사람과 경쟁한다고 생각하지 말고 자신만의 목표를 세우고 '내 안에 일등'이 되기 위해 노력할 필요가 있습니다. 사업에 관심이 있는 사람은 회사를 운영하는 일을, 남을 돕는데 관심이 있는 사람은 사회복지 같은 분야의 일을 배우고, 예술에 관심이 있는 사람은 자신에게 주어진 창의적인 재능을 개발하면 됩니다."

"인간의 다양성이 적정기술에는 어떻게 적용되나요?"

"사람의 재능이 다른 것처럼 사람들이 살고 있는 나라나 지역이 처한 환경과 문화가 서로 다릅니다. 지하자원이 많은 나라가 있고, 자연환경이 좋은 나라가 있습니다. 열대 기후에서 살아가는 사람들과 추운 지방에서 살아가는 사람들의 문화와 습관이 다릅니다. 경제력도 국가나 지역간 차이가 있습니다. 그래서 기술을 적용할 때에 그 지역의 문화와 경제, 환경에 적합한 기술을 무엇인지 알아야 합니다. 그리고 현지에서 얻을 수 있는 재료가 다르기 때문에 각 지역의 생산품은 그 지역의 특징을 반영하고 있지요. 이런 다양성을 알아야 적합한 기술을 만들 수 있습니다."

"현재의 교육제도 안에서 입시에 쫓기는 청소년들에게 재능을 개발할 시간이 있을까요?"

"어려운 질문입니다. 학생 자신과 교사, 부모님이 함께 생각해야 합니다. 저는 무엇보다 기다림이 중요하다고 생각합니다. 사람의 재능이 다 다른데 부모는 공부 한 가지만을 목표로 아이들을 양육하려 합니다. 그림을 잘 그리는 아이, 운동을 좋아하는 아이, 글을 잘 쓰는 아이, 음식을 잘 만드는 아이, 이와 같이 아이들의 재능은 모두 다릅니다. 어른들은 아이들의 재능이 발휘되도록 기다려 주고 방향을 잡아 줄 필요가 있습니다. 아이들은 절대 같은 모습으로 성장하지 않습니다. 다양성은 우주 창조 질서의 법칙입니다. 제가 우스개 소리로 하는 말이 있습니다. '공부를 잘 하는 사람은 다른 사람의 밑에서 일한다.' 공부를 잘 한 사람은 주로 교수, 교사, 은행원, 회사원, 공무원 같이 단체에 소속되어 일하는 직업을 갖습니다. 반면에 사업을 잘 해서 회사나 조직의 리더가 되는 사람들은 반드시 공부를 잘 한 사람은 아닙니다. 공부보다는 사회에 먼저 뛰어 들어서 사람들을 만나 사업을 하는 법을 배운 사람들이지요. 어떤 직업이 더 좋은 직업이라고 말하기 보다는 그 직업이 이 사람에게 적합하냐고 물어보아야 합니다. 그리고 부모나 교사들은 청소년들이 자신의 재능을 발견하고 그 능력을 발휘할 수 있도록 충분히 기다려 주어야 합니다."

"비슷한 질문입니다. 세상이 너무 바쁘게 움직이고 있어서 어떨 때에는 숨쉬기도 벅차다는 생각이 들 때가 있습니다. 기다림이 그렇게 쉽지 않습니다."

"그 질문도 대답하기가 쉽지 않습니다. 바쁠수록 천천히 생각해야 합니다. 조급함은 일을 그르칠 수 있습니다. 한 계단, 한 계단 계단을 오르는 것처럼 천천히 하나씩 풀어가야 합니다. 자신이 내딛는 한 발, 한 발은 정상에 오르기 위한 것이 아니라 일상의 호흡과 같은 것이 되어야 합니다. 중간이 생략되고 한 번의 도약으로 정상에 도달할 수 없습니다. 정신 없이 빠르게 변화하는 세상을 살아가는 현대인에게 기다림은 어리석은 자가 선택하는 길이라고 생각하기 쉽지만 시간이 지나고 나면 그것이 가장 빠른 길임을 알게 됩니다."

"'가장 천천히 가는 방식이 가장 빨리 가는 방법이다'라는 말에 동의하지만 어렵게 느껴집니다."

"'기다림'은 적정기술의 핵심정신이기도 합니다. 인간뿐만이 아니라 우리가 살고 있는 자연에도 기다림이 필요합니다. 현대 문명의 조급함은 자연과 자원을 무분별하게 사용했습니다. 바다는 해양생물의 무분별한 남획으로, 자연과 지하자원은 과도한 산업화로 고갈되거나 손상되었습니다. 조급함으로 잠시 이익을 얻은 듯하나 자연의 파괴가 인간에게 주는 재앙은 상상할 수 없을 정도로 컸습니다. '아랄 해의 비극(Aral sea, 아랄 해는 중앙아시아의 카자흐스탄과 우즈베키스탄 사이에 있는 세계에서 4번 째로 큰 바다였지만 구 소련 정부가 목화생산을 위해 곳곳에 댐을 세우고 강의 물길을 농지 쪽으로 돌리면서 바다의 90%가 말라 버렸다)'을 보면 작은 이익을 얻고자 자연을 파괴하는 인간의 탐욕의 결과가 어떤지 잘 알 수 있습니다. 공존의 환경을 만들려면 자연과 자원개발의 속도를 늦출 필요가 있습니다. 인간의 무분별한 개발로 자연 환경이 손상되었다면 스스로 회복할 수 있도록 충분히 기다려 주어야 합니다. 기다려 주면 자연 원래의 완전한 모습으로 돌아옵니다. 그 완전함이 인간에게 주는 이익은 조급함으로 얻은 것과 비교되지 않습니다."

비전과 리더십

한 학생이 질문을 했다.

"청소년인 저희들이 앞으로의 인생의 목표를 세우는 데 선생님이 해 주신 말씀이 많은 도움이 될 것 같습니다. 저는 대학을 졸업하고 저희 지역으로 돌아와서 이 지역의 발전에 기여하는 일을 하고 싶습니다. 아직 어떤 직업을 갖고 싶다거나 제가 자라나온 지역을 발전시키는 일이 정확하게 어떤 것인지에 대해서 확실하지 않지만 사람들과 함께 그런 일을 하고 싶습니다."

"좋은 생각입니다. 사람들과 함께 자신이 자라나온 지역을 발전시키기 위해서는 사람들의 마음을 모아야 하며, 그렇게 하기 위해서는 리더의 마음을 배워야 합니다. 리더에게는 다른 사람들을 섬기는 마음이 있어야 합니다. 자신이 갖고 있는 생각이 중요하지만 그와 함께 다른 사람들의 생각을 잘 이해해야 합니다. 다른 사람의 말에 귀를 기울이는 자세가 필요하지요."

"어떤 목표를 세워야 제가 생각하는 바를 이룰 수 있나요?"

"목표에는 가치가 있어야 합니다. 지금의 산업사회가 되기까지 인간이 추구해 온 삶의 목표는 "바르게 잘 사는 것"이었다고 합니다. 산업혁명 이후에 물질이 풍성해지면 사람들의 삶의 가치가 변하기 시작했습니다. 많은 재물을 소유한 사람들이 생기고 소비가 강해졌습니다. 소유는 경쟁을 낳고, 다른 사람의 삶과 자신의 삶을 비교하게 되고, 사람들은 서로 적대적이 되었습니다."

"삶의 목표가 달라졌다는 말이군요."

"네, 잘 한다는 것이 어떤 의미인지도 알아야 합니다. 잘 한다고 했을 때의 '잘'의

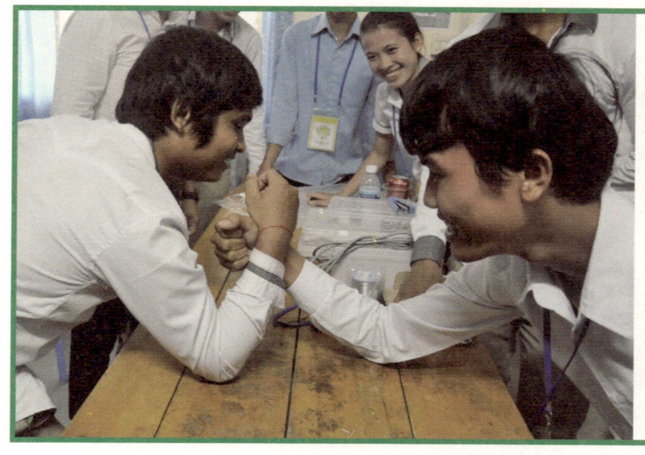

“도전” 팔 씨름을 하는 캄보디아
훈련생들
- 비전을 가진 사람들은 도전을
두려워하지 않는다.

의미는 가치 있는 일을 옳고 바르게, 아름답고 훌륭하게, 힘차고 보람 있게 한다는 말입니다. 말의 의미에서 건강함을 느낄 수 있지요. 생각이 건강한 사람이라야 리더가 될 수 있습니다. 리더십의 핵심은 감사하는 마음입니다. 감사하는 마음은 열린 마음, 경청하는 마음, 신뢰로 충만한 마음을 의미합니다. 이런 말도 있습니다. 마음을 열고 다른 사람의 이야기를 듣고, 상대방을 신뢰하는 사람이 리더가 될 수 있다. 더 큰 힘이나 보다 나은 미래에 대한 마음이 없는 사람은 리더가 될 수 없습니다. 아무리 높은 지위에 있더라도 비전을 갖고 있지 않다면 그는 한낱 경영자나 고용주에 불과합니다. 리더는 꿈을 갖고 그 꿈을 실현하려고 노력해야 합니다.”

“선생님, 보통 우리는 리더를 한 조직이나 회사의 경영인으로 알고 있는데 리더와 경영자는 어떤 차이가 있나요?”

“비전을 가진 리더들은 자신에게 주어진 권리를 스스로 획득한 것으로 생각하지 않고 다른 사람들로부터 대여 받은 것으로 생각합니다. 본인이 소유하고 있지 않다고 생각하기 때문에 당연히 권리를 주장하지 않습니다. 대신 주어진 일에 대해 어떻게 자신을 희생할까를 생각합니다. 즉, 자기 자신을 버리고 다른 사람들을 위해 희생할 때 리더십이 발휘되는 겁니다. 다시 말해서, 리더십이란 스스로 주장하는 것이 아니라 자신의 행동을 주시하고 그 행동을 평가하는 타인의 집단에 의해 인정됩니다.”

“지시하는 사람이 아니라 자신을 희생하는 사람이 되어야 하는군요.”

“그렇지요. 예를 들어, 어떤 사람이 대통령, 장관, 국회위원이 되었다고 합시다. 어떤 직위에 올랐다고 해서 그들이 한 국가나 그 부속기관의 리더가 되는 것은 아닙니

아프리카의 소녀
- 적정기술은 지속가능한
미래를 생각하는 정신을 담고
있다(굿네이버스 차드 지부
제공).

다. 그들은 단지 자신이 소속된 기관의 경영자로 위탁을 받은 것일 뿐입니다. 경영자가 되면 일단 리더가 될 수 있는 환경에 접해 있다고 할 수는 있습니다. 리더가 될 수 있느냐 없느냐는 피경영자가 평가하게 됩니다. 퇴임 후에 그들은 자신만의 이익을 위해 많은 사람들에게 희생을 강요한 추악한 경영자로 낙인이 찍힐 수도 있고, 그냥 스쳐간 평범한 나그네로 기억될 수도 있고, 다른 사람들을 위해 몸 바쳐 희생한 훌륭한 리더로 인식될 수도 있습니다. 리더십의 원리는 이와 같이 아주 간단합니다."

"무엇이 되는 것보다 어떤 자리에서 어떤 생각을 갖고 일하느냐가 중요하다는 말이군요."

"그렇지요. 무엇보다 본인이 가지고 있는 미래에 대한 생각, 리더에게는 비전이라 함이 좋을 듯합니다, 비전을 갖는 것이 중요하며 그것을 어떻게 실현하는가가 리더

 청소년과 함께 하는 나눔과 배려의 적정기술

십 확보의 필수조건이 될 것입니다. 우리의 선배들 중 어떤 사람이 리더로 기억되고 있는가를 살펴보십시오. 나라의 정치를 맡아 지도자로 자처하다 불행한 말년을 보낸 독재자들보다는 나라와 민족을 생각하고 그것을 위해 일생을 바친 도산 안창호나 월남 이상재 같은 분이 우리 민족의 리더로 기억되고 있는 것을 보면 우리가 어떻게 리더로서의 방향타를 잡아 갈 것인가는 뚜렷해집니다. 그들에게는 나라의 총리나 장관이 될 수 있는 여러 번의 기회가 있었으나 그것을 단호히 거절하고 좁은 문으로 들어가 세상을 밝히기 위해 자신을 희생했습니다. 그들 자신의 인생 자체는 고통스러운 시간의 연속이었으나 이 나라가 존재하는 한, 그 분들은 후대에 존경을 받는 선배로, 또 민족의 지도자로 영원히 기억될 수 있는 것입니다.”

“그렇군요. 비전을 갖고 행하는 사람이 진정한 리더라는 말씀에 공감합니다. 적정기술의 정신에도 동일한 리더십이 있는지요?”

“상대방을 배려하는 마음이 적정기술의 리더십이라고 할 수 있지요. 자원을 보존해서 좋은 환경을 후대에 물려 주려는 정신, 함께 일해서 얻은 것을 많은 사람들과 나누려는 마음 등이 적정기술의 리더십이라고 할 수 있습니다. 경제력을 독점한 5%의 사람이 되려고 노력하는 것이 아니라 나머지 가난한 90%를 위해 어떤 마음을 갖고 나눔을 실천하는 사람에게 적정기술의 리더십이 있다 할 수 있지요. 어떤 기업의 수장이 되었을 때, 함께 협력으로 일한 하청기업이나 직원들에게 적절한 대우를 해주는 마음도 리더십이지요. 이런 것을 생각해 보면 어떨까요? 사장이 직원들과 동일 수준의 급료를 받는 회사. 그런 사장이라면 직원들의 존경을 받을 것이라 봅니다. 결국 리더십의 중심은 나눔입니다.”

“청소년들을 위한 꿈과 적정기술의 정신에 관한 선생님의 말씀 감사 드립니다. 청소년들이 왜 꿈을 꾸어야 하는지, 또 적정기술의 정신에서 청소년들이 배워야 할 어떤 덕목이 있는지 잘 이해가 되었습니다.”

청소년을 위한
적정기술 교육의 시작

전화 한 통

한국 과학기술의 메카인 대덕연구단지는 사람이 살기 좋은 환경을 갖추고 있다. 교육, 문화, 교통, 그 어느 것 하나 부족한 것이 없다. 아파트 가격도 전국에서 가장 싸다. 한마디로 살기 좋은 적정도시(Appropriate city)라고 할 수 있다. 필자가 사는 아파트 앞에는 갑천(甲川)이라는 시내가 흐르고, 갑천의 상류에는 한국 과학기술의 요람인 카이스트(KAIST, 한국과학기술원)가 위치한다. 이곳의 이름은 "어은동(漁隱洞)"이다. 물고기가 숨어 있는 곳이란 뜻이다. 그 이름만큼 예전에는 물고기가 많았을 것이다.

하루의 여느 때와 마찬가지로 일과를 마치고 집에서 식사를 하고 건강을 위해 집 주변을 산책하는 중이었다. 우리 집 앞의 산책로에는 도시개발공사와 수자원공사 연구소가 자리잡고 있다. 두 기관의 울타리에는 잣나무와 은행나무가 줄지어 서 있어서 울타리 사이로 난 길은 주민들의 산책로로 이용되고 있다. 산책 중에 핸드폰 소리가 울렸다.

"따르릉"

"여보세요?"

"누구시지요?"

"김 박사님, 전에 대덕고등학교에서 근무했던 과학교사 이xx 선생입니다."

"아, 이 선생님. 오랜만입니다. 지금은 어느 학교에서 일하고 계십니까?"

"저는 지금 서울의 한 중학교에서 일하고 있습니다. 부탁이 있어서 전화를 드렸습니다."

양자역학적 현상인 초전도체의 공중부양
– 독일 과학자 마이스너(Miessner)가
발견했다 해서 마이스너 효과라고 한다.

"어떤 부탁이요?"

과학 교사가 하는 부탁은 대부분 과학 강연이다. 필자는 노벨 물리학상을 다섯 번이나 수상한 현대물리학의 숙제인 '초전도(Superconductivity)' 현상을 30년 동안 연구한 연구자다. 초전도란 양자역학적인 현상으로, 공중부양과 같이 청소년들이 좋아할 만한 과학 시연이 가능한 주제다. 작년과 올해 초전도 연구 30년을 기념해서 청소년을 위한 초전도 도서를 발간했다.

"김 박사님께 초전도 과학 강연을 부탁 드리고 싶어서 전화를 드렸습니다. 저희 학교 과학반 아이들에게 초전도 강연을 해 주시면 어떨까 해서요. 제가 이 지역에서 각 학교의 과학반 아이들을 모아서 교육하고 있습니다. 강연과 함께 초전도 공중부양 시연을 해 주시면 좋을 것 같습니다."

"과학 강연이요? 좋기는 하지만 혹시 강연 주제를 "초전도"로 하지 말고 "적정기술"로 하면 어떨까 하는데요. 제가 요즘 적정기술 연구를 하고 있는데 청소년 교육에 아주 좋은 주제입니다."

"적정기술이요? 처음 듣는 말인데요."

"처음 들을 것입니다. 청소년들의 창의력과 인성을 함양하는데 매우 적합한 주제입니다. 요즘 학생들의 공부하는 방법이 대부분 주입식이지 않습니까? 그런 반복 학습에서 학생들의 창의성을 키우기는 어렵습니다. 어떤 주제에 호기심을 갖고 그 문제를 푸는 방식을 스스로 깨달을 때에 창의성이 생기는 것이지요."

"어떤 주제를 다루나요?"

"적정기술이 다루는 영역은 깨끗한 지구환경, 지속적으로 살기 좋은 미래, 자연과 함께 호흡하는 시간, 노동으로 일을 하고 땀을 흘리는 삶, 가난한 사람을 위한 과학기술이 주제입니다."

"설명을 들어 보니 인문학의 냄새가 나는 주제인 것 같네요."

"인문학과 자연과학의 융합이라고 할 수 있습니다. 적정기술을 인간의 땀냄새가 나는 36.5도의 과학기술이라고 하고, 소외된 90%를 위한 과학기술이라고도 합니다."

"박사님은 청소년 교육에 관심이 많군요. 적정기술 교육이 자라나는 학생들에게 어떤 영향을 줄 수 있을까요?"

"무엇보다도 창의적으로 생각하는 능력을 길러줍니다. 미래의 리더는 창의적인 학습으로 얻어진 지식을 활용해서 사회를 발전시키고, 더 나아가 시대에 도움이 되는 것들을 만들어야 합니다. 적정기술은 사회를 건강하게 하는 제도, 약한 사람을 돕는 제품, 또한 혁신적인 제품을 개발하는데 도움이 됩니다."

"우리나라의 공교육이 그런 부분이 많이 약하지요."

한국형 수재의 비애

"한국에서 공부를 아주 잘 한 학생이 서울의 유명 대학을 졸업하고 미국 최고의 대학에서 박사 과정을 하면서 느낀 점을 정리한 글이 있습니다. 그 학생은 한국에서는 공부에서만큼은 누구에게도 뒤지지 않는다고 자부하던 학생이었습니다. 그가 미국 대학에서 공부를 하면서 미국 학생들의 수학실력이 그다지 우수하지 않음을 알게 되었습니다. 미국 학생들이 문제를 풀지 못해서 끙끙거리고 있을 때 자신의 수학적 능력으로 그 학생들을 도와 주었다고 합니다. 한국학생들은 미국에 가면 누구든 수학 실력이 우수하다는 소리를 듣지요. 선행학습이 잘 되어 있으니까요. 시간이 지나가면서 미국 학생들의 수학 실력이 향상되어 자신과 비슷한 수준이 되었습니다. 자신이 더 이상 가르쳐 줄 필요가 없을 정도로 미국 학생들의 수학 실력이 높아졌지만 실상 자신의 실력은 정지되어 있음을 알게 되었습니다. 그 이후에 미국 학생들이 자신에게 수학에 대해 도움을 청하는 일은 거의 없었습니다. 그리고 시간이 지나자 다

스스로 생각해 보기
- 어떤 문제든 100%의 답이 있는
것이 아니다. 팀원들과 함께 생각하고
토론해서 자신만의 답을 만들어 가면
된다. 그런 과정을 통해 문제를 해결하는
능력이 생긴다.

해결책을 제시해 보기
- 자기만의 답을 찾는 과정에서 창의력이
생긴다.

른 현상이 나타났습니다."

"어떤 현상이지요?"

"미국 학생들이 자신이 잘 모르는 형태의 수학 문제를 풀고 있었다고 합니다. 학생들이 어떤 문제를 풀고 있는가를 알아보았더니 스스로 창안한 방식으로 문제의 해결책을 찾기 위해 노력하고 있음을 알게 되었답니다. 그 방식이 가장 최선의 방법인지는 모르겠지만 그런 방식은 자신은 한번도 시도해 보지 않은 것이었습니다. 그 미국 학생뿐만 아니라 다른 학생들도 문제를 풀기 위해 새로운 방식으로 접근하는

자신이 도출한 해결방법에 대해 발표와 질의를 한다. 그 과정 속에서 문제를 대하는 자세와 해결하는 방식을 배운다.

경우가 많다는 것을 알게 되었죠. 그런 과정 속에서 미국 학생들은 어떤 문제에 대해 새롭게 생각하고 자신만의 해결책을 만드는 능력을 계속 발전시켜 갔지만 한국인 유학생은 자신의 학업이 정체되어 있다는 것을 인식하게 되었습니다. 한국 학생은 그제서야 그 동안 한국에서 교육받은 주입식 교육 방식에 심각한 문제가 있다는 것을 인식하게 되었다고 합니다."

"우리나라의 교육 제도에 새로운 것에 대한 도전의식 같은 것을 심어주는 교육 프로그램이 없어서 그런 것이지요."

"새로운 것을 하지 않아도 단순하게 공부만 잘 하면 되는 우리나라의 교육 제도에 문제가 있었습니다. 시간이 지나자 그 학생은 약간은 좌절 상태에 빠져들게 되었다고 합니다. 자신이 다른 미국 학생들에 비해 전혀 뛰어나지 않고 독창적인 면도 없다는 것을 알게 되어서요. 그리고 학교 교수들의 면면을 보면 노벨상을 받은 교수들이 한두 사람 건너서 한 명씩 포진하고 있으니 그런 교수들 앞에서 학생이 얼마나 주눅이 들었겠습니까? 그는 더 이상 자신과 같이 좌절하는 학생이 나오지 않도록 한국의 교육 제도가 바뀌기를 바란다면 자신이 겪은 경험을 SNS에 올렸습니다. 주입식 교육이 아니라 독창성을 길러 주는 교육 제도를 바라는 마음으로."

"적정기술과 같은 주제는 독창성을 키우기에 좋은가요?"

"그렇다고 볼 수 있지요. 어떤 한 주제에 대해서 정확한 답이 있는 것이 아니거든요. 어떤 나라나 지역이 겪고 있는 문제에 대해서 그것을 풀기 위해 지역의 환경을 조사하고, 적용할 수 있는 기술을 검토하고, 정확한 답을 얻기까지 수많은 시행착오를 겪을 수 있습니다. 답을 찾아가는 과정 자체에서 문제를 푸는 능력이 배양되고 새로운 제안을 할 수도 있습니다."

"같은 문제라도 주어진 환경이 다르면 해결 방법이 다를 수 있겠군요."

"적정기술은 인간의 땀냄새가 나는 기술이라고도 합니다. 예를 들어 아프리카에서 사용되는 연료를 숯을 이용해서 만든다고 합시다. 손에 숯 검정을 묻히고 흙을 만지는 과정에서 자연스럽게 감성이 생기고, 다른 사람들과 협력으로 문제를 푸는 과정에서 사람들 사이의 관계도 배우지요. 요즘 자유학기제가 도입되어 학생들에게 감성을 키워주는 교육을 실시한다고 하는데 그런 교육에 적정기술이 좋은 주제이지요."

"그렇군요. 저희 학교에서 학생들의 창의성 개발 프로그램을 하고 있는데 적정기술을 주제로 해 보면 좋을 것 같습니다."

"청소년은 미래를 이끌어 갈 미래의 지도자들입니다. 이들에게 가난한 사람에 대한 배려정신을 심어준다면 이들이 성장해서 이 나라의 지도자가 되었을 때 정치, 사회, 문화, 과학기술 등 여러 분야에서 균형 잡힌 정책과 제도를 만들 수 있습니다. 사회적 약자를 배려하는 마음이 있는 사람들은 사회양극화(사회가 부자와 가난한 사람으로 나누어진 현상)를 해결하고자 노력합니다. 가난한 사람이 줄어들고, 모두가 더불어 사는 대한민국을 만들려면 미래의 지도자가 될 청소년들이 적정기술과 같은 나눔과 배려의 과학을 배워야 합니다."

"청소년들에게 유익한 교육 주제인 것 같습니다."

"다시 강조해서 설명하자면, 건강한 미래를 만들어 가는데 가장 중요한 부분은 교육입니다. 생각이 바뀌지 않는다면 과학기술이나 물질적인 지원만으로 문제를 해결할 수 없습니다. 우리나라의 미래를 이끌어 갈 청소년들의 마음에 소외된 사람들에 대한 배려의 생각을 심어 주는 것이 중요합니다. 적정기술과 같은 따뜻한 과학기술로 가난한 나라를 돕는 일을 통해서 여러 문제를 해결해 줄 수 있습니다. 이런 분야의 교육을 국제 개발(International Development)이라고 합니다. 외교관이 될 사람이나 국제적 감각이 필요한 사람들에게 좋은 주제이지요."

"박사님은 언제부터 적정기술을 연구해 왔습니까?"

"저는 10년 전에 동료 과학자들과 단체를 만들어서 적정기술의 정신을 사회에 알렸고, 대학생들을 위한 적정기술 교육 프로그램을 만들어 실행해 왔습니다. 이제는 국가 정책에도 적정기술이란 말이 사용될 정도로 사회에 확산되었습니다."

"그렇군요. 설명을 듣고 보니 저도 적정기술에 흥미가 느껴집니다. 박사님과 같은 생각을 갖고 적정기술을 하는 연구자가 많은가요?"

"이 일이 건강한 사회를 만드는 일이라고 생각하기 때문에 바쁜 일과 가운데에서도 적극적으로 참여하는 동료가 많습니다. 과학기술로부터 소외된 사람들의 문제를 해결해 주고, 사람들과 함께 하는 감성적인 일에 참여하고 나서 세상을 긍정적으로 보게 되고 일의 에너지가 넘친다는 회원들이 많습니다. 청소년들이 이런 주제로 교육을 받는다면 창의성은 물론 인성도 좋아질 겁니다."

"박사님, 제가 주변의 학교 선생님들께 적극적으로 홍보하도록 하겠습니다. 저희들은 이런 형태의 교육을 현장 교육이라고 합니다. 앞으로 자율학습 같은 교육 과정이 있게 되는데 그런 분야에 적합한 주제일 것 같습니다. 적정기술에 대한 소개 감사드립니다."

경진대회와 아카데미

이 선생과 전화를 하고 나서 청소년을 대상으로 적정기술 교육을 실시하기로 결정했다. 청소년 적정기술 교육에는 강의와 제시된 문제에 대한 해결책 찾기, 그리고 어떤 주제에 대한 작품 제작 과정이 포함되어 있다. 주어진 문제에 대한 해결책을 찾는 교육방식을 아카데미(Academy)라고 한다. 3-4명이 한 팀을 구성하고 각 팀에 주어진 문제에 대해 강의를 듣고 팀원들끼리 토론을 하고 해결책을 찾아서 제시(발표)하는 방식이다. 이 방식에서는 팀원들 사이의 소통이 중요하다. 이 프로그램에서는 팀원들이 서로 생각한 아이디어를 공유하고, 그것의 적합성을 검증해 보고, 다른 사례

청소년 적정기술
아카데미 포스터

에 대한 이해를 통해 문제의 해결책을 제시한다. 팀원으로 함께 문제를 풀면 협동심이 생긴다. 자신의 생각이 다른 사람들과 다를 때 그것을 어떻게 조화롭게 적용할지에 대한 고민을 통해 자신의 생각을 낮추고 상대방을 배려하는 정신을 배운다. 팀의 협력 관계가 깨지면 문제에 대한 좋은 해결책을 찾기는 어렵다.

경진대회는 적정기술 주제에 대한 작품을 만들어서 제시하는 대회다. 일반 과학 발명품 경진대회와 유사하지만 적정기술 경진대회에서는 문제를 해결할 수 있는 방안을 작품으로 만들어 전시한다. 3-4명이 한 팀이 되며 자신들의 작품에 대해 발표를 하고 현장에서 품평회를 갖고 우수한 작품에 대한 시상식을 한다. 경진대회는 출품작을 만드는 데 시간이 필요하기 때문에 대회 개최 최소 6개월 전에 문제를 제시해 준다. 경진대회나 아카데미에서는 국내의 소외된 계층(장애인, 독신자, 여성, 고령층, 안전, 재해)이 갖고 있는 문제와 개발도상국이 겪고 있는 먹는 문제(물의 정수, 연료, 에너지, 환경, 식량 등)를 주제로 다룬다. 대회 운영위원회에서 제시하는 주제 이외에 팀원들이 직접 주제를 설정해서 해결 방안을 찾아도 된다. 어떤 문제를 해결하려면 좋은 기술만 있어서 되는 것이 아니다. 기술이 적용되는 지역의 환경, 자원, 문화, 경제를 이해하고 그 지역 주민의 요구에 부합해야 문제를 해결할 수 있다.

청소년 적정기술 대회를 개최한다고 하자 관심을 갖는 사람들이 문의를 해 왔다.

"적정기술이란 말을 들어 본 것도 같은데, 뉴스에서 들었던 개발도상국을 지원한다는 그 기술을 이야기하는 것인가요?"

"맞습니다. 전 세계적으로 과학기술의 혜택을 받지 못하는 사람들이 여전히 많습니다. 그런 사람들이 겪고 있는 어려움을 과학기술로 해결해 주고자 적정기술 경진대회를 개최하게 되었습니다. 가난한 나라가 겪고 있는 더러운 물을 정수하는 일이나 음식물 조리에 필요한 연료를 만드는 일, 식량 생산을 위한 기술 등에 과학기술이 해야 할 역할이 있습니다. 또한 요즘 복지에 대한 관심이 높아지고 있습니다. 사회적으로 약한 사람들의 문제도 적정기술로 해결 방안을 만들 수 있습니다. 국가의 미래 지도자가 될 청소년들에게 좋은 교육 주제입니다. 그런 취지로 이번 대회를 개최하게 되었습니다."

"소외된 사람들의 문제를 과학기술로 해결하려고 하는군요."

"그렇습니다. 적정기술을 통해 인간과 기술이 공존하는 법을 배웁니다. 지난 번의 이 세돌 사범과 알파고 인공지능의 대결에서 보았듯이 기술이 과도하게 발달하면 인간의 영역이 기계에 의해 심각하게 잠식 당할 수 있습니다. 공상 과학영화에서나 보았던 인간과 기계의 싸움이 현실이 될 수도 있습니다. 과학기술 문명사회를 건강하게 만들고자 저희가 공존의 과학기술인 적정기술을 교육하고 있습니다. 학생들이 적정기술 아카데미나 경진대회를 통해 적정기술의 정신과 철학을 배우길 바랍니다."

"어떤 계기로 적정기술 교육을 하고자 생각하셨습니까?"

"과학기술로 따뜻한 세상을 만들 수 없을까 하는 생각으로 과학기술자들이 모여서 적정기술 연구회를 만들었습니다. 현대는 과학기술의 세상입니다. 과학기술로 많은 문제를 해결하지만 한편으로는 과학기술이 과도하게 발달해서 오히려 인류의 삶이 인간다움을 잃고 있지 않느냐는 지적이 있습니다. 빈익빈 부익부와 같은 사회

"소외된 이웃"을 주제로 개최된 청소년 적정기술 아이디어 창출대회에 참가한 청소년 팀
- 제목은 "더 이상 소외 받지 않는 라이프스트로우(Life-Straw)"

양극화 해결에 과학기술의 필요성을 느꼈습니다."

"적정기술 활동은 어떤 분야부터 시작되었나요?"

"적정기술 교육부터 시작했습니다. 우선 저희들부터 적정기술에 대한 공부를 시작했고 여러 대학과 함께 적정기술 아카데미, 경진대회와 청소년 적정기술 아이디어 발굴대회를 진행했습니다."

"아카데미와 경진대회가 있다고 했는데 차이점이 무엇인가요?"

"아카데미는 대학생들 몇 명이 한 팀으로 주어진 주제에 대해 가장 적합한 해결책을 찾는 교육 프로그램입니다. 예를 들어서 아프리카 어떤 나라의 식수가 세균으로 감염되었다면 어떤 방식으로 현지의 기술로 세균을 제거할 수 있는가를 찾습니다. 경진대회란 어떤 주제에 대해 그것을 해결할 수 있는 방안을 찾아서 작품을 만들어 오는 대회입니다. 발명품 경진대회와 같다고 보면 됩니다."

"적정기술 교육의 대상을 청소년으로 확대한 특별한 이유라도 있는지요?"

"청소년은 미래의 리더입니다. 정규교육과정에 적정기술과 같이 몸으로 체험하고 땀을 흘리는 수업이 없습니다. 적정기술이 정규교육과정에 포함될 수 있도록 과학자들이 노력하고 있습니다."

"감사합니다. 잘 들었습니다."

몇 가지 적정기술 주제 예시를 통해 문제에 대한 접근과 그 해결 방안을 생각해 보자.

주제1
몽골의 감자 저장고

현지의 상황 | 몽골은 일 년 중 8개월이 겨울인 나라다. 몽골의 인구는 3백만 명 정도밖에 되지 않는다. 하지만 세계 곳곳에 몽골사람들은 흩어져서 살고 있다. 아프가니스탄에 5백만 명의 몽골인이 살고 있다고 한다. 이란, 이라크, 중국과 인도차이나에도 소수 민족으로 살아가고 있다. 몽골 사람들은 주로 유목 생활을 해 왔다. 양이나 염소를 치고 우유나 치즈를 만들어 먹고, 또 영양 섭취를 위해 양을 잡아 섭취한다. 그러다 보니 채소를 먹을 기회가 별로 없어서 비타민 부족에 의한 질병에 잘 걸린다. 말을 타고 육식을 주로 하니 근육질의 몸이 만들어지지만 채소 부족으로 인한 질병에 시달려서 평균 수명이 길지 않다. 요즘은 사막화가 진행되자 유목생활을 버리고 울란바토르로 이주해서 정착해서 사는 사람이 늘고 있다. 감자를 주 식량으로 하지만 날씨가 추운 나라에서 감자 농사가 쉽지 않다. 감자를 주로 중국에서 수입하고 있다. 몽골에 감자를 저장할 수 있는 창고를 만들 수 있다면 감자뿐만 아니라 다양한 채소나 농산물을 오랜 기간 저장할 수 있다. 비타민 부족으로 발생하는 몽골인들의 병을 예방할 수 있고 몽골인의 수명이 늘어나는 데 도움을 줄 수 있다.

땅 속의 열 | 몽골에 적합한 감자 저장 창고를 만들어 보자. 몽골의 겨울은 영하 30도가 넘는다. 야외에 창고를 만들면 이런 추운 온도를 견딜 수 없다. 감자나 홍당무와 같은 농산물들은 얼어서 먹을 수 없게 된다. 감자 보관 창고를 만들려면 창고의 온도를 높여 줄 에너지를 찾아야 한다. 학생들은 쉽게 난로를 놓으면 된다고 할지 모른다. 난로를 놓으면 지속적으로 석탄을 공급해 주어야 하므로 비용이 많이 든다. 그러면 어디에서 에너지를 찾아야 할까? 간단한 과학 상식이 있다면 학생들도 쉽게 지열로부터 에너지를 얻을 수 있다는 것을 생각할 수 있다. 지구의 땅 속 깊이에는 마그마(Magma)가 있다. 그 영향으로 땅을 파서 지표면 이하로 내려가

면 따뜻한 온기를 얻을 수 있다. 지면보다 낮게 땅을 파서 그곳에 따뜻한 비닐하우스나 창고를 만들 수 있다. 깊이 들어갈수록 온도가 높다. 일단 지열로부터 비용을 들이지 않고 에너지를 얻는다고 해도 지열 에너지만으로 창고를 따뜻하게 유지하기에는 충분하지 않다.

햇빛 에너지 | 우리가 일상에서 쉽게 얻을 수 있는 에너지가 있다. 그것은 태양 에너지다. 태양에서는 핵융합 반응이 일어나고 그로부터 발생하는 에너지를 지구에 보낸다. 그것은 빛이다. 광자(Photon)라고 불리는 빛이 지상에 도달하면 지면을 뜨겁게 달군다. 이 빛 에너지를 창고에 넣으려면 창고 지붕을 유리창으로 만들거나 창고의 일부를 비닐하우스 형태로 설계해야 한다. 빛이 창고 안으로 들어 오고, 창고는 열을 담는다. 추운 겨울에도 얼지 않는 감자 저장 창고가 거의 만들어져 간다. 마지막 문제가 하나 남아 있다. 낮에는 충분한 빛 에너지를 얻을 수 있지만 밤이 되면 빛 에너지를 얻을 수 없다. 기온은 점점 떨어진다.

열의 흡수-비열 | 우리의 과학 상식을 발휘해 보자. 그것은 색이다. 색은 "빨주노초파남보" 무지개 색이다. 빛을 모두 반사하면 흰색이 되고 모두 흡수하면 검정색이 된다. 이 원리를 이용하자. 드럼통을 여러 개 확보해서 빛이 들어오는 쪽에 놓는다. 드럼에 물을 채우고 드럼통 외부를 검정페인트로 칠한다. 검정색은 빛을 흡수한다. 드럼통의 온도가 상승한다. 드럼통은 열을 물에 전달한다. 드럼통 안의 물의 온도가 상승한다. 드럼통에 왜 물을 채워 넣은 것일까? 물은 비열이 크다. 비열을 "Heat capacity"라고 한다. 비열이란 어떤 물질의 온도를 1도 올리는 데 드는 열량이다. 비열이 작으면 빨리 달구어지고 빨리 식는다. 물은 비열이 크다. 물은 천천히 달구어지고 천천히 식는다. 한낮에 받은 햇빛이 드럼통을 천천히 달군다. 이 열은 물에 저장된다. 밤이 되어 햇빛이 사라지면 드럼통이 식는다. 하지만 비열이 큰 물이 드럼통에 들어 있어서 드럼통은 천천히 식게 된다. 감자 저장고를 설계하는 데 사용된 과학 상식은 지열, 태양열, 색, 비열이다. 이 중 지열과 태양열을 사용하는 데 드는 비용은 제로다. 창고를 만들 때 드는 건설비만 고려하면 된다. 땅을 파는 비용과 지붕에 햇빛이 들어 올 수 있게 유리창을 다는 비용이 들 뿐이다.

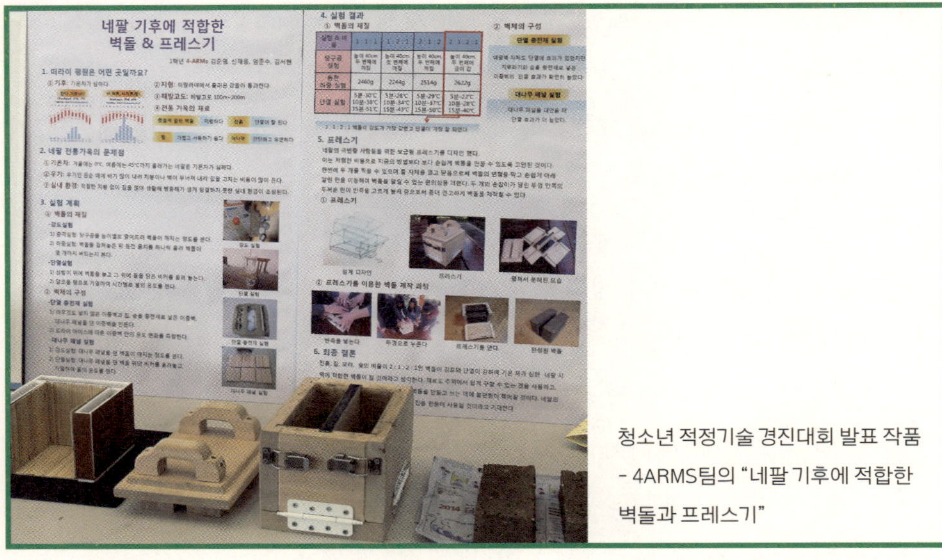

청소년 적정기술 경진대회 발표 작품
– 4ARMS팀의 "네팔 기후에 적합한
벽돌과 프레스기"

창고의 운영에 별도의 비용이 들지 않는다. 그리고 폐 드럼통을 사서 검정색 페인트로 외관을 칠하는 비용과 드럼통 안에 들어간 물의 비용, 이 비용을 다 합쳐도 에너지를 얻기 위해 들어간 비용은 미미하다. 이처럼 과학 상식을 잘 활용하면 적은 비용으로 그 지역에 적절한 기술이나 시설을 만들 수 있다.

가난한 자와 부자

학교나 사회에 어떤 문제가 생기면 문제를 해결하기 위해 다각적으로 노력한다. 먼저 문제를 해결한 다음에 그 방식이 최선이었는지를 생각해 보는 경우가 많지만 그 반대가 되어야 한다.

"그 문제가 왜 발생했지? 그 원인이 무엇이지?"

문제의 발생 원인을 잘 이해하면 좋은 해결책을 얻을 수 있다. 사회에서 발생하는 문제를 생각해 보자. 오늘날의 세상은 경제가 우선인 세상이다. 그런 세상이 필자의 눈에 그다지 좋아 보이지는 않지만 어쨌든 우리는 그런 세상에서 살고 있다. 자본주의 사회에서는 경제활동을 통해 재화를 획득하는 것을 중요하게 생각한다. 원론적으로 자본주의의 철학이 돈을 많이 버는 것에 있지는 않은 듯하나 현대 사회에서는 그렇게 인식이 되어 버렸다. 자본주의 사회에서 문제가 발생했다. 문제는 돈을 많이 버는 사람과 적게 버는 사람이 생겼다는 것이다.

'그것이 무슨 문제지? 당연한 것 아니야?' 라고 반문하는 사람이 있을 수 있다. 하지만 이 현상이 확대되면 '빈익빈 부익부'가 된다. 사회의 구성원이 부자와 가난한 자로 구별이 된다. 부자는 획득한 재화를 통해 경제적 풍요를 누리게 되고 가난한 자는 의식주를 해결하기에 급급한 상태가 된다. 가난한 사람들의 목소리가 커지고 빈부의 격차는 결국 사회 문제를 초래하고 국가는 이 문제를 해결하기 위해 큰 비용을 지불해야 한다.

그러면 빈부의 격차는 어떻게 발생하는가를 생각해 볼 필요가 있다. 열심히 일한 사람은 부자가 되고 나태한 사람은 가난한 사람이 되는가? 일을 하지 않고 놀면 그렇게 되겠지만 열심히 일을 하고도 가난한 사람이 있다. 아침 일찍 회사에 나가 열심히 일을 하고 야근까지 했지만 경영자가 사업을 잘 하지 못해 회사가 부도나고 직장에서 퇴출되는 경우에는 열심히 일하고도 가난한 사람이 된다. 사회의 구조적인 문제가 가난한 사람을 만들 수 있다. 문제를 생각해 보자. 빈부의 격차를 줄여 많은 사람이 더불어 사는 사회를 만들려면 기업이나 국가가 어떤 노력을 해야 하는가? 개인이 사업을 할 때 직원의 임금이나 복지에 대해 어떤 생각을 가져야 하는지에 대해 생각해 보자. 그들은 일을 하기 위해 회사에 고용된 사람이지만 회사라는 공동체를 구성하는 구성원이기도 하다.

주제3
학교에서의 따돌림 현상

이번에는 학교 현장으로 가보자. 그곳에는 어떤 문제가 있는가? 학교에는 따돌림 현상이 자주 발생한다. 여러 명이 한 학생의 약점을 지적해서 그 학생을 학급에서 고립시키는 행위가 점점 더 빈번하게 일어나고 있다. 인간 중심적인 사회에서는 잘 일어나지 않는 따돌림 현상이 산업 중심 사회에서는 종종 발생한다. 인간은 사회적 동물이라고 한다. 여러 사람들이 모여서 일하고, 대화하고 서로 나누면서 살아야 한다. 어떤 사람이 사회의 일원이 되지 못하고 고립된다면 그 사람은 세상에서 살아야 할 이유를 잃게 된다. 그렇기 때문에 어떤 특정인을 조직 사회에서 고립시키는 행위는 대단히 나쁜 행위다. 말을 잘하는 사람, 말이 어눌한 사람, 공부를 잘 하는 사람, 공부보다는 체육이나 음악에 재능이 있는 사람, 태어나면서 육체적인 약점을 가진 사람 등, 이 세상에는 다양한 사람이 모여 살고 있다. 사람에게는 누구나 강점과 약점이 있다. 우리는 상대방의 강점을 격려하고 약점을 배려해야 한다. 강점과 약점은 실제로 같은 곳에서 나온다. 소심한 사람은 어떤 일을 섬세하게 잘 다룬다. 사람 사귀기를 좋아하는 사람이나 정치가, 웅변가는 다른 사람 앞에 서는 것을 좋아하지만 자신의 일을 차분하게 풀어가는 능력이 뛰어나지 않다. 다른 사람의 약점을 지적해서 비난하면 그 사람의 장점까지 사라지는 경우가 종종 있다. 누구든지 다른 사람을 사회에서 고립시켜서는 안 된다.

학생들은 아직 육체적으로나 정신적으로 완전히 성숙하지 못한 상태다. 친구들끼리 서로를 인정하고 돕는 방식을 배워야 한다. 따돌림을 없애는 정답은 서로 이야기를 나누고 상대방을 이해하는 소통의 장을 만드는 것이다. 소통의 가장 좋은 방법은 동아리 활동이다. 어떤 주제에 대해 학생들에게 역할을 주고, 문제를 함께 풀고 고민하고 해결책을 제시해 보도록 한다. 답답한 닫힌 공간보다는 자연과 함께하는 열린 공간에서의 교육을 통해 청소년들이 함께 나누고 협력하는 정신을 갖추도록 해 주어야 한다.

주제4
아파트의 층간 소음

이번에는 사람들이 살고 있는 주택가로 가 보자. 사람들은 지붕이 낮은 단독 주택이나 고층 아파트에서 산다. 사람이 어떤 형태의 가옥에서 살든 그것이 무슨 문제가 되느냐고 할지 모르지만 단독 주택과 아파트에서의 삶은 많이 다르다. 예전에는 아파트와 같은 공동 주택은 없었다. 사람들은 평지에 1층이나 2층 정도의 집을 지어 그곳에 마을을 만들고 옹기종기 모여 살았다. 그런데 도시로 많은 사람들이 몰려들었고 도시의 규모는 갈수록 커져갔다. 땅이 좁아지자 사람들은 높은 빌딩을 만들어 그곳에서 모여 살자는 아이디어를 냈다. 높고 큰 건물에 모여 살면 단독 주택에 사는 것보다 난방비가 저렴하고 외부 침입에 대한 보안이 좋다. 하지만 아파트가 많아지면서 문제가 발생하기 시작했다. 문제는 이웃간의 관계성이 약화된다는 점이다. 아파트란 구조는 자신의 문만 열고 안으로 들어가 버리면 다른 집과 연결이 완전히 끊긴다. 폐쇄성이 강한 아파트의 생활에서 사람들은 '이웃'을 자신이 관심을 가져야 하는 대상으로 생각하기보다 자신의 삶의 영역을 침범할 수 있는 외부인 정도로 생각하게 되었다.

폐쇄된 가옥 구조인 아파트에서 이른바 '층간 소음' 사건이 발생했다. 소음이 심하다고 아래 층에 사는 사람이 위층으로 자주 올라와서 항의를 하다 결국에는 사람을 해치는 사건이 일어났다. 층간 소음은 사회적 문제가 되었다. 정부는 층간 소음을 해소하기 위한 방안을 찾기 시작했다. 소리가 나지 않게 하는 방법을 한 대학교수가 제안했다. 소음이 발생하면 그 소음과 상쇄시키는 파형을 갖는 역소음을 만들어 충돌시키는 방안이었다. 그럴듯한 발상이었다. 그런데 그 장치를 모든 아파트 가구에 설치할 수 있을까 하는 의문이 들었다. 소음이 발생하지 않도록 바닥 벽돌의 두께를 증가시키는 방안도 검토되었다. 건축물에 일정 두께 이상의 바닥 벽돌을 사용하라는 정부의 권고가 있었지만 건축 시공사들이 건축비를 절감하기 위해서 두께가 얇은 벽돌을 사용하고 있었다.

아파트의 층간 소음 문제를 해소할 수 있는 방안을 생각해 보자. 사람들은 아파트 소음의 문제를 "소리" 자체의 문제로 생각하고 그에 대한 해결책을 마련하려 하고 있다. 층간 소음으로 인한 사회적 문제는 소음 때문에 생긴 사고라기 보다 이웃에 대한 이해가 부족해서 발생한 사고라고 해야 맞다. 현대사회는 갈수록 각박해져 가고 있다. 예전에는 마을에 이사를 오면 떡을 해서 이웃 집에 돌렸다. 지금은 아파트의 반상회가 없어지고 있어서 옆집에 사는 사람이 누구인지 모르는 상태가 되었다. 만약 이웃이 누구인지, 어떤 직업을 갖고 있으며 그 집에서 살고 있는 아이들이 누구인지 알고 있다면 우리는 이웃에게 적대감을 갖고 행동할 수 없다. '층간 소음' 문제를 소리를 없애는 기술로 해결할지, 또는 사람이 살아가는 방식이나 제도의 문제로 해결할지는 문제를 푸는 사람의 판단에 맡기도록 한다.

4부

적정기술
경진대회에서

← 청소년들의 창의력 향상을 위한
적정기술 경진대회 참석자

소외된 이웃이 겪는 20가지 문제

(사)나눔과기술에서 지난 5년 동안 진행한 "소외된 이웃을 위한 적정기술 경진대회"에서 청소년들과 함께 풀어본 문제 예시를 통해 가난한 나라가 처하고 있는 문제에 대해서 살펴보자.

1. 아프리카 빅토리아 호수 물을 정화하는 방법[물 분야]

대상지역	아프리카 빅토리아 호수 주변
배경/개요	아프리카 빅토리아 호수 주변은 공장 지역에서 흘러 드는 오폐수로 인해 호수 물이 심각하게 오염되어 있다. 이 상황에서도 주민들은 호수의 물을 식수로 사용해야 한다. 호수 물에는 부영양화로 많은 조류와 미생물이 서식하고 있어 이 물을 그대로 먹을 경우에 복통과 설사 등 질병에 걸리기 쉽다.
도움말	− 빅토리아 호수 물의 상황에 대한 정보를 얻어 보자. − 현지의 재료를 이용해서 물을 정수할 수 있는 방법, 더러운 물을 걸러 주는 장치의 고안이나 물을 살균하는 방법에 대해 생각해 보자. − 세균이나 미생물을 필터를 사용해서 제거할 수 있다. − 코코넛을 태워 만든 활성탄은 물 정화에 사용된다.

2. 물 속에 녹아 있는 석회를 정수하는 방법[물 분야]

대상지역	몽골이나 중국 북부 지역
배경/개요	강물이나 지하수를 그대로 식수로 사용할 수 있는 나라가 많지 않다. 유럽에서 맥주가 발달한 이유는 지하수를 식수로 사용할 수 없기 때문이다. 몽골이나 중국 북부 지역의 지하수나 하천에는 석회수가 다량 녹아 있어 식수로 사용하기 어렵다. 석회가 들어 있는 물을 오랫동안 먹을 경우 담석과 같은 질병에 걸릴 수 있다.
도움말	− 현지의 재료를 활용하여 석회를 정수하는 방법을 생각해보자. − 현지에서 구할 수 있는 광물 자원 중에 석회를 흡수하는 재료를 조사해 보자.

3. 식수로 사용할 빗물 저장고를 만들어 보기[물 분야]

대상지역	필리핀의 농촌지역
배경/개요	식수 시설이 갖추어져 있지 않은 인도차이나의 캄보디아나 필리핀 농촌에서는 빗물을 식수로 사용한다. 빗물은 바닷물의 증발로 만들어지기 때문에 순수하고 깨끗하다. 대기가 오염되어 있는 경우에는 산성을 띄기도 하지만 강물이나 호수 물보다 질적으로 좋다. 개도국의 농촌에서는 비가 오면 항아리에 물을 받아 담아 놓고 식수로 사용한다.
도움말	− 여러 가구가 사는 농촌에서 공동으로 사용할 수 있는 빗물 저장고를 만들어 보자. − 농촌에서는 항아리에 물을 받아 식수로 사용한다. − 고인물은 썩는다. 빗물이 썩지 않는 방법을 고려하자. − 생물(동·식물)자원을 활용해 물을 깨끗하게 하는 방식을 생각하자.

4. 아프리카 우간다의 축산 오물 처리 [위생-에너지]

대상지역	우간다
배경/개요	소를 키우는 농가에 가축의 변을 처리하는 시설이 없다. 우간다의 축산 오물로 인해 오염된 물이 사람들의 건강을 해치고 있다.
도움말	− 우간다의 문화와 풍습을 알아보자. − 축산 오물 정화 시설을 현지의 풍습에 맞게 설계하자. − 전기 에너지가 없으므로 에너지를 얻으려면 독립 전원인 풍력이나 태양광을 활용하면 좋다. − 가축의 변을 말리면 연료로 사용할 수 있다. 연료를 만들어 재활용하는 방법을 생각해 보자.

5. 인도차이나 농촌지역 배변처리 시설 설계[위생-에너지]

대상지역	캄보디아나 베트남의 농촌
배경/개요	캄보디아나 베트남 같은 가난한 나라의 농촌에는 화장실이 없다. 논두렁에서 배변을 본다. 홍수가 나서 배변과 식수가 섞여서 콜레라, 이질 등의 질병이 발생한다. 이런 질병이 어떻게 발병하는지 사람들은 잘 모른다. 화장실을 만들어 주어도 현지의 문화에 맞지 않으면 화장실이 사용되지 않는 경우가 있다. 현지 사정에 적합한 화장실을 설계해 보자.
도움말	− 인도차이나 각국의 배변 문화를 공부하자. − 현지에 적합한 퇴비 화장실을 생각해 보자. − 현지에서 구할 수 있는 재료로 화장실을 설계하자. − 배변 처리 시설을 설계하고 변을 퇴비로 활용하는 방안을 연구해보자.

6. 아프리카 차드나 말라위에서 자라는 식물 자원을 활용한 대체 연료 개발 [에너지]

대상지역	아프리카 차드나 말라위
배경/개요	아프리카의 가난한 나라인 차드나 말라위는 과도한 벌목으로 인해 산림이 황폐화되어 벌목이 금지되어 있다. 땔감을 구할 수 없어서 농촌에서는 음식을 조리할 연료가 부족하다. 아이들은 하루 종일 나무 껍질을 벗기거나 뿌리를 잘라서 연료로 사용한다. 현지에서 버려지는 식물 자원을 활용하여 대체 에너지를 만들어보자.
도움말	– 이 지역의 주식은 옥수수다. – 옥수수나 사탕수수를 자원으로 사용할 수 있다. – 현지에서 자라는 식물 자원을 활용하여 대체 연료를 개발해보자. – 나무를 사용하는 것과 숯을 사용하는 것 중 어느 것이 효율이 좋은지 알아보자. – 숯을 만드는 공정을 조사해 보자. – 음식조리를 위한 화력을 유지하려면 재료가 단단해야 한다. 압력을 주어 연료의 밀도를 높이는 방법을 생각해 보자(한국의 연탄 제조기술).

7. 몽골의 연료, 갈탄이 탈 때 발생하는 연기를 줄이는 방법 [에너지]

대상지역	몽골 전 지역
배경/개요	몽골의 노천에 갈탄이 많다. 갈탄은 주로 유목민들의 이동식 주택인 게르와 일반 주택의 연료로 사용된다. 몽골의 갈탄은 연소 시에 연기가 많이 나는 유연탄이다. 탄이 타면서 생기는 연기로 인해 도심(울란바토르)은 세계에서 가장 대기가 오염된 도시가 되었다. 아주 가난한 주택에서는 쓰레기 장에서 주운 비닐이나 폐타이어를 연료로 사용하기도 한다.
도움말	– 갈탄이 탈 때 발생하는 연기를 줄이는 방법을 생각해보자. – 갈탄의 성분을 이해하고 탄의 질을 높이는 방법을 생각해보자. – 화로의 연통에 연기 방지기를 설치해서 오염을 줄이는 방법을 생각해 보자. – 연료 절감을 위해 보온 장치(예: 지세이버(G-savor))를 연통에 설치해 보자.

8. 태양광이나 풍력 등 신재생에너지를 이용한 몽골의 농업기술[에너지-농업]

대상지역	몽골
배경/개요	몽골은 식수와 농업 용수가 부족한 국가이다. 큰 강이 없지만 지하수는 풍족하다. 수도인 울란바토르에 백만 명이 넘는 인구가 밀집해 있고 기타 지역에는 소수의 사람들이 살고 있다. 사막화로 인해 유목민들이 목초지를 버리고 도시로 이주하고 있다. 도시에는 실업자가 증가하고 환경 오염, 하천 오염 등 여러 사회 문제가 일어난다. 이들을 다시 초지로 돌려보내 농업을 할 수 있도록 하는 정책이 필요하다.
도움말	– 몽골은 일년 중 8개월이 섭씨 영하 20도 이하의 겨울이다. – 비닐하우스를 이용한 농업이 가능하다. – 몽골에서 기를 수 있는 채소의 종류를 알아보자. – 태양광/풍력 장치를 이용해서 지하수를 퍼 올리는 방법을 생각해보자. – 비닐하우스의 온도를 유지할 수 있는 에너지를 생각해보자(태양열, 지열, 물질의 비열 등).

9. 풍력장치를 이용하여 웅덩이에 고인 물을 농지로 이동시키는 방식 [에너지-농업]

대상지역	캄보디아
배경/개요	캄보디아는 산림이 적고 평평한 농지가 많은 나라이다. 일년 내내 온도가 높은 열대 기후다. 계절은 우기(여름)와 건기(겨울)로 구분된다. 날씨가 좋아 일년 삼모작이 가능하지만 농업 용수로가 개발되어 있지 않아서 물이 있는 곳에서만 농사를 지을 수 있다. 캄보디아의 우기 때 웅덩이에 고인 물을 농지로 이동시켜 저장하는 방법을 생각해 보자.
도움말	– 캄보디아는 바람이 많지 않지만 태양의 질이 좋다. – 농촌 지역에서 태양광 에너지를 보편적으로 사용하고 있다. – 남부 해안 지역에만 양질의 바람이 분다. – 저장된 물을 순환시켜 썩지 않게 하는 방법을 생각해 보자. – 식물이나 동물 자원(물고기)을 이용해 저장고의 물을 정화하는 방법을 생각해 보자.

10. 몽골의 감자 창고 설계 [농업]

대상지역	몽골
배경/개요	몽골은 땅이 비옥하다. 몽골 사람들이 주식은 감자다. 대부분의 감자를 중국으로부터 수입한다. 감자를 심으면 식량을 확보할 수 있지만 겨울이 너무 추워 감자를 저장할 수 없다(일년 중 4개월만 농업이 가능하다. 겨울은 섭씨 영하 20~40도로 춥다.).
도움말	– 감자에 대한 특성을 알아보자. – 지하에 감자 저장고를 만들어보자. – 지하로 내려가면 온도가 올라간다(지열). – 햇빛 창을 이용해서 태양 에너지를 창고로 들여 보내자. – 과학적인 상식을 이용해서 창고로 들어 온 에너지를 오랫동안 유지할 수 있는 방법을 생각해 보자.

11. 스마트폰을 사용하여 지도에 나타나지 않는 지역의 지도를 만드는 방법 [전기-정보통신]

대상지역	인도 북부
배경/개요	인도 북부의 오지 지역의 농촌 주변은 인공위성 사진에는 나타나지만 주변의 길이나 산, 마을이 지도에는 나타나 있지 않다. 이 지역은 홍수나 지진이 발생할 경우에 네비게이션으로 마을 진입로를 찾기 어려워 많은 인명이 사고를 당할 위험에 처해 있다. 스마트폰과 같은 인터넷 기기를 사용하여 오지 마을의 도로와 건물을 구글 맵에 올려놓을 수 있는 방안을 찾아보자.
도움말	– 실제로 지역을 방문해서 도로망과 건물 위치에 대한 정보를 얻어서 어떻게 구글 맵에 올려놓을 수 있는지를 생각해 보자. – 스마트폰의 여러 기능을 활용한다.

12. 필리핀 빈곤지역의 주택 전등 설계[전기-정보통신]

대상지역	필리핀 빈민가
배경/개요	필리핀의 도심 빈민가에는 상자박스와 같은 작은 집들이 오밀조밀 붙어 있다. 지붕은 폐쇄형으로 빛이 차단되어 있어 이 지역에서는 낮에도 어두컴컴하다. 전기는 들어와 있지만 경제력이 약해서 전기를 많이 사용할 수 없다. 어느 기술자가 이런 지역을 위해 페트병과 물, 표백제를 이용해서 페트병 전구를 만들어서 낮 시간에 사용할 수 있는 전구를 만들었다고 한다. 유사한 방식을 이용해서 저렴한 비용으로 어둠을 밝힐 수 있는 전구를 설계해 보자.
도움말	- 빛을 발하는 형광물질에 대한 지식을 알아보자. - 가난한 사람들을 위한 빛이므로 가격이 싸야 한다. - 빛이 있으면 자녀를 교육해서 문맹을 퇴치할 수 있다. - 야간 생산 활동이 증가한다.

13. 전기가 없는 지역의 저온 냉장고 제작[전기-정보통신]

대상지역	네팔이나 아프리카의 전기가 없는 지역
배경/개요	Pot-in-pot(항아리 속의 항아리)이라는 적정기술 제품이 있다. 이 제품은 전기가 없는 지역에서 야채나 과일을 담아 두는 냉동저장고다. 두 항아리 사이에 모래가 들어 있어 이곳에 물을 채우기만 하면 물의 기화 시 항아리의 열을 빼앗아 가기 때문에 냉장 효과가 있다. 보통의 항아리에 토마토를 채워 놓으면 2-3일 정도 지나면 썩지만 이 냉장 항아리에서는 20일 이상 저장이 가능하다. 이 원리나 이와 유사한 원리를 적용하여 개선된 형태의 냉장고를 설계해 보자.
도움말	- 지역에서 확보할 수 있는 재료를 활용하고 지역의 상황을 잘 이해하자. - 열을 빼앗는 원리를 알아보자. - 물의 기화열을 이용하는 냉장고. - 태양광을 전력으로 이용한 의료용 백신 저장 냉장고.

14. 아프리카 농촌지역의 화덕 설계 [생활/에너지]

대상지역	아프리카 연료가 없는 지역의 이동용 화덕
배경/개요	아프리카의 차드나 말라위에서는 숯이나 나무를 연료로 사용한다. 연료를 구할 경우 옥수수 죽을 끓여 먹을 수 있지만, 구하지 못하면 굶어야 한다. 벌목이 심한 이 나라에서는 산림보호를 위해 벌목을 금지시켰다. 이동용 화덕을 폐타이어에서 나오는 철사를 엮어서 만들어 사용한다. 하지만 철사의 공간으로 열이 세어 나오기 때문에 열효율이 매우 낮다. 숯이나 나무를 태울 수 있는 열효율이 좋은 화덕을 설계해 보자.
도움말	– 현지의 상황 이해: 어떤 연료(나무, 숯)를 사용하고 있는가? – 화덕의 형태는 어떠한가? – 돌이나 진흙을 이용한 화덕설계.

15. 건조한 지역에서 식수 구하기[생활/과학]

대상지역	건조하지만 일교차가 큰 지역(아프리카 사막지역, 남아메리카 산악지역)
배경/개요	남아메리카의 안데스 산맥은 서쪽지역은 강수량이 매우 적지만 적당한 형태의 산림이 존재한다. 비가 오지 않지만 일교차에 의해 새벽에 발생하는 안개가 수분을 공급하기 때문이다. 같은 원리를 이용하여 사막이나 건조한 지역에서 식수를 얻을 수 있는 장치를 고안해 보자.
도움말	– 온도 차이에 의해서 이슬이 맺히는 원리를 알아보자. – 이슬이 많이 맺히도록 표면적을 크게 한다. – 이슬을 포집할 수 있는 구조를 생각해 보자.

16. 우기에 견디는 단단한 벽돌 설계[생활/과학/주거]

대상지역	아프리카 농촌지역
배경/개요	아프리카 농촌지역의 주택은 흙으로 구조를 만들고 풀을 자아서 지붕을 올려놓은 형태이다. 흙은 주로 진흙과 같은 재료이다. 건기에는 잘 사용되나 우기가 되어 비가 계속 내리면 벽돌이 견디지 못하고 흘려내려 주택이 무너지는 경우가 많다. 우기에도 견딜 수 있는 주택용 흙 벽돌을 설계해 보자.
도움말	– 진흙에 볏 집과 같은 재료를 넣어 벽돌을 만들면 벽돌의 강도가 높아진다. – 아프리카 한 지역을 설정하고 그 지역의 토양과 볏 집 대용 재료를 찾아보자. – 어느 정도 넣어야 가장 적절한지도 생각해 보자. 그곳의 재료를 실제로 구할 수 없으므로 국내에서 구할 수 있는 재료로 실험해 보자.

17. 네팔 기후에 적합한 주택소재의 설계[생활/과학/주거]

대상지역	네팔 농촌지역의 대나무 가옥
배경/개요	네팔에는 대나무가 많이 난다. 네팔의 기후와 토양을 연구하자. 대나무를 이용한 패널 형의 주택소재를 만들어 보자. 건조한 지역과 습기가 많은 지역의 주택구조는 다르다. 습한 지역에서는 1층에는 사람이 거주하지 않고 열린 공간으로 놓아 둔다. 주택 설계를 조사하고 네팔에 적합한 자연 소재 패널을 설계해 보자.
도움말	– 네팔의 문화와 가옥구조를 알아보자. – 네팔의 대나무 산업과 생산규모를 알아보자. – 대나무가 좋은 소재이지만 다른 소재가 있다면 사용 가능한 지에 대해 토론해 보자. – 네팔의 토양을 연구해 보자.

대상지역	아프리카 문맹지역
배경/개요	아프리카라면 모든 지역이 가난하다고 생각하지만 도시에서는 시장이 만들어지고 경제 활동이 이루어진다. 아프리카 도심 지역에 가면 핸드폰을 사용하는 사람들을 자주 볼 수 있다. 이들 중에는 문자 기능을 인식하는 사람들이 있지만 글자를 전혀 모르는 사람들도 있다. 글을 몰라도 말을 통해 정보를 주고 받을 수 있어 핸드폰 임대업도 유망사업으로 자리 잡고 있다. 문자를 모르는 사람들을 위한 핸드폰을 디자인해 보자.
도움말	− 아프리카 한 나라의 도시지역이나 농촌지역의 문맹률을 알아보자. − 문자를 모르는 사람들에게 필요한 핸드폰 기능에 대해 생각해 보자. − 자판에서 숫자나 그림을 인지한다고 생각하고 문맹자에게 적합한 핸드폰을 설계해 보자.

19. 독신자에게 접합한 주거 형태 설계 [주거/에너지]

대상지역	도시 지역의 독신자를 위한 주거와 시설
배경/개요	도시 지역의 경제가 커지면서 빈부의 격차가 늘어나서 사회가 양극화되고 있다. 소득이 낮은 청년 독신자들이 많아지고, 고시촌이나 학원의 재수생들과 같이 혼자 생활하는 사람들이 늘어나고 있다. 이들은 소득이 낮아서 큰 집을 소유할 수 없다. 저소득 독신자들을 위한 주거 공간을 설계해 보자. 소득이 낮은 청년 독신자들을 위한 주택은 공간이 협소하다. 따라서 가구나 가전 침대 등과 같은 물건들이 주택 공간 내부에서 적절히 배치되어야 주택에서의 생활 공간을 적절히 확보할 수 있다. 최소한의 공간에 집기나 가전, 생활 가구를 배치하는 방식을 설계하라.
도움말	− 여러 명이 함께 사는 주거 공간의 형태. 에너지(전기)사용, 부엌, 화장실 등. − 독신자를 위한 전기 용품. − 작은 공간에 필요한 물품을 채울 수 있는 방식. − 접이식, 내장식(Built-in)방식을 참고하자. − 독신 가정에 최소한으로 있어야 하는 시설 또는 집기가 무엇인지 알아보자.

20. 홈리스에게 필요한 침낭[주거/에너지]

대상지역	도시 지역의 홈리스(Homeless)
배경/개요	한국에서 홈리스는 금융 위기 IMF 시에 처음 나타났다. 금융 위기로 많은 중소기업이 도산했다. 직장을 잃은 사람들 중에 가정을 떠나 도심에서 주거하는 사람들이 생겼다. 그들은 추운 겨울을 지하도나 지하철에서 보낸다. 사과박스를 연결해서 잠자리를 만든다. 홈리스는 집이 없는 사람을 일컫는 말이지만 실제로 그들은 집보다는 삶의 희망을 잃은 호프리스(Hopeless)다. 이들은 직장, 가정, 가족과의 단절로 인해 살아가야 할 동력을 상실한 상태이다. 간단한 보온재를 사용해서 운반이 쉬운 침낭을 만들어 보자.
도움말	– 한 사람이 사용할 수 있는 운반이 쉬운 구조. – 보온 효과가 좋고 값이 저렴한 재료의 사용. – 내구성이 좋은 재료. – 간단히 접어서 보관할 수 있는 구조. – 침낭의 제작과 더불어 홈리스에게 살아갈 희망을 심어줄 수 있는 방안을 생각해 보자.

경진대회 수상작 엿보기

프로젝트 동기

지구라는 하나의 커다란 울타리 안에서 우리 모두는 행복하고 즐거운 삶을 살아야 한다고 생각한다. 하지만 지금 아프리카의 상황을 보자. 그곳에는 뜨거움, 먼지, 질병, 오염된 물과 같은 척박한 환경과 식량이 없어 굶주리는 이들의 애달픈 신음소리가 울려 퍼지고 있다. 아프리카의 여러 나라에서는 선진국의 도움을 필요로 하고 있다. 인류가 모두 행복하게 살아갈 수 있도록 선진국의 발전된 기술이 나눔이라는 형태로 그곳에 전달되어야 한다. 우리 팀은 적정기술의 전파 필요성을 느끼며 본 프로젝트에 참여하게 되었다.

우리가 진행한 주제는 비가 많이 오는 우기 때에 버틸 수 있는 튼튼한 벽돌 만들기이다. 먼저 아프리카 기후에 대하여 조사를 해보았다. 적도 부근의 지역은 상당히 덥고 건조하다. 남아프리카 공화국을 제외하고는 대부분 덥고 건조한 지역이거나 사바나 기후 지역이다. 이런 더운 지역에 어떻게 비가 내릴 수 있냐고 의아해하는 사람들이 있을 수 있다. 지구의 자전축은 기울어져 있다. 기울어진 상태로 공전하기 때문

아프리카의 흙 집
https://jp.pinterest.com/
WeetaK/african-
traditional-huts/

에 적도에 언제나 태양빛이 수직으로 닿지는 않는다. 이때 비가 내리는 저기압과 아열대 고기압대가 이동하여 건기와 우기가 생긴다.

문제는 우기 때 발생한다. 아프리카 농촌 지역에서는 사람들이 흙벽돌로 집을 짓는다. 그런데 이 벽돌 위에 비가 내리면 벽돌이 물에 젖어서 흙이 흘러내린다. 비에 젖은 벽돌이 흘러내려 집 안의 모든 사람과 물건을 삼켜버린다. 사람들은 우기 때만 되면 집이 무너져 내릴지도 모른다는 두려움을 갖고 살아가고 있다. 아프리카의 우기에 견디는 비에 강한 벽돌을 만드는 것, 이것이 이번 주제의 목표이다. 비가 와도 빗물이 스며들지 않는 벽돌을 만들어야만 집이 무너져 내리는 것을 방지할 수 있다.

우리가 궁극적으로 원하는 것은 제대로 된 주택을 갖지 못한 아프리카 사람들의 행복이다. 이들에게 단단한 벽돌로 만든 주택을 갖게 해 주자는 취지를 담아서 이 프로젝트에서 만들 벽돌에 "해피벽돌(Happy brick)"이란 이름을 붙였다. 이 벽돌을 사용하는 사람들의 입가에 미소가 번졌으면 좋겠다는 생각을 하였다. 어려움을 겪고 있는 이웃을 돕는 것보다 더 행복한 일은 없을 것이다. 이번 프로젝트를 준비하면서 적정기술에 대하여 더 탐구하고 토의하고 싶다. 이번 대회를 통해 다양한 과학적 지식을 배우겠지만 무엇보다 나눔의 가치에 대해서 배웠으면 좋겠다. "나눔의 가치 배우기"가 우리 팀의 출전 동기이다.

우리가 만드는 벽돌은

이 과제의 목표는 우기가 지속되는 상황에서 흙벽돌로 지어진 집이 무너져 내리지 않도록 하는 것이다. 먼저 집이 무너지는 이유를 생각해 보았다. 벽돌 내부에 볏짚을 섞어 넣으면 흙벽돌의 강도를 높일 수 있지만 방수가 안 된다면 흙 벽돌이 혹독한 아프리카의 우기에 견디기는 어려울 것이다. 그래서 우리는 벽돌의 접착력, 강도, 방수 기능이 다 합쳐진 벽돌을 만들고자 하였다.

첫 번째로, 강도를 높이기 위해 볏짚의 대체재를 찾아보았다. 여러 가지 아프리카에서 쉽게 구할 수 있는 재료를 찾던 중에 바나나 나뭇잎이 볏짚보다 더 질길 것이라고 생각하였다. 조원 중 한 명이 외국 여행을 갔다가 건조시킨 바나나 잎을 보았는데, 마치 나뭇가지처럼 튼튼했다고 했다. 바나나 나뭇잎을 진흙에 넣어 반죽할 때에는 나뭇잎이 부드러운 상태이지만 벽돌이 굳으며 나뭇잎도 동시에 굳기 때문에 강도가 좋아질 것이라고 생각했다. 흙과 바나나 잎 조각을 섞은 반죽을 벽돌의 소재로 사용하기로 결정하고 바나나 나뭇잎과 유사한 아프리카에서 많이 자라는 대추야자의 잎도 사용하기로 했다.

두 번째로, 흙에 모래를 첨가하기로 했다. 진흙에 모래가 첨가되면 흙 사이의 틈을 모래가 채워주므로 벽돌의 밀도를 높일 수 있을 것으로 생각하였다. 하천 주변에는 침식작용으로 인한 많은 양의 모래가 있으므로 손쉽게 모래를 얻을 수 있을 것이다.

마지막으로, 방수 기능을 생각해 보았다. 벽돌 자체가 방수가 되면 좋을 것이라고 생각하여 밀랍을 넣어 방수를 하자는 생각을 했다. 밀랍이 흙끼리와의 접착력을 높이기도 한다. 하지만 모든 벽돌에 밀랍을 바른다면 많은 양의 밀랍이 소요될 것이다.

야자수 잎, 진흙, 모래를 물로 반죽한 후, 벽돌 틀에 넣고 말린다.	벽돌의 강도를 높이기 위하여 한 번 구워준다.	다 구워진 벽돌은 위와 바깥쪽 부분에 밀랍을 바른다.

밀랍의 양을 줄이기 위해 벽돌의 한 쪽 부분에만 밀랍을 바르기로 했다. 집을 만들 때 벽돌의 윗부분에 밀랍을 발라 가열해서 벽돌이 서로 붙을 수 있도록 할 것이다. 밀랍은 녹는점이 약 70도 정도 되기 때문에 건기 때 밀랍이 녹아 내리는 것은 걱정하지 않아도 될 것이다. 밀랍은 양봉업체의 벌집에서 얻을 수 있다. 진흙과 대추야자 잎 조각, 모래를 섞은 소재를 사용하고 벽돌의 표면을 밀랍으로 바르면 방수와 강도, 접착력이 강한 우기에도 잘 견디는 흙벽돌을 만들 수 있을 것이다.

누가 사용하면 좋을까?

아프리카에서 건기와 우기가 뚜렷한 곳을 찾아보았다. 아프리카에서는 열대 사바나 기후가 나타나는 지역에서 건기와 우기가 뚜렷하다. 적도 저기압대의 영향을 받

아프리카 대륙에서 탄자니아의 위치와 자연적, 사회적 환경 특징

한반도의 4배가 넘는 국토에 2천 2백만 명의 국민이 살고 있으며, 국민의 98%가 반투족이 주축인 아프리카인이다. 남쪽으로는 말라위, 잠비아가 있으며, 서쪽에는 자이르, 부룬디가 접해 있다. 해안 지대는 계절풍에 의해 평균 기온이 25도로 고온 다습하지만, 내륙은 기온 차가 심하고, 평균기온은 섭씨 22.6도다. GDP 비중에 따른 산업구조를 살펴보면, 농업이 42.8%, 광공업이 18.4%, 서비스업이 38.7%를 차지하고 있다. 1982년 중국과 운반용 자동차와 트랙터 조립공장이 가동되었었다. 1인당 구매력평가 기준 GDP (PPP) ($)는 1430억 원으로 그다지 높지 않다.

탄자니아의 북동부에는 아프리카의 최고봉인 킬리만자로 산을 비롯해 산악지대가 주를 이루며, 북서쪽에는 아프리카에서 가장 넓은 빅토리아 호수가 있다. 보통 농산물, 광산물 등의 1차 산업의 수출에 의존한다. 주요 수출품으로는 커피, 면, 캐쉬넛, 금, 차, 사이잘 삼 등이 있다. 옥수수, 카사바, 쌀, 사탕수수는 소규모의 자영 농민에 의해 생산된다. 수출작물은 커피, 차, 면화, 사이잘, 담배 등이 있다. 지하 자원으로는 철광, 석탄, 금, 다이아몬드가, 산림 자원으로는 삼목, 장미목, 마호가니 등 나무가 외화 획득을 위해 수출된다.

밀랍 구하기: '허니케어아프리카(Honey Care Africa)'는 마을 단위의 지속 가능한 양봉업으로 지역 농가의 소득을 증대시킬 목적으로 설립된 사회적 기업이다. 케냐, 탄자니아, 우간다 정부는 지역 NGO 및 국제개발기구와 협력하여 마을 단위로 양봉 시범 사업을 펼치고 있으며 소액신용대출제도를 통한 재정 지원과 양봉 교육 등의 포괄적인 서비스를 제공하고 있다.

을 때는 비가 많은 우기이고, 아열대 고기압대의 영향을 받을 때는 비가 오지 않는 건기다. 아프리카의 열대 사바나기후 지역에 속하는 탄자니아가 그런 지역에 해당한다. 탄자니아에는 호수가 많아서 나무가 자라기에 적합하므로 벽돌의 재료를 구하기 쉽다.

해피벽돌의 장점

기술적으로는 주택의 벽은 사람이 기댈 수 있는 튼튼한 구조물이어야 한다. 여기서 기댄다는 말은 벽을 믿고 의지할 수 있다는 말이다. 비가 오면 벽이 쉽게 무너져 내린다고 생각해 보자. 무서워서 살 수 없다. 예전의 흙벽돌들은 모래와 흙으로만 만든 벽돌이기 때문에 비에 젖으면 흙 알갱이들이 빗물에 씻겨 흘러내릴 수밖에 없었다. 이런 점을 개선하기 위해서 1) 야자수 잎 조각을 흙과 모래에 섞은 소재를 틀에 넣어 찍은 다음 불에 구움으로써 벽돌의 강도를 높일 수 있었고, 2) 반죽을 할 때 모래를 섞어서 진흙 사이사이 입자에 빈 공간을 다 채워주어 벽돌의 밀도를 높일 수 있었고, 3) 마지막으로 구운 흙 벽돌의 한 면에 밀랍을 칠하여 빗물이 벽돌 안으로 스며들지 않게 했다.

학생들이 직접 제작한 해피벽돌

경제적으로

'해피벽돌'의 방수기능에 사용되는 밀랍은 양봉업체로부터 구할 수 있다. 양봉업체와 벽돌 공장을 함께 하는 것도 좋은 방법이다. 양봉업을 통해 얻은 밀랍은 해피벽돌의 방수제로 사용하고, 꿀은 상품으로 만들어 판매를 하면 경제적 이익도 함께 얻을 수 있다. 결론적으로, 아프리카 탄자니아의 자연에서 얻는 점토와 야자수 잎, 양봉업을 통해 얻은 밀랍을 사용하면 적은 비용으로 '해피벽돌'을 만들 수 있다.

어떻게 활용하는가

'해피벽돌'은 진흙과 야자나무가 있고 양봉업을 할 수 있는 곳이라면 어디에서나 만들 수 있다. 벽돌의 주 재료인 식물의 잎은 꼭 야자나무가 아니어도 된다. 질기고 튼튼한 식물의 잎은 아프리카 대륙 어디서든지 쉽게 얻을 수 있다. 손쉽게 얻을 수 있는 원료로 간단하게 만들 수 있는 '해피벽돌'을 사용하면 우기에도 벽돌의 형태가 유지되는 튼튼한 집을 지을 수 있다.

심사위원 평가 및 조언

심사위원 | 오경숙/국가핵융합연구소 박사, (사)나눔과기술 운영위원/청소년적정
기술창의대회 운영 및 심사위원

주제 발표 평가: 팀원들이 앞에 나와서 심사위원 앞에서 제작한 작품에 대한 발표를 하고 있다.

작품 전시 평가: 담당 심사위원이 각 팀이 제작한 작품(전시물)에 대해 질의를 하고 있다.

우기는 보통 1개월에서 수개월 동안 길게 비가 많이 내리는 기간을 일컫는데요, 아프리카나 아시아의 특정 지역은 우리나라와 달리 우기와 건기가 뚜렷합니다. 이렇게 지역적 특색(기후, 지형, 주거형태, 주변 환경 등)을 찾아 그에 적합한 기술을 적용하는 것이 적정기술 디자인의 첫걸음이지요. 이외에도 그 지역의 경제적, 문화적 특색이나 활용할 수 있는 자원에 대한 정보는 적정한 기술을 개발할 때 매우 유용한 자료가 됩니다. 개발된 제품을 사용하는 대상(소비자)은 바로 그 지역 주민들일 테니까요. 누구나 인터넷을 통해 유용한 정보들을 쉽게 얻을 수 있는 만큼 이런 정보들을 잘 활용하면 좋겠습니다.

21세기 같은 하늘 아래에 최첨단의 과학문명의 혜택을 누리는 사람들과 의식주 문제가 절실한 사람들이 함께 살고 있습니다. 특정 지역의 주민들의 실생활 속에서 가장 절실하고 가장 필요한 것들을 생각하다 보면 그들에게 필요한 적정기술이 탄생할 것입니다. 벽돌에게 '해피벽돌'이라는 이름을 지어준 '갈릴대왕' 팀원들의 따뜻한 마음을 느낄 수 있었습니다. 마음을 나누자는 순수한 동기가 있을 때 따뜻한 기술이 만들어 집니다.

우기와 건기에 생길 수 있는 다른 문제는 없을까요? 우기일 때는 물이 너무 많아서 문제이고, 건기에는 물이 없어서 문제인데, 이상하게도 두 경우 모두 먹을 수 있는 깨끗한 물이 없다는 것이 안타까운 현실입니다. 우기 때 넘쳐나는 물을 저장했다가 건기에 사용하면 어떨까요? 벽돌 문제와 함께 물 문제에도 관심을 가져보면 좋겠습니다.

적정한 기술은 먼저 적정한 재료에서 시작됩니다. 그러한 점에서 '갈릴대왕'팀은 재료를 잘 찾은 것 같네요. 그 지역에서 쉽게 얻을 수 있는 재료여야 하는데, 쉽게 구할 수 있는 야자수를 이용해서 방수를 높인 결과를 보여주었습니다. 밀랍 재료로 벽돌의 방수기능을 높이려는 시도도 신선했습니다. 하지만 그 지역에서 양봉을 많이 권장하고 지원한다고는 해도, 사실 집을 지을 만큼의 밀랍을 얼마나 쉽게 얻을 수 있을지 경제적인 면은 좀 더 고려해야겠습니다. 어째든 주거 공간도 중요한 부분이기에 경제적인 검토와 기술적인 보안이 있다면 "해피벽돌"은 실현 가능성이 있는 기술이라 여겨집니다.

적정기술이 성공하려면 '현지인들이 지속적으로 쉽게 만들 수 있는가?'를 생각해야 합니다. 그곳 문화와 잘 맞는지도 고려의 대상입니다. 그래야 그 지역에서 유용한 기술로 정착할 수 있을 테니까요. 이 팀은 기존 기술에 새로운 재료를 더해서 방수 효과를 높였으니 문화적인 거부감만 없다면 그 지역 주민들이 쉽게 만들 수 있지 않을까 생각합니다.

한걸음 더 나아가 생각해 본다면, 사람이 사는 공간(집)을 조금이라도 튼튼하게 짓게 되면 삶의 질이 높아질 수 있겠지만, 건축학적 구조적 입장에서의 설계와 내부의 실용성 등도 고려해 볼 대상입니다.

흙으로 만든 벽돌로 집을 짓고 사는 나라가 얼마나 될까요? 경제적으로 열악한 지역에서 흙으로 만든 벽돌집은 그다지 튼튼하지가 않지요. 특히 비가 심하게 내리는 경우에는 흙이 흘려내려 집이 쉽게 허물어져 버리지요. 비가 와도 쉽게 허물어지지 않는 집을 만들 수 있다면 큰 도움이 됩니다.

그 동안 많은 팀들이 흙 벽돌 만들기에 많이 도전했지만, 이전의 팀에 비해 중학교 1학년 학생들로 구성된 '갈릴대왕'팀이 적정기술을 더 잘 이해한 것 같아요. 실험하는 과정과 생각들, 실제 실험에 사용한 재료로 아프리카에서 수입된 야자수 잎을 사용하는 시도가 좋았습니다. 제가 이 팀의 발표평가를 심사하며 질문을 할 때마다 발표자가 이미 예상했다는 듯 적극적으로 대답했었습니다. 적정기술처럼 누군가를 배려하는 기술에는 따뜻한 마음이 있어야 합니다. 갈릴대왕 팀원들이 안전하고 행복한 "해피벽돌" 만들기에 대해 고민하면서 가난한 사람들을 어떻게 도울지에 대해 많은 것을 배웠을 것으로 생각됩니다.

프로젝트 동기

아프리카의 소외된 사람들에 대한 자료를 찾던 중에 시각장애인 소녀들의 이야기를 알게 되었다. 그들의 생활상을 읽고 참담하다는 생각이 먼저 들었다. 정부에서 보내주던 도우미와 지원금이 끊겨서 어려움에 처해 있는 이들을 이웃들이 돌아가면서 도와주려 했지만 이웃들의 경제력도 어려워져서 제대로 도와주지 못한다고 한다. 아프리카 시각장애인의 실상을 적은 글이다.

'집에 들어갈 때부터 심한 악취가 코를 찔렀다. 4명의 소녀가 살기에는 공간이 너무나 협소했다. 큰 언니는 매일 동네 우물로 물을 길러 갔다. 이들에게는 경제적인

아프리카의 맹인을 안내하는
어린아이와 지팡이
http://
endtheneglect.org/2012/10/
how-a-nigerian-general-
became-an-advocate-for-
stopping-river-blindness/

지원이 절실하다.'

　시각장애인 소녀들은 함부로 밖에 나가지 못한다. 장애물들이 많은 건 물론이고 성폭행 같은 범죄에 쉽게 노출되기 때문이다. 이 소녀들이 마음 놓고 밖에 나올 수 있는 장치를 만들어 주고 싶은 마음이 들었다. 시각장애인들의 제2의 눈이 되는 '흰지팡이'(White cane, 다른 지팡이와 구별해서 시각장애인 용 지팡이에는 흰색을 칠한다.)를 만들기로 했다.

　시각장애인 소녀들을 위해 '흰지팡이'를 만들자는 제안에 대해서 처음에는 팀원들 몇이 반대했다. '근처에 나무막대기가 있잖아? 그들에게는 '흰지팡이'보다 먹을 것이 더 필요해!' 라고 말하는 친구도 있었다. 그럴 때 마다 마음이 울컥해서 더욱 열심히 자료를 조사했다. 그러다가 미국의 MIT 공대 디랩(D-lab.)에서 아프리카 장애인들을 위한 휠체어를 개발한 동기를 알게 되었다. 선진국들이 아프리카의 장애인을 위해 지원한 1000여대의 휠체어가 현지 사정에 적합하지 못해서 무용지물이 되었다고 한다. 아프리카의 도로는 대부분이 비포장이고 진흙과 오물이 많아서 일반 휠체어는 10미터도 채 못 가서 구덩이에 빠지거나 고장이 나기 십상이었고 한다. 그런 이유 때문에 MIT 공대 학생들이 아프리카의 지형에 맞는 휠체어를 개발했다고 한다.

　우리도 MIT 디랩과 마찬가지로 아프리카의 지리적 여건에 맞는 시각장애인용 '흰지팡이'를 만들기로 했다. 먼저 시각장애인들의 불편을 체험적으로 이해하고자 팀원 모두가 직접 시각장애인 체험을 하였다. 체험에서 느낌 점을 토대로 기존의 '흰지팡이'의 불편한 점을 하나하나 개선해 나갔다. 진흙과 오물이 많은 아프리카에서 안전한 땅을 가려낼 수 있도록 '흰지팡이'의 하단에 소리가 나는 장치인 헤드(일명 '삑삑이')장치를 달았고, 보행 장애물들을 효과적으로 감지할 수 있도록 감지 범위를 넓혀주는 '보조 감지 장치'를 추가하였다. 일반적으로 시각장애인들은 '흰지팡이'를 들고 선글라스를 쓰고 있어서 일반인과 구분된다. 이번에 고안한 '흰지팡이'에는 삑삑이를 지팡이에 부착해서 소리가 나게 했기 때문에 삑삑이에서 나는 소리가 선글라스와 같은 역할을 할 수 있다고 생각했다. '삑삑' 소리는 아프리카에서 흔하게 들을 수 있는 소리가 아니다. 이 지팡이를 사용하면 지팡이에서 나는 소리 때문에 시각장애인이 주변인들에게 도움을 받을 수 있다. '흰지팡이'와 보조 감지 장치, 그리

고 소리가 나는 삑삑이를 결합해서 시각장애인을 위한 지팡이인 '싸이(Psi)지팡이'
를 만들었다. 우리는 시각장애인 소녀들이 이 지팡이를 집고 밖으로 나오면 싸이의
말 춤을 추듯이 기쁜 마음으로 집 밖으로 나와서 보행을 할 수 있을 것이라는 마음에
지팡이의 이름을 '싸이지팡이(Psi-cane)'라 지었다. 소녀는 이제 집 밖에 나와서 싸이
지팡이라는 제2의 눈으로 세상을 느끼고 볼 것이다. 이것이 우리가 이번 프로젝트
를 진행한 동기다.

프로젝트 배경

시각장애인은 크게 앞을 전혀 보지 못하는 맹인과 시력이 낮은 사람으로 나뉜다. 전
세계 시각장애인의 90%는 개발도상국에서 살고 있다. 지난 10년 동안 시각장애에
대한 국제사회의 인식은 높아졌다. WHO(World Health Organization, 세계보건기구)에
따르면 세계적으로 340만 명의 맹인이 살고 있고, 1,240만 명이 시력에 문제가 있
다. 국제기구인 WHO와 IAPB(The International Agency for the Prevention of Blindness, 국제
실명방지협회)가 협력하여 2020년 전망 개선 프로젝트를 진행하기 시작했고 에티오
피아에는 2002년에 도입되었다. 에티오피아는 세계에서 맹인수치가 가장 높은 나
라 가운데 하나이다. 남부 아프리카에 380만 명의 맹인이 산다고 한다. 그 중 30만
명이 어린이이고 범죄에 노출되어 있다. 아프리카의 시각장애인 비율은 7.3%로 세
계에서 두 번째로 높다. (WHO2010[global data on visual impairment],[prevalence and causes of
blindness and low vision in ethiopia],[causes of visual impairment in central Ethiopia] 참고)

지팡이의 구조

1) 첫 번째 장치: 손잡이

맹인의 불편함을 실제로 체험하고자 눈을 감고 나무 막대기를 사용해서 보행을 해
보았다. 그 결과 보행 시에 지팡이를 잡은 손에 무리가 생겼고 상처가 날 위험이 있

손잡이(재료: 자전거 폐 튜브)

음을 알게 되었다. 보행 시의 안전을 위해 지팡이 상부에 손잡이를 부착하기로 했다. 손잡이의 재료로 자전거의 폐 튜브를 사용하였으며, 아프리카에는 접착제를 구하기 어려운 점을 고려해서 쉽게 제작, 분리할 수 있도록 고무줄을 사용하여 손잡이를 지팡이에 부착하였다. 지팡이 손잡이 길이를 계산한 결과 자전거 1 대의 폐 튜브로 16개의 손잡이를 제작할 수 있음을 알게 되었다.

2) 두 번째 장치: 보조 감지 장치

시각장애인들은 '흰지팡이'를 사용하여 보도를 갈–지(之)자로 훑으며 보행한다. 선진국의 도로에는 점자 블록이 있어서 시각장애인은 블록 길을 따라서 안전하게 보행할 수 있다. 하지만 아프리카는 대부분의 도로가 비포장이고 점자 블록이 없으므로 시각장애인이 넓은 범위를 감지할 수 있도록 보조 장치가 필요하다. 지팡이 하단에 주변의 상태를 감지할 수 있는 장치를 설계해서 부착하도록 했다. 감지 장치의 구도가 1차원이면 감지 범위가 좁고, 2차원 선으로 감지하면 감지 범위는 넓지만 정확도가 떨어진다. 팀원들과 여러 번의 논의를 통해 점과 선의 단점이 서로 보완될 수 있도록 감지 장치를 X자 모양으로 결정했다. 이 디자인을 이용하면 6,000 cm^3 (삼각기둥의 넓이–삼각뿔의 넓이=2/3삼각기둥의 넓이=2/3×20×45×20(높이)=6,000 cm^3)의 면적을 더 감지할 수 있을 뿐더러 지팡이의 안정성을 높일 수 있다.

　보조 장치의 재료는 우산살이다. 비용 부담을 줄이기 위해 재활용된 자원을 이용한다. 나무막대기, 알루미늄, 철사 등의 여러 재료에 대해 살펴보았다. 그 중에 우산살이 가장 적절한 소재로 선택되었다. 우산살은 잘 구부러지지 않고, 탄성이 작아 사고의 위험이 적으며, 표면이 코팅된 경우는 부식이 느린 장점이 있었다. 우산은 아프리카로 유입되는 선진국의 폐기물을 재활용하여 얻을 수 있다. 우산 1개 당 더듬이를 8개나 만들 수 있다. 설계 초기에는 우산살을 X자로 만들기 위한 받침대 제작에 대한 고민을 많이 했는데 옷걸이를 재료로 사용함으로써 지팡이의 구조가 훨씬 안정적이 되었다.

3) 세 번째 장치: 헤드(지팡이 끝부분)

지팡이의 하단에 위치한 이 부분은 위치상 다리(Foot)라고 불러야 하지만 전체 지팡

보조장치: "삑삑이"와 X자 감지장치

이 중에서 가장 중요한 기능을 담당하고 있기 때문에 헤드(Head)라고 이름을 지었다. 헤드는 두 부분으로 구분되는데 하나는 헤드 중앙에 들어간 공기 튜브를 중심으로 한 소리 내는 부분이고 다른 하나는 지팡이와 헤드를 이어주는 이음매 부분이다. 이음매 부분의 설계는 컴퍼스와 연필을 이어주는 부분과 유사한 구조로, 나사를 사용해서 양 옆에서 조일 수 있게 하였다. 소리가 나는 부분은 공기튜브를 누르면 소리가 나도록 설계하였다.

4) 조립식 키트 형태로 설계

현지에서 몸체를 직접 조달하면 비용이 절약될 수 있다. 또한 사람의 체형에 맞게 맞춤형 지팡이를 조립식으로 만들면 편리성을 높일 수 있다. 우리가 제안한 '흰지팡이'의 가격을 낮추기 위해서 손잡이와 보조감지 장치의 소재로 폐타이어의 튜브와 우산살 등의 폐자원을 사용했다. 흰지팡이의 몸체는 현지에서 구할 수 있는 목재로 하기로 했다. 흰지팡이, 삑삑이와 보조 감지 장치로 구성된 지팡이를 키트 형태로 제

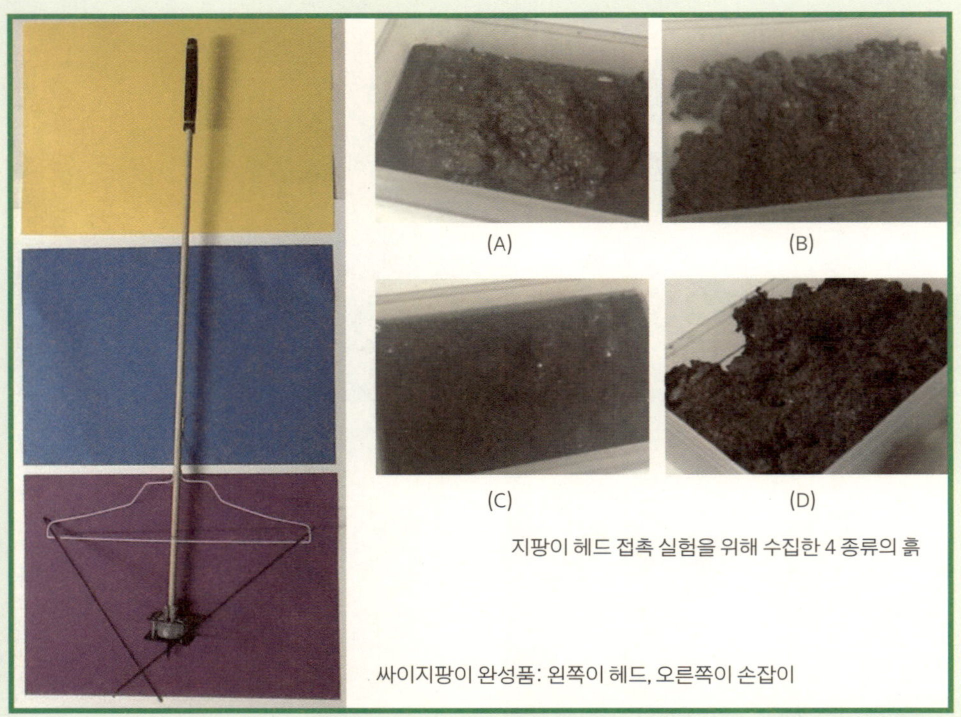

지팡이 헤드 접촉 실험을 위해 수집한 4 종류의 흙

싸이지팡이 완성품: 왼쪽이 헤드, 오른쪽이 손잡이

작해서 보급하기로 결정하였다. 지팡이를 조립식 키트 형태로 제작하면 장착과 분리가 편리하므로 체형이 변하는 성장기의 청소년들에게 적합하다. 또한 하나의 키트를 여러 명이 돌아가며 함께 사용할 수 있다.

헤드(삑삑이)의 감지기능 실험

헤드부분 삑삑이의 감지기능을 실험하기 위해서 4 종류의 진흙을 준비했고, 그 외에도 오물, 의자, 인조 잔디, 털 매트에서도 실험하였다. 해당 시료에 대해 지팡이로 5회 힘 주어 접촉하고 나서 소리가 나는지를 확인하였다.

(A) 비가 온 날 물이 약간 고여 있던 부분에서 채취한 진흙, (B) 큰 입자가 많고 물기가 대체로 적고 푸석푸석한 흙, (C) 깊이 10cm 이상의 웅덩이의 바닥에서 채취한 시료로 먼지와 토양이 엉켜있고 수분이 많은 흙(시간이 지나면 토양과 흙이 나누어짐), (D) 수분이 매우 많고 잘 가라앉는 토양.

1) 실험결과

시료에 따른 보조기구의 소리 발생 유무			
시료	실험결과 ex (oxxox)-2번 40%	시료	실험결과 ex (oxxox)-2번 40%
진흙A	xxxxx-0번 0%	개의 대변	xxxxx-0번 0%
진흙B	xxxxx-0번 0%	의자 쿠션(얇은)	oxoox-3번 60%
진흙C	xxxxx-0번 0%	인조 잔디	ooooo-5번 100%
진흙D	xxxxx-0번 0%	털 매트	oxooo-4번 80%

2) 실험 결과 분석

4 종류 흙에 대한 접촉 실험 결과, 아프리카의 지면과 가장 흡사하다고 생각되는 딱딱한 운동장에서는 '삑' 소리가 났지만 풀밭에서는 소리가 나지 않았다. 운동장이나 마룻바닥에서도 5번에 1번 꼴로 소리가 나지 않았다. 사용자가 지팡이를 누를 때의 힘과 각도에 따라 소리가 날 때와 나지 않을 때가 있었다. 또한 평평하고 딱딱한 안전 지면에서는 삑삑이가 100% 작동했지만 움푹 패인 진흙이나 오물과 같은 위험 지면에서는 작동하지 않았다.

보조 감지 장치의 기능 실험

1) 실험 내용

X-자형 보조 감지 장치를 이용하였을 때 단순히 감지 면적이 늘어난다는 사실만으로는 보조 감지 장치의 효율성을 입증하기 어렵다. 효율성을 알고자 동일 장소에서 동일 시간 동안 이동했을 때 감지되는 장애물의 개수를 측정하는 실험을 실시하였다. 장애물은 나무의자 12개였고 동일한 의자를 연달아 감지하면 그것을 하나의 횟수로 계산하였다. 팀원(A-D)마다 속도를 다르게 하여 이동하였다.

2) 실험 결과 분석

실험자간의 개인차가 있었지만 보조 감지 장치를 장착하였을 때 더 많은 장애물을 감지하였다. 실험 내용에는 없지만 4명 모두 보조 감지 장치를 장착하였을 때 동일한 시간에 이동거리가 늘어났다. 이 결과를 통해 보조 감지 장치가 장애물을 감지하

X-자 보조장치 실험 결과: 이동속도에 따른 감지도		
실험 실행자	보조감지장치 미장착	보조감지장치 장착
A(빠르게 이동)	9	13
B(일반속도로 이동)	10	11
C(일반속도로 이동)	6	9
D(느린속도로 이동)	4	5

는 데 효율적임을 알 수 있었다. 보조 감지 장치를 이용했을 때 감지되었던 장애물들이 보조 감지 장치를 제거하면 감지되지 않았다. 보조 감지 장치를 이용해 보았을 때 장애물을 정확히 감지하기보다는 장애물의 존재와 방향을 감지하는 데 적합했다.

보급계획 | 우리 팀이 제작한 '싸이지팡이'는 아프리카뿐만 아니라 여러 개발도상국의 상황(비포장도로)에 적합한 시각장애자용 '흰지팡이'이다. 시각장애인뿐만 아니라 시력이 약한 사람들에게도 '흰지팡이'가 필요하므로 아프리카에서의 '흰지팡이'의 시장 규모는 클 것으로 예상된다. 선진국으로부터 쓰레기가 아프리카로 수출되기 때문에 이 폐자원을 재활용하여 '흰지팡이'를 제작하면 제품의 가격을 최소화할 수 있고, 폐자원 처리의 환경 문제에도 도움이 된다. 싸이지팡이를 상품화하기 전에 해외 자원 봉사 단체들을 통해서 해당 국가에 공급해서 그 효율을 평가해 보는 것이 바람직하다. 최근에 아프리카에 선진국의 자본이 유입되면서 경제적인 여유가 있는 아프리카의 국가들은 복지에 눈을 돌리고 있다. 국제 봉사 단체들을 통해서 국가적으로 복지 수준이 미약한 나라에 시각장애인용 싸이지팡이를 공급하는 것을 계획하고 있다.

싸이지팡이는 개발도상국뿐만 아니라 선진국의 시각장애 어린이들에게도 매력적인 상품이 될 것으로 보인다. 최근 세계적으로 범죄에 대한 위험이 고조되는 만큼 '삑삑' 소리를 통해 주위의 사람에게 자신이 시각장애인임을 알릴 수 있는 싸이지팡이는 다양한 용도로 쓰일 수 있을 것으로 기대된다.

기대효과 | 국제적으로 시각장애인 복지 분야에 많은 자본이 투입되고 있기 때문에 시각장애인 용 '흰지팡이'가 많이 필요할 것이라고 예상된다. 버려지는 폐자원을 재

NOC 팀의 싸이지팡이 작품 및 발표 자료

활용하여 제작되는 싸이지팡이는 경제성이 높다. 또한 싸이지팡이는 키트 1개로 여러 사람들이 함께 쓸 수 있다는 장점이 있다. 예를 들어, 10명의 시각장애인이 함께 산다고 가정했을 때 각 사람의 키에 맞는 지팡이 몸체만 준비해 놓으면 키트 1개로도 언제든지 자신의 키에 맞는 싸이지팡이를 이용할 수 있다. 만약 10명 전원이 다 같이 움직인다고 가정했을 때 제일 앞에 선 사람이 싸이지팡이를 들고 길을 찾으면 나머지 9명은 소리를 듣고 계속 가야 할 지, 정지할 지를 결정할 수 있다. 그리고 1명이 싸이지팡이를 사용하고 있다는 것만으로 소리를 통해 나머지 9명이 모두 시각장애인임을 타인에게 알려 주변의 도움을 받을 수 있다 싸이지팡이는 적은 물량으로도 충분히 그 기능을 잘 수행할 것이므로 비용 대비 효율이 높다.

심사위원 평가

심사위원 | 김사명/한국과학기술원(카이스트) 전자공학과, 나눔과기술 청년위원

한국 가수 싸이의 말춤의 인기는 세계적입니다. NOC팀이 제작한 싸이의 말 춤을 출 수 있도록 도와준다는 지팡이가 여기 있습니다. 그 이름도 '싸이지팡이', 반드시 사람들을 춤 추게 만들겠다는 결의가 느껴집니다. 여기에서 '사람들'이란 바로 아프리카의 시각장애인들을 말합니다. NOC 팀이 싸이지팡이를 만들게 된 동기를 알아볼까요?

심사평 1 | 선한 동기

NOC팀은 아프리카 한 소녀의 이야기를 읽게 되었습니다. 시각장애인인 소녀는 동네는 물론 집 근처조차 함부로 나갈 수가 없습니다. 성폭행과 같은 범죄에 쉽게 노출되기 때문이죠. 도우미 고용에 필요한 정부 지원금마저 끊겨, 현재는 이웃들이 돌아가면서 돌보아주고 있지만 한계가 있습니다. 어떻게 하면 이 소녀들이 즐겁게 집 밖으로 나와 돌아다닐 수 있을까? 이런 고민을 하던 중 NOC 팀은 미국의 MIT공대 학생들이 아프리카의 도로 사정에 맞는 장애인용 휠체어를 개발했다는 이야기를 읽게 됩니다. 아프리카의 도로는 대부분 비포장이고 진흙과 오물로 범벅이 되어 있어 일반 휠체어가 효과적이지 않습니다. NOC팀은 MIT 학생들의 아이디어에 자

극 받아 아프리카 사정에 맞는 시각장애인용 지팡이를 만들기로 했습니다. 조사 과정을 통해 아프리카에서는 시각장애인들이 주변에 도움을 요청하기가 쉽지 않다는 점, 포장도로와 점자 블록 등 사회 기반 시설이 없다는 점을 알게 되었습니다. 제품을 향한 팀원들의 마음(선한 동기)이 하나가 되는 과정이 싸이지팡이에 생명을 불어 넣어 줍니다.

NOC팀은 먼저 팀원 모두가 시각장애인 체험을 하였습니다. 시각장애인들의 입장에서 생각해 보기 위해 가장 먼저 해야 할 일이었기 때문입니다. 지팡이에 대한 아이디어를 내고 스스로가 시각장애인이 되어 지팡이를 사용하면서 불편한 부분들을 하나하나 고쳐갔습니다. 눈을 감고 지팡이 하나에만 의지한 채 집 밖을 나가는 일은 생각보다 훨씬 두려운 일입니다. 길을 맞게 가고 있는 것인지, 혹시 차도 위에서 헤매고 있는 것은 아닌지, 코앞에 건물 벽이나 사람들이 있어서 곧 부딪히는 것은 아닌지, 수만 가지 생각들이 스쳐 지나갑니다. 싸이지팡이의 설계에는 바로 이런 체험의 과정들이 포함되어 있습니다. 직접 시각장애인 체험을 하면서 실제로 그들이 필요한 것이 무엇인지 찾아가는 과정에 점수를 주고 싶습니다.

지팡이는 총 네 부분으로 이루어져 있습니다. 지팡이의 몸체인 막대기와 손잡이와 보조 감지 장치, 그리고 땅에 닿는 부분인 헤드. 싸이 지팡이의 차별된 아이디어는 이 보조 감지 장치와 헤드에 있습니다. 시각장애인들은 보통 지팡이를 오른쪽과 왼쪽을 번갈아 짚어가며 길을 걷습니다. 하지만 비포장도로나 점자 블럭이 없는 곳에서는 번갈아 짚는 것 만으로는 충분하지 않습니다. 좀 더 넓은 범위를 감지할 수 있는 보조 장치가 필요한 것입니다. 지팡이를 짚는 행위는 바닥에 있는 한 점을 감지하는 방법입니다. 점으로 감지하면 정확도는 올라가지만 범위는 작습니다. 반면에 선과 같이 긴 면적을 통해 감지하면 정확도는 떨어지지만 감지 범위가 넓어집니다. 한 가지 지적하고 싶은 점은 제작한 작품 사진을 좀 더 다양한 각도에서 찍어 첨부했다면 더 좋은 설계도가 나왔을 것입니다. 다양한 사진이 있다면 작품의 형태를 머리 속으로 떠올리면서 설명서를 읽을 수 있어 더 이해가 잘 될 것입니다.

NOC팀은 길고 얇은 막대를 X자로 붙여 지팡이에 달아 감지 범위를 확대시켰습니다. 지팡이를 짚어 바닥을 정확하게 감지할 수 있도록 한 것이죠. 또 포장도로가 없어 진흙밭과 오물이 많은 아프리카의 도로 상황을 고려하여 바닥의 상태를 알 수 있도록 특별한 헤드를 만들었습니다. 바닥과 닿는 부분에 삑삑이를 달아 소리가 나도록 한 점에 점수를 주고 싶습니다. 만약 도로가 단단한 돌이라면 큰 소리가 크게 날 것이고, 진흙 밭이라면 점도에 따라 소리 크기가 달라질 것입니다. 소리는 걸어가도 되는 도로와 피해가야 할 진흙밭을 구분할 수 있게 도와줍니다. 한 가지 지적할 점은 현지 환경에 대한 설명을 자세히 할 필요가 있다는 점입니다. 비포장도로와 점자 블럭이 없는 아프리카 환경에서 가장 자주 부딪히는 장애물이 무엇인지, 무엇을 감지하기 위한 구조인지, 조금 더 자세히 설명했다면 좋았을 것입니다.

NOC팀은 현지에서 쉽게 구할 수 있는 재료들을 사용하여 아프리카 사람들이 쉽게 싸이지팡이를 만들어 사용할 수 있도록 해야겠다는 생각을 했습니다. 막대기 손잡이와 보조 감지 장치, 헤드를 세트로 공급하여 현지에서 사용자의 키에 맞는 막대기를 구해 조립할 수 있도록 하였습니다. 게다가 보조 감지 장치는 우산살로, 손잡이와 헤드는 각각 고무튜브와 폐타이어로 만들었습니다. 모두 현지에서 구할 수 있는 재료들입니다. 이렇게 하면 저렴한 가격으로 판매할 수 있고, 키가 자라고 있는 청소년들도 막대기만 갈아 끼우면 계속 사용할 수 있다는 장점이 있습니다. 지팡이가 완성되고, NOC팀은 지팡이의 완성도를 평가하기 위해 실험에 나섰습니다. 그런데 이 실험의 내용이 또 재미있습니다. NOC팀은 서로 다른 바닥에서 지팡이의 소리가 어떻게 나는지 알아보기 위해 운동장 바닥, 4가지 서로 다른 진흙 밭, 풀밭, 털 매트 위, 의자의 쿠션, 심지어 개의 대변에까지 실험을 했습니다. 모두 실제 아프리카의 상황을 재현하기 위한 노력들이었습니다.

실제 아프리카의 지면 상황을 재현하기 위한 노력이 돋보입니다. 실험 결과, 운동장과 쿠션, 털 매트 등에서는 지팡이의 소리가 제법 잘 났습니다. 반면에 진흙 밭과 풀밭에서는 소리가 나지 않았습니다. 소리의 유무로 소리가 나지 않는 곳은 진흙 밭, 풀밭일 것이라고 추측할 수 있습니다. NOC팀은 장애물 감지 실험도 하였습니다. 지팡이를 짚으며 지나가는 속력에 따라서, 보조 감지 장치의 유무에 따라서 얼마나 장애물을 잘 감지할 수 있는지 실험했습니다. 실험 결과, 보조 감지 장치를 장착하고 느리지 않은 속력으로 지나갈 때 가장 장애물을 잘 감지할 수 있었습니다. 싸이지팡이는 아름다운 도전이라는 생각이 듭니다. 누구도 아프리카 시각장애인들을 위한 기술을 돈이 되지 않는다는 이유로 시도조차 하지 않으려 할 때, 지구 반대편에 있는 한국의 고등학생 아이들이 시작한 이 도전이 아프리카 시각장애인들의 삶을 변화시키는 작은 불씨가 되면 좋겠습니다.

NOC팀의 싸이지팡이는 작품의 개발 동기와 조사 단계에서부터 학생들의 분명한 동기와 열정이 느껴지는 작품입니다. 아프리카 시각장애인들에 관한 글을 읽고 감명 받은 이야기, 팀원들의 마음이 모아지는 과정, 직접 시각장애인 체험을 통해 그들의 필요를 찾아가는 과정 등의 상세한 설명이 작품 설명서를 읽는 사람에게 와 닿습니다. 작품 제작 과정 또한 흥미롭습니다. 아프리카 환경을 고려한 지팡이의 디자인을 새롭게 창조해 내고, 가격과 제품 공급 계획을 고려하여 재료를 선정하고, 아프리카의 지면 상태를 재현한 곳에 완성된 제품의 실험까지. 앞으로 싸이지팡이가 시각장애인분들과 만나 그분들의 불편함을 들어보고 한번 더 개선 된다면 더 훌륭한 작품이 될 것입니다. 더불어 아프리카의 지형, 도로 사정, 노면 상태, 그곳에 사는 시각장애인들의 불편함에 대한 정보를 얻어 작품에 반영하면 좋겠습니다. 디자인도 중요합니다. 어렵게 사는 지역의 사람들이라 할지라도 그 지역의 문화와 전통이 있고 선호하는 색, 모양, 재질 등 자신이 사용하는 물건에 대한 다양한 기호가 있습니다. 예를 들면, 아프리카 사람들은 강렬한 원색을 좋아합니다. 만약 싸이지팡이를 강렬한 원색의 아프리카 특유의 문양을 넣어 더 튼튼하게 만든다면 그들의 호감을 살 수 있을 것입니다.

주제 선정

적정기술의 적용 대상을 찾던 중 우리 사회의 독거노인들에 대해 조사를 하게 되었다. 저소득 독거노인들은 매 여름·겨울철마다 극단적인 기후와 열악한 주거환경 때문에 고통 받지만 자식에게 조차 잊혀져 가며 힘든 하루하루를 살아가고 계셨고, 그분들의 경제 수준에 맞는 현실적인 냉·난방 기구의 보급 및 기부 현황은 열악하다는 것을 알게 되었다. 우리 팀이 조사한 제품은 독거노인들의 잠자리인 침낭이었다.

기존 제품의 문제점

먼저 기존에 제품으로 판매되는 침낭에 대해 알아 보았다. 시중에서 판매되는 침낭은 부피가 작고 가볍다. 또한 복원력이 뛰어나고 방수성이 좋아 휴대성과 보온성이 매우 우수하다. 하지만 보온재로 거위 털, 고어텍스와 같은 비싼 소재를 사용하고 보온성을 높이기 위해 복잡한 제조 방법으로 가공하기 때문에 제품의 가격이 매우 높다. 또 다른 단점으로는 전용 세제로 손세탁해야 하고 장기 보관 시 통기가 잘 되는 곳에서 보관해야 하는 등 관리와 보관이 까다로운 점을 들 수 있다.

제작의 기본 방향

전기료를 낼 형편이 되지 못해 기부 받은 전기 난방 기구조차 사용할 수 없는 가난한 독거노인의 현실을 고려하여 연료비가 들지 않는 보온 용품을 개발한다.
- 재료비를 줄이기 위해 주변에서 쉽게 구할 수 있는 재활용품을 보온 용품의 소재로 사용한다.
- 구조를 단순화하여 제작과정에 드는 노력과 비용을 최소화 한다.

 청소년과 함께 하는 나눔과 배려의 적정기술

생활환경에서 쉽게 구할 수 있는 재활용품을 소재로 선택하여 재료비를 줄이고, 만 원 이하의 비용으로 제작할 수 있도록 침낭의 구조를 단순하게 설계하였다. 또한 기존 제품에 비해 오염에 강하고 세척이 쉽고 보관이 간편하게 하였다.

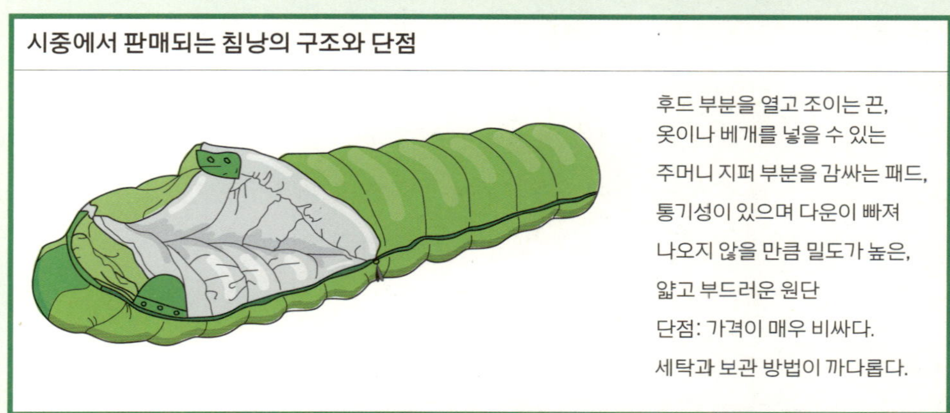

적용된 과학 원리

보온 단열

단열이란 전도, 대류, 복사의 형태로 전달되는 열의 이동을 막는 것이다. 가장 보편적인 방법은 '저항형 단열'로, 열의 전도를 막기 위해 단열재를 사용한다. 열전도율이 작은 재료를 단열재로 사용하면 되지만 그런 재료를 구하기 어렵기 때문에 일반적으로 열 전달이 잘 되지 않도록 공기 층을 만들어 단열을 한다. 두 번째는 '반사형 단열' 방법으로, 거울처럼 반짝이는 금속성 재질의 얇은 막을 재료의 표면에 입혀서 햇빛과 열을 반사시켜 복사 열을 차단한다.

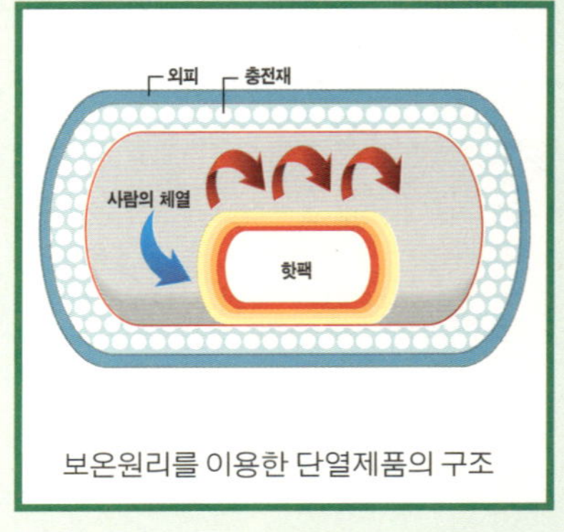

보온원리를 이용한 단열제품의 구조

제품의 설계

침낭의 구조 설계에 단열의 원리를 적용하여 실내에서 체열의 이동이 적도록 하여 체온을 유지하도록 하였다. 또한 보온성이 있고, 방수·방풍이 잘되고, 열전도율이 낮은 재료를 외피로 사용하고, 체열의 복사를 막아 보온 효과를 높여주는 재료를 내피로 사용하기로 했다.

실험 과정

외피의 종류에 따른 단열 효과

실험 과정 | 택배 2호 박스 3개를 사용해서 박스 상단에 온도계를 꽂을 부분 및 상자의 틀을 만들었다. 폐 비닐, 폐 현수막 또는 은박 매트로 표면을 감싼 박스와, 외피를 두르지 않은 택배 박스까지 4개의 실험 군을 준비했다. 실내 온도는 에어컨의 희망 온도를 섭씨 25도로 설정하고 일정하게 유지한다. 핫팩을 흔들어 온도가 섭씨 40도가 되게 한 후, 각 실험 군에 1개씩 동시에 넣었다. 실험 군 내부 기온이 안정되기를 기다린 후(40분 소요), 5분 간격으로 온도를 측정했다.

실험 결과 | 실험 군(박스)의 시간에 따른 내부 온도 변화율은 다음 식에 의해 계산하였다. $\{(X-a)/a\}*100 = $ 변화율(%)(X: 실험 시작 후 X분 후의 내부 온도, a: 실험 시작 시 내부온도). 4종류의 박스 군에 대해 시간에 따른 온도를 측정한 결과 택배 박스의 외부를 은박지로 감 쌓은 경우가 보온 효과가 가장 좋았다.

단열효과 실험을 위해 외피를 달리한 4 종류의 택배박스. 왼쪽부터 은박매트, 폐비닐, 폐현수막, 택배 박스 자체

외피 종류 별 시간에 따른 내부 온도변화 (온도: ℃)							
	40분	45분	50분	55분	60분	70분	평균변화율
폐 현수막	28	28(0%)	29(3.5%)	29(3.5%)	28.5(1.7%)	28.5(1.7%)	2.5%
폐 비닐	27	28(3.7%)	29(7.4%)	29(7.4%)	29(7.4%)	28(3.7%)	5.9%
은박 매트	29	29(0%)	30(3.4%)	30(3.4%)	29(0%)	29(0%)	1.3%
박스 자체	27	27.5(1.8%)	28(3.7%)	29(7.4%)	28.5(5.5%)	28.5(5.5%)	4.8%

실험 과정

충전재의 종류에 따른 단열 효과

실험 과정 | 박스 내부를 채우는 충전재의 효과를 알아보기 위해 박스 3개에 대해 바닥 부분에 핫팩이 들어갈 자리만 빼고, 스폰지, 솜, 포장용 에어캡(이하 뽁뽁이)의 세 가지 충전재를 틀 안에 채우고 박스를 밀봉했다. 충전재를 채울 때에 충전 밀도가 가급적 균등하게 되도록 하였다. 에어컨을 가동하여(희망온도 26℃) 실내 온도를 일정하게 유지했다. 핫팩을 흔들어 온도가 40℃가 되었을 때, 각 실험 군(박스)에 동시에 넣었다. 박스 내부 기온이 안정되기를 기다린 후(40분 소요), 10분 간격으로 온도 변화를 측정했다.

실험 결과 | 충전재를 달리해서 시간에 따른 내부 온도를 측정한 결과를 아래 표에 제시하였다. 포장용 에어캡(뽁뽁이)로 박스의 내부를 충전할 경우 온도 변화가 가장 작았다. 이는 뽁뽁이의 공기 층이 열의 전달을 막는 데 가장 효과적이기 때문이다.

충전재의 종류에 따른 단열효과 차이 실험 과정. 왼쪽부터 솜, 스펀지, 뽁뽁이

충전재 종류 별 시간에 따른 내부 온도변화(온도: ℃)						
	40분	50분	60분	70분	80분	평균변화율
뽁뽁이	34	35(2.9%)	35(2.9%)	33(-2.9%)	33(-2.9%)	0%
솜	34.5	34.5(0%)	35(1.4%)	34(-1.4%)	33.5(-2.8%)	-0.7%
스폰지	36	36(0%)	36(0%)	33.5(-8.3%)	32.5(-9.7%)	-4.5%

충전재의 두께에 따른 단열 효과

실험 과정 | 탐구1과 탐구2에서 단열 효과가 가장 좋았던 은박 매트 박스와 뽁뽁이를 사용하여 충전재(뽁뽁이) 두께에 따른 보온 효과 실험을 실시했다. 제품 사용 환경에 근접한 온도를 만들기 위해 우드락을 이용해 단열 상자를 만들었다. 온도를 내리기 위한 목적으로 아이스팩을 사용하였다. 열의 전도나 아이스팩에서의 기화가 일어나지 않도록 아이스팩을 공간에 띄워서 상자 벽면에 삽입했다. 상자의 외부와 내부에 별도의 온도계를 꽂아서 상자 외부와 내부 온도를 측정했다. 크기와 두께가 같은 뽁뽁이를 은박 매트 상자 안쪽의 모든 면에 붙였다. 핫팩을 흔들어 온도가 40℃가 되면 은박 접시에 올려 상자에 넣었다. 최대 유지 시간 10분 동안 1분 간격으로 온도를 측정했다. 뽁뽁이를 2겹, 4겹, 6겹으로 두께를 달리하여 동일한 실험을 진행했다.

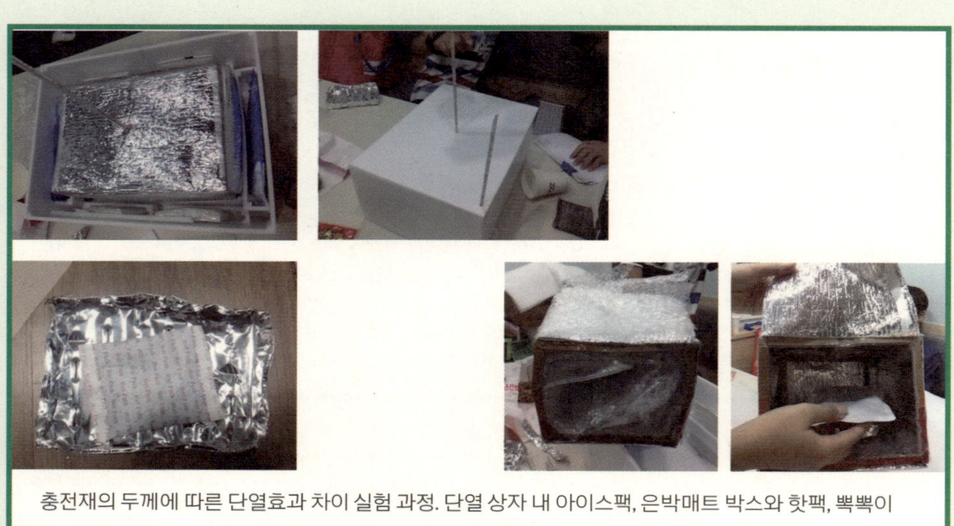

충전재의 두께에 따른 단열효과 차이 실험 과정. 단열 상자 내 아이스팩, 은박매트 박스와 핫팩, 뽁뽁이

충전재 두께 별 박스 내/외부의 온도 차의 변화(온도: ℃)										
	1분	2분	3분	4분	5분	6분	7분	8분	9분	10분
2겹	6	6.5	6.5	7.5	6.5	6	6.5	6	6	5
4겹	2	3	4	5	6	6	7	7	7	7
6겹	4	4	5	6	6	6.5	7	7.5	8	8

실험 결과 | 충전재의 단열효과가 크다면 상자의 내부와 외부의 온도가 시간에 따라 크게 변할 것이다. 상자 내부와 외부의 온도 차이의 변화를 분석하여 충전재 두께에 따른 단열효과를 비교하였다. 아래 표는 시간에 따른 상자 내부와 외부의 온도 차의 결과이다. 실험 군의 내부와 외부의 온도 차가 클수록 단열 효과도 크다고 할 수 있다. 표에서 알 수 있듯이 6 겹의 충전재(뽁뽁이)를 사용한 경우에 시간에 따른 온도 차가 가장 컸다.

결과 분석 및 제품 제작

결과 분석

- 상자의 외피를 달리한 탐구1에서는 예상대로 은박 매트로 외피를 씌운 상자의 온도 변화가 가장 안정적이었다. 핫팩(사람)이 방출한 복사 에너지를 은박지가 반사하여 대류의 원리로 상자 안의 공기를 데워 내부 온도를 따뜻하게 유지할 수 있었다.
- 충전재를 달리한 탐구2에서는 솜과 스폰지에 비해 충전재로 뽁뽁이를 사용하였을 경우 온도 변화가 적었다. 뽁뽁이가 포함된 공기 층의 단열 효과가 우수한 것으로 판단된다.
- 충전재(뽁뽁이)의 두께를 달리한 탐구3에서 2겹의 뽁뽁이를 사용한 경우에는 10분이 지나자마자 상자 내/외부의 기온 차가 줄어들었다. 4겹과 6겹의 뽁뽁이를 사용한 경우에는 10분 내내 외부와 열 교환이 일어나지 않고 오히려 내부의 열 반사로 인해 내/외부의 기온 차가 계속 커졌다. 이 결과는 충전재의 두께가 클수록 보온 및 단열효과가 높음을 알려준다. 뽁뽁이를 6겹으로 했을 경우 단열 효과가 가장 우수했다.

제품 구조와 가격

실험 결과에 따라 제품은 은박 매트로 내/외피를 만들고 그 사이를 충전재(뽁뽁이)로 채우기로 했다. 침낭의 크기는 제품의 평균 치수인 $90\,cm \times 180\,cm$로 제작하되, 가격 상한선인 만원 이내에서 충전재의 두께를 결정하기로 하였다.

침낭의 재료비를 산정하기 위해 인터넷을 검색한 결과, 뽁뽁이는 $25\,m^2(50\,cm*50m)$

당 3,780원, 은박 매트는 27,300cm^2 (130*210cm)당 480원, 180cm 지퍼는 1,500원이었다. 90cm×180cm 크기로 침낭을 제작하면, 뽁뽁이 가격은 한 겹 당 약 490원이다. 은박매트는 편의 상 90cm×180cm 크기 당 480원으로 계산하여 두 겹을 쓰므로 한 침낭 당 가격은 960원이다. 위 가격을 기초로 충전재 두께를 최대 14겹까지 달리했을 경우 침낭의 가격은 아래 표와 같다.

※ 계산식에 사용된 비용 근거

(1) 1인용 침낭 내부 면적은 가로×세로×(침낭 앞, 뒷면 두 장)이므로 면적(S)=90cm×180cm×2=32,400cm^2

(2) 판매되는 뽁뽁이 25m^2(50cm×50m)의 가격: 3,790원

(3) 1인용 침낭 제작을 위한 뽁뽁이 1겹의 가격: (3,780원×32,400cm)÷250,000= 약 490원

(4) 은박 매트의 가격: 480원×2(침낭 앞, 뒷면)=960원

(5) 지퍼 가격: 1,500원

충전재 두께 별 제품 가격		
충전재 두께	계산식	가격 (원)
2겹	490(원) x 2(겹) + 960(원) + 1,500(원)	3,400
4겹	490(원) x 4(겹) + 960(원) + 1,500(원)	4,420
6겹	490(원) x 6(겹) + 960(원) + 1,500(원)	5,400
...	...	...
14겹	490(원) x 14(겹) + 960(원) + 1,500(원)	9,320
16겹	490(원) x 16(겹) + 960(원) + 1,500(원)	10,300

독거노인을 위한 저가형 보온 침낭 제작

사용 대상

대상 지역 조사 | 홍제동 개미마을

개미마을은 서울시 서대문구 홍제동에 위치한 달동네이다. 주민들 대부분이 일용직 혹은 국민기초생활수급대상자이며, 사회적 소외계층인 독거노인이 많다. 마을이 산 아래 위치해 겨울이 유독 춥지만, 소득 수준이 낮아 연탄으로 난방을 하고 있으며 그것마저 자원봉사자들에게 지원을 받고 있다.

독거노인 현황 및 생활수준

독거노인 현황

독거노인의 수는 최근 급격히 증가하고 있다. 우리나라 전체 독거노인은 2000년 54만 4천여 명이었지만 2012년 118만 7천여 명으로, 12년 새 64만 3천여 명이 증가하였다. 전체 노인에 대한 독거노인의 비율도 2000년 16.0%에서 2012년 19.9%로 상승하여, 노인 다섯 명 중 한 명이 독거노인인 셈이다.

독거노인의 생활 수준

독고노인들은 경제적으로 여러 어려움에 노출되어 있다. 독거노인의 월 평균 소득은 18만 7천 원이고, 평균 용돈은 11만 원이다. 소득과 용돈을 다 합쳐도 29만 7천 원으로, 1인 가구의 최저생계비 61 7,281원의 절반에도 못 미치는 수준이다. 독거노인 대상의 설문조사에서 알게 된 점은 노인들이 일상생활에 지장을 줄 정도의 신체적 결함을 갖고 있었고(75%), 만성 질환을 1종 이상 앓고 있었고(92%), 현재 소득으로는 생활하기 어렵고(80%), 가족과 만나지 못하고 있었고(55%), 주 5회 이상 식사를 하지 못하는(20%) 심각한 문제들을 겪고 있었다.

사용 대상: 에너지 빈곤층 독거노인

독거노인의 생활고 중에 에너지 문제는 특히 심각하다. 에너지와 연료비를 감당하기 어려운 에너지 빈곤층이 158만 4천 가구인데, 이 중 노인 가구가 53%를 차지한

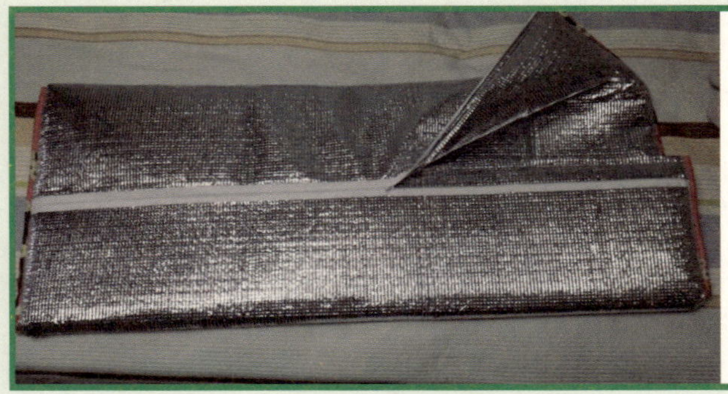

90cm×180cm 크기 침낭 제품의
1/2 축소 모형

다. 이를 해결하기 위해서는 연료비가 적게 들고 가격이 싼 보온용품이 필요하다.

결과물에 대한 기대 효과 및 활용 방안

기술적 측면

1) 본 탐구에서 제안한 침낭의 제작법이 간단하고 구조가 단순하다. 주변에서 쉽게 구할 수 있는 재료를 사용하여 만들었기 때문에 누구나 간편하게 만들고 수리할 수 있다.

2) 침낭의 재료로 포장용 에어캡이나 은박 매트 등 버려지는 포장 자원을 활용하면 쓰레기를 감소시켜 환경 보호에 유익하다. 또한 난방비를 줄일 수 있어, 그에 따른 에너지 절약이 기대된다

경제 산업적 측면

1) 가격이 저렴하고 연료비가 적게 든다. 에너지 빈곤층 저소득 독거노인들이 적은 가격으로 보온 효과를 느낄 수 있게 되어 삶의 질이 향상될 것으로 기대된다.

2) 버려지는 물건을 소재로 사용해 제작하기 때문에 쓰레기 처리 비용을 줄일 수 있다.

3) 제작 방식이 간단하여 대량 생산에 유리하다.

활용 방안

1) 독거노인의 침낭뿐만 아니라 일반인의 재난 대비 및 인명 구조용으로도 사용할 수 있다.

2) 휴대가 용이하기 때문에 캠핑 등의 레저 목적으로도 이용할 수 있다.

심사위원 평가 및 조언

심사위원 | 배인성: 신소재공학/현 LG화학 중앙연구소/(사)나눔과기술 적정기술
아카데미, 경진대회 멘토 및 심사위원

심사평 1 | 수치를 제시하도록 합시다. 자료의 신뢰성이 높아집니다.

2015년 통계청 사회지표조사에 따르면 한국은 65세 이상 노인의 인구가
6,624,000명으로 전체 인구의 13.1%를 차지하고 있습니다. 그 가운데 독거노인
은 2004년 20.6%에서 2014년 23%로 증가했으며, 65세 이상 노인의 빈곤율은
49.6%로 이 가운데 절반 이상(53.6%)는 최저 생계비 미만으로 조사되었습니다. 의
학의 발달로 인해 평균 수명이 증가하는 것과 더불어 홀로 생활하시는 노인의 수도
역시 늘어나고 있습니다. 특히 저소득 독거노인은 각종 생활고에 시달리며 그 누구
보다 춥고 외로운 겨울철을 보내고 계십니다.

심사평 2 | 기술 동기가 잘 설명되었습니다.

경제적 어려움으로 인해 제대로 된 난방 시설이 갖춰지지 않은 공간에서 겨울철을
보내시는 독거노인들을 위하여 제작비와 연료비/전기료가 적게 들고, 단순하고 사
용하기 편리한 난방 장치가 필요하다고 생각되었습니다. 혹한의 겨울을 얇은 이불
로 추위를 이겨내고 계시는 독거노인을 위해 'DOT(Dream of Technology)' 팀의 친구들
은 저가형 보온 침낭을 제안하였습니다. 작품의 제작 동기를 잘 설명해 주었습니다.

심사평 3 | 기술에 대한 소개 및 해설(만 원짜리 값싼 보온 침낭)

DOT 친구들은 1만 원 이하의 재료비를 이용하여 가장 효율적으로 체온을 유지할
수 있는 저가형 보온 침낭을 설계하였습니다. 영하의 날씨에 보온 침낭을 이용하여
취침 시 체온을 가장 잘 유지할 수 있는 구조와 재료에 대해 고민하였습니다.

　일반적으로 열을 보존하는 현상은 단열 효과로부터 비롯됩니다. 단열, 즉 열의 이
동을 막는 현상을 통해 체온이 침낭 밖으로 손실되지 않도록 유지하는 것이 가장 큰
기술적 주제입니다. 단열 효과에 대한 이해를 바탕으로 DOT 친구들은 침낭의 보
온 효과를 확인하기 위하여 다양한 실험을 실시하였습니다. 첫 번째로 단열재(외피)

의 종류에 따른 단열 효과를 확인하였습니다. 각각 은박 매트, 폐 비닐, 폐 현수막, 종이 상자를 이용하여 외피를 제작하였고, 핫팩을 이용하여 온도가 얼마나 유지되는지 확인하였습니다. 어떤 재료가 가장 온도를 잘 유지하였을까요? 핫팩 자체의 발열 유지 시간에 의해 실험 시간 40분까지는 내부 온도가 떨어지지 않았습니다. 하지만, 40분이 지나고 70분까지 온도를 기록한 결과 은박 매트를 단열재로서 사용한 샘플에서 1.3%의 가장 낮은 온도 감소율을 보였습니다. 이는 우리의 일상 생활에서 쓰이는 사물들을 관찰해 볼 때에도 쉽게 알 수 있는데, 아이스박스나 마트에서 파는 아이스크림을 담는 포장지를 살펴보면 모두 공기를 포함하는(만져보면 매우 폭신폭신하죠.) 은박 매트로 되어있음을 알 수 있죠. 은박 매트, 폐 현수막, 종이박스, 폐 비닐의 순서로 낮은 열 손실률을 기록하였습니다. 어째서 은박 매트가 다른 재료들과 비교하여 단열 효과가 가장 클까요? 은박 발포지라고도 불리는 은박 매트는 내부에 많은 공기 주머니를 포함하고 있고, 외부에서는 은박의 표면이 복사열을 반사시켜 가장 큰 단열 효과를 낼 수 있답니다. 추운 겨울 날, 서울역이나 번화가의 골목에서 노숙하시는 분들이 가끔 종이 상자를 덮고 주무시는 것을 볼 수 있는데, 이분들께 폐 현수막이나, 은박 매트가 제공된다면 더욱 따뜻하게 체온을 유지하실 수 있을 것이라 생각됩니다.

　DOT 팀에서 두 번째로 단열재 안에 들어가는 충전재의 종류에 따른 단열 효과를 확인하는 실험을 실시하였습니다. 스폰지, 솜, 포장용 에어캡의 세 가지 충전재를 이용하여 핫팩의 온도 변화를 측정하였습니다. 어떤 재료가 가장 온도를 잘 유지하였을까요? 위에서 이야기한 것과 같이 단열 효과를 극대화하는 것은 공기 층을 포함하고 있는 포장용 에어캡, '뽁뽁이'이로 밝혀졌습니다. 약 80분까지 '뽁뽁이'를 넣은 상자의 경우, 34도의 온도를 유지하였습니다. 솜과 스폰지는 각각 34.5도에서 33.5도로, 36도에서 32.5도까지 온도가 떨어지는 것을 확인하였습니다.

　여러 가지 단열재 가운데 외피로는 은박 매트가, 충전재로는 포장용 에어캡이 가장 높은 단열효과를 보였습니다. 재료가 선정되었으니 추가로 확인할 수 있는 요소는 어떤 것들이 있을까요? DOT 친구들은 은박 매트의 상자 안에 포함되는 포장용 에어캡 충전재의 두께가 단열에 어떤 영향을 미칠까 궁금증을 가졌고, 곧바로 확인하는 실험을 실시했습니다. 포장용 에어캡을 각각 2장, 4장, 6장 겹쳐서 은박 매트

전시 및 게시판 심사 - 저가형 보온 침낭

전시된 제작품에 대한 구두 질의 심사

심사 결과 우수작품에 대한 수상

소외된 이웃을 위한 청소년 적정기술 경진대회 참가자 기념사진

내부에 부착시키고 상자 안에는 핫팩을 상자 밖에는 아이스팩을 놓아 온도 차이를 측정하여 단열 효과를 확인하였습니다. 집에서 잠을 잘 때에 이불을 많이 덮을수록 따뜻하듯, 충전재의 두께를 두껍게 6장 쌓을 때 약 8도의 온도 차이를 보이며 단열 효과가 가장 크게 나타나는 것을 확인하였습니다.

　DOT 친구들은 독거노인을 위한 저가형 보온 침낭이라는 주제에 맞게 보온 효과에 대한 기능적 요소들을 몇 가지 실험을 통해 알아보았습니다. 하지만, 성능이 좋아도 가격이 비싸면 경제적 부담이 있는 독거노인들에게는 적절하지 않은 기술이 되겠죠? DOT 친구들은 1만 원 이내의 재료비로 보온 침낭을 제작하고자 하였습니다. 위의 실험을 바탕으로 은박 매트와 포장용 에어캡을 포함하는 폭 90cm, 길이 180cm의 침낭에 대한 예산을 책정하였습니다. 최종적으로 14겹의 에어캡 충전재를 포함하는 보온 침낭을 9,320원이라는 저렴한 가격으로 제조할 수 있다는 결론을 내렸습니다. 해당 가격은 단순히 재료비만을 기준으로 하여 계산이 되었으며, 인건비와 유통비가 포함된다면 가격이 상승할 수 있겠지만, 실제로 독거노인들에게 보급되는데 있어서 매우 경쟁력 있는 가격이 될 수 있습니다.

총평 | 크기와 디자인을 한번 더 생각해 봅시다

DOT 팀은 여러 재료와 제작 조건에 대한 변수를 이용하여 가장 뛰어난 보온 성능을 갖는 침낭을 제안하였고, 아이템이 실제로 제품화 되는데 필요한 가격을 계산함으로써 아이디어에 현실성을 더했습니다. 특히 쉽게 구할 수 있는 값싼 재료들은 침낭을 제작하는 데 있어서 부담을 덜어주었고, 실제로 독거노인의 가정에 보급이 된다면 적지 않은 효과를 볼 수 있지 않을까 생각됩니다. DOT 팀의 프로젝트는 재료 및 제작에 걸린 기술적 기대효과와 더불어 겨울철 독거노인들의 삶의 질 향상을 기대할 수 있게 합니다. 은박 매트와 포장용 에어캡이 포함된 침낭을 독거노인들이 사용하시기에 더욱 편리하고 깨끗한 형태의 디자인이 함께 고려된다면, 단순히 추위를 피하기 위해서 사용되는 것 이상의 생활 수준 향상이라는 큰 효과를 기대할 수 있습니다. 하나의 캠페인과 같이 여러 후원자들을 모집하여 1인 1침낭의 개념으로 침낭 제작 및 보급 프로젝트를 실시한다면 더욱 더 실현 가능성을 높일 수 있습니다.

하지만 고려해야 할 부분도 아직 남아있습니다. 겨울철을 제외한 시기에 접거나 말아놓을 수 없는 형태의 침낭을 어떤 방식으로 보관해야 하는지, 실제로 침낭 안에 들어가서 잠을 청하는 데 어려움이 없는지, 침낭을 이용함에 있어 내구성은 어떠한지, 다양한 신체 사이즈를 수용할 수 있는 적절한 크기와 디자인은 어떻게 되는지 등 몇 가지 요소들이 개선된다면 그 어떤 것보다 현실적으로 매서운 추위를 막아줄 수 있는 따뜻한 침낭이 될 수 있을 것입니다.

부록

적정기술
Q&A

← 친구에게 벽돌을 전달하는 아프리카 차드의 소년

← 친구에게 벽돌을 전달하는 아프리카 차드의 소년

적정기술의
시작

Q 적정기술은 가난한 사람들을 돕는 기술, 인간의 노동력을 중요하게 생각하고 지구환경과 자원, 또는 생태계를 보존하는 친환경 기술이라고 알려져 있습니다. 어떻게 해서 적정기술이 탄생하게 되었는지 그 유래에 대해 알고 싶습니다.

A 적정기술의 기본적인 개념은 인도의 간디에서 출발했습니다. 영국의 방직 산업이 인도에 정착하는 과정에서 간디 선생은 기계 중심 대량 생산 산업이 인간의 일자리를 빼앗아 간다고 생각했습니다. 공장에서 기계를 돌리며 일할 수도 있고, 사람들끼리 모여 손으로 작업하는 직장도 있으면 좋을 것이라 생각했는데, 산업화가 확대되면서 기계 산업은 더욱 커지고 사람의 노동력을 이용하는 직업은 점점 감소하게 되었지요. 그런 상황에 속에서 간디는 인간의 삶의 방식이 기계 중심적이 되어서는 안 된다는 생각을 갖게 되었고, 인도 국민에게 자신과 함께 물레를 돌리며 일하자고 역설했습니다.

실을 잣는 도구인 물레는 인간의 노동력을 필요로 합니다. 사람들은 물레를 돌려 실을 잣습니다. 기계를 돌리면 대량으로 실을 만들 수 있지만 많은 사람이 그 일에 참여할 수 없습니다. 반면에 사람의 손으로 물레를 돌리면 생산성이 낮아 이익이 작지만 여러 사람이 노동 현장에 참여할 수 있기 때문에 생산의 혜택이 다수의 사람에게 돌아갑니다. 간디는 기계에 의존하는 대량 생산 방식의 폐해를 선각자로서 인식했다고 할 수 있습니다.

간디의 물레는 대량 생산 산업 기계처럼 바쁘게 돌아가지 않는다. 물레를 돌려서 실을 생산하려면 많은 사람들의 노동력이 필요하다. 인간 중심의 적정기술에는 노동의 가치, 이웃에 대한 배려, 공동체에서의 협력과 같은 건강한 정신이 담겨 있다.

하지만 인도의 간디가 '적정기술'이란 단어를 만들어 사용한 것은 아닙니다. '적정기술'이란 말은 독일 출생 영국의 경제학자 슈마허(E. F. Schumacha, 1911-1977) 교수가 붙인 이름입니다. 산업혁명 이후 인류는 증기 기관을 이용해서 기계를 돌렸고, 전기를 발명해서 현재와 같은 에너지가 넘치는 편리한 세상을 만들었습니다. 산업의 규모는 급속도로 커 갔고, 제품 생산 방식은 인간의 노동력을 이용한 소규모 생산 방식에서 기계를 이용한 대규모 방식으로 바뀌게 되었습니다. 산업화가 진행되면서 사람들은 기계의 위력에 놀라움을 표시했지만 한편으로 기계가 인간의 노동력을 대신하는 영역이 확대되는 것에 우려의 시선을 보내기도 했습니다. 그런 혼란 가운데 적정기술의 원론적인 개념이 태동했습니다. 슈마허는 1970년대의 석유파동과 같은 에너지 문제를 경험한 후에 자원의 고갈과 환경을 파괴하는 과도한 대량 생산 방식에 문제가 있다고 보았습니다. 지구의 자연과 자원, 에너지를 과도하게 사용하게 되면 인류의 지속적인 생존에 문제가 된다고 주장했습니다. 적절한 수준의 과학 기술을 사용할 때 인류의 지속가능한 미래가 가능하다고 본 것입니다.

슈마허가 주창한 적정기술은 가난한 나라를 돕는 일이나 지구환경을 보존하는 일에 적합하다는 평가를 받았지만 너무 이상적이고 여성적이라서 역동적으로 움직이는 국제 정세와 경제에 적합하지 않다는 비판도 있었습니다. 1960년-70년대 미-소 냉전시대의 격한 군비 경쟁으로 인해 원자력, 거대 산업 등 큰 기술이 각광을 받게 되었고 그로 인해 적정기술 활동은 국가적 지원으로부터 멀어져 갔습니다. 이후 에너지 고갈, 911 사태, 기후변화, 후쿠시마 원자력 사고 등 지구촌을 위협하는 큰 사고가 일어날 때마다 큰 산업의 대안으로 적정기술이 제시되고 있습니다.

Q 적정기술에 관련된 서적을 읽다 보면 적정기술이란 단어와 함께 중간기술이란 단어가 사용되고 있는데 그 차이는 무엇입니까? 또 지금은 처음 적정기술이 주창되었을 당시에 비해서 과학기술이 더욱 발전했는데 현재의 과학기술 사회에서의 적정기술의 수준은 어느 정도인지요?

A 슈마허 교수는 에너지 소모가 큰 대량 생산 방식보다 토착적인 기술과 첨단 기술의 중간 정도의 기술로 인류가 문명을 발전시켜야 인간의 생활과 지구환경의 지속가능성이 있다고 보았습니다. 그래서 처음에 중간기술(Intermediate technology)이란 말을 사용했었는데 나중에 적정기술로 바뀌었지요. '중간'이란 단어의 기준이 무엇인지가 개념상 모호하기도 하고, 슈마허 교수가 실제로 중간기술로 가난한 나라를 도와 본 결과, 기술이 그 지역의 경제, 문화, 종교, 사회, 기후 등에 적합(Appropriate)해야 한다는 생각을 갖게 되었습니다. 이후에 중간기술이란 말을 적정기술로 바꾸게 되었습니다.

'적정하다'라는 말은 부족하지 않고 과하지도 않다는 의미를 담고 있습니다. 어떤 것이 모자라면 그것으로 인한 어려움이 있고 너무 많으면 관리하는데 비용이 많이 들지요. 적정함이 사라지면 다양한 사회 문제, 자연 환경 파괴와 자원 고갈과 같은 문제가 발생합니다. 기계 공업과 전자 산업의 발전으로 바야흐로 인류는 이제까지 경험하지 못했던 편리한 생활, 풍부한 정보의 세상, 빠르고 신속함 등을 경험하고 있다 할 수 있지요. 자그마한 컴퓨터 상자가 인간의 생활 패턴과 문화를 혁신적으로 바꾸고 있습니다.

적정기술 태양광 실습을 하고 있는 라오스 청년들

　슈마허 교수가 적정기술을 주창한 때는 1960-70년대였으니까 현재와 비교해서 산업화, 공장화가 크게 진행된 상태는 아니었습니다. 하지만 그 때에도 슈마허 교수의 눈에 지구 자원의 고갈, 자연환경 파괴, 노동력의 상실 같은 것이 보였던 것이지요. 지금은 경제력의 양극화나 자원고갈 등 문제가 매우 심각한 수준입니다. 인류가 슈마허 교수의 경제 개념을 잘 받아 들였다면 지금과 같이 과도하게 발달된 기계 중심의 산업 구조가 만들어지지 않았을 지도 모릅니다.

　적정기술을 기술의 한 분류로 보기 보다는 기술을 담는 경제의 크기에 대한 문제로 보면 이해가 쉽습니다. 사람들의 노동력을 사용해서 200-300명 규모의 작은 공동체형 공장을 친자연, 친환경, 인간중심적으로 운영할 수 있습니다. 지금은 슈마허 선생이 적정기술을 주창한 1970년대와 비교해서 산업의 규모가 더욱 확대되었고, 기계산업이 전자, 컴퓨터 산업과 결합되어 있습니다. 컴퓨터의 발달에 따른 인공지능이 출현해서 인간의 지식 산업의 영역에서도 기계가 인간을 대신하고 있습니다. 슈마허 선생이 기계에게 인간의 노동이 담당하던 일터를 빼앗긴다고 했는데 지금은 노동력뿐만 아니라 인간의 지적 영역의 직업들도 기계가 빼앗아 가고 있다 할 수 있습니다. 인간의 생활에 필요한 적정한 기술의 수준에 대한 논의가 있어야 할 시점입니다.

Q 인간은 사회적 동물이라고 합니다. 공동체 사회에서 생활할 때 개인과 개인, 자연과 인간, 사회와 국가, 국가와 국가를 유지, 발전하기 위한 적정기술의 우선 순위는 무엇이라고 생각하나요? 미국에는 과학기술을 거부하고 국가제도와 상충하는 방식으로 살아가는 아미쉬 공동체가 있다고 들었습니다. 이들의 삶을 합리적이라고 할 수 있을까요?

A 적정기술은 지구의 지속가능한 미래를 생각하는 기술입니다. 자연 환경의 파괴를 줄이고 자원의 소비를 적절히 해야 지속가능한 인간생활의 미래가 보장됩니다. 이 일을 실천할 때 한 개인의 삶은 자연-국가-사회의 일원이기 때문에 큰 공동체가 갖는 규범을 따라야 합니다. 그렇게 해야만 개인이 자연과 국가로부터 보호받을 수 있습니다. 하지만 큰 집단이 내린 결정이라고 해서 반드시 옳다 할 수 없으며 구성원 모두가 그 결정을 따라야 하는 것도 아닙니다. 개인에게는 자신의 삶의 방식을 결정할 권리가 있습니다. 물론 결정에 대한 책임도 개인에게 있습니다. 다수의 결정에 따르기를 원하지 않는 소수의 사람들이 모여 아미쉬 공동체(Amish, 과학기술을 받아들이지 않는 재세례파 계통의 개신교 종파를 말한다. 주로 17세기 이후 탄압을 피해 유럽에서 이주한 스위스-독일계 이민들이 많다.)나 대안학교와 같은 기관을 만들 수 있습니다. 아미쉬는 유럽에서 종교의 박해를 피해서 미국으로 건너 온 재세례파 기독교 신앙 집단입니다. 아미쉬 집단의 생활방식은 국가나 사회의 규범과 상당히 다릅니다. 성경에 따라 자신들이 삶의 방식을 결정하고 살아갑니다. 사람들과의 관계를 중요하게 생각하고, 공동체가 함께 하는 시간이 과학기술 기기에 의해 침해 받는 것을 받아들이지 않습니다. 어떤 개인이나 집단이 삶의 방식을 결정하고 그것에 만족하고 살며 그것이 타인에게 해를 끼치지 않는다면 별 문제가 없다고 보아야겠지요. 하지만 지금과 같이 고도로 과학기술이 발달된 사회에서 과학기술을 전면 부인하고 살아가는 삶의 형태에 대해 너무 급진적이 아니냐는 지적이 있습니다. 국민 모두가 이런 삶의 형태를 갖는다면 국가의 존립이 어렵겠지요.

Q 거대 첨단기술 중심의 현대문명(산업)에서 문제가 발생할 때마다 적정기술을 이야기한다고 합니다. 슈마허 교수가 지적한 지구 자원의 과도한 소모에 따른 에너지 위기 이후에도 자연(자원), 환경과 생태계의 파괴는 지속되고 있습니다. 현대 거대 과학기술 문명에서 작은 경제로 돌아가자는 적정기술의 사상이 확대될 가능성이 있는지요?

A 몇 년 전에 인류가 예상하지 못한 진도 10 이상의 큰 지진 쓰나미로 일본 동북부 후쿠시마에서 원자력 발전소 사고가 발생했습니다. 인류가 이제까지 경험해 보지 못한 큰 사고였습니다. 후쿠시마 원전 사고의 후유증은 너무 컸습니다. 지진 쓰나미로 원자력 발전소가 물에 잠겼고, 정전으로 원자력 발전소의 모든 기능이 정지되었습니다. 원자로 시설의 폭발로 다량의 방사선이 대기와 해양으로 배출되었습니다. 오래 전부터 원자력 발전에 대한 찬반 논의가 있었습니다. 원자 핵의 방사선 붕괴 반응은 열을 방출합니다. 이 열을 이용해서 물을 끓여 증기를 만들고 증기압으로 터빈을 돌려 전기를 생산합니다. 원자력 발전은 큰 기술인 만큼 큰 에너지를 만들 수 있습니다. 우리나라와 같이 부존 자원이 적은 나라에서 산업 생산에 필요한 전기를 공급하려면 원자력 발전소와 같은 거대 발전 시설이 필요합니다. 원자력 발전소가 잘 운영될 경우에는 문제가 없지만 후쿠시마 원전 사고와 같은 큰 사고가 발생하면 그 영향은 일부 지역에 제한되지 않고 지구 전체로 확산됩니다. 방사능 가스가 대기를 타고 지구 전역으로 퍼져나갔고, 원자로를 식히는데 사용된 물은 방사능으로 오염된 상태로 태평양으로 흘러갔습니다.

전 세계적으로 원자력 산업을 중단하고 전기를 태양광이나 풍력 발전으로 생산하자는 논의가 있었습니다. 후쿠시마 원전 사고 이후에 일본은 원자력 발전을 중단하기로 했습니다. 대신 태양광이나 풍력, 수력(적정기술이 이에 속한다)으로 전기를 만들겠다고 했습니다. 원자력 사고의 문제의 심각성을 인식한 다른 나라들도 원자력 발전소의 운영에 대해 조심스런 의견을 내었습니다. 하지만 얼마간의 시간이 지나자 일본은 원자력 발전을 다시 시작하기로 결정했고, 원자력 발전소를 운영하던 중국, 인도와 같은 나라들도 원자력 발전소를 계속 건설하고 있습니다. 일본은 프랑스와 손을 잡고 외국에서 원자력 발전소 건설을 많이 수주했습니다. 이웃 선진국들과

아미쉬 공동체
http://activly.com/the-amish-keep-these-details-hidden-for-a-good-reason/

경쟁해야 하는 산업 중심 사회에서 적정기술과 같이 이상적이고 작은 규모의 기술이 원자력과 같이 생산성이 높은 큰 기술의 대안이 되기는 어렵다고 본 것입니다.

공해나 방사능 오염이 없는 태양광이나 바람으로 전기를 생산하는 방식은 원자력 발전보다 전기 생산 단가가 상대적으로 높고 적합한 부지를 찾기 어려워서 그만큼 경쟁력이 떨어집니다. 모든 나라가 친환경적인 방식을 사용하는 것에 동의하면 될 것 같지만 각 나라의 이익이 다르기 때문에 그것은 쉬운 문제가 아닙니다.

적정기술은 '작은 것이 아름답다'란 말로 잘 알려져 있습니다. 영어로 'Small is beautiful'이라고 합니다. 친환경적이고 노동집약적인 작은 기술로 산업을 운영하면 문제가 생겨도 그 영향은 일정 지역에 국한되지요. 적정기술은 친환경의 작은 기술이기 때문에 문제가 생겨도 그 영향이 외부로 크게 확산되지 않습니다. 하지만 큰 기술을 선호하는 사람들은 적정기술이 너무 이상적이고 여성적이라고 합니다. 결국 힘의 논리 앞에서 적정기술의 장점이 발휘되지 못하고 있다고 보아야 합니다. 하지만 최근 들어서 적정기술에 대한 관심이 다시 높아지고 있는 것으로 보아서 작은 경제의 적정기술이 첨단 거대기술 사회에서 점진적으로 그 영역을 확대해 갈 가능성이 높습니다.

Q 과학기술문명 안에서 산업 사회의 일원으로 바쁘게 살아가는 현대인들에게 적
정기술의 가치와 목적은 무엇인가요?

A 바쁘게 살아가는 현대인에게 적정기술은 '쉼표'나 '숨쉬기 운동'과 같다고 할 수
있습니다. 밤낮 구별 없이 일하는 샐러리맨, 무엇이든지 빨리빨리, 끝없이 새로운
제품을 만들어 내는 산업 시설과 지구 자원을 과도하게 사용하는 현대 문명에게 적
정기술은 잠시 쉬어서 우리가 하는 행위에 대해서 그 가치가 무엇인지를 생각해 보
자고 합니다. "왜 그렇게 빨리 가야 하지? 이 많은 것을 만들어서 어디에 쓰지? 이 물
건이 인류의 생존에 꼭 필요한 것이야?" 적정기술은 인류 현대 과학문명에게 이런
질문을 합니다. "다른 방식으로 더 편안하게 살아갈 수 있지 않을까? 기계보다 사람
의 손으로 만들어 보면 어떻지? 꼭 그렇게 소수의 사람들이 그 많은 것을 다 가져가
야 하나?" 적정기술에는 공동체 안에서 이익을 나누고, 자원의 사용을 제한하고, 기
계 문명의 과도한 발전을 경계하고, 그것이 인류 문명에 지속가능한 발전을 가져다
줄 수 있는지를 생각하며 기술 발전의 적절한 수준을 찾고자 하는 마음이 담겨 있습
니다. 작은 것을 지향하는 적정기술은 제품의 생산성보다 사람들과의 관계를 중요
하게 생각합니다. 이익이 작지만 많은 사람이 공유하기 때문에 그 가치는 큽니다. 몇
몇 사람들의 이익을 추구하기보다는 사람들의 관계 속에서 공동체의 이익을 추구
합니다. 인간의 관계와 배려 안에서 다수에게 이익이 돌아가는 사회는 건강합니다.
개인의 실적보다는 상대방을 배려하고 구성원의 관계를 중시하는 사회의 모습에
적정기술의 정신이 있습니다. 인간다운 삶과 깨끗한 지구환경이 적정기술이 추구
하는 궁극적 가치입니다.

Q 인간 관계에 관한 질문입니다. 최근 학교에서 문제가 되고 있는 '왕따(따돌림)'문
제를 해결할 수 있는 적정기술은 무엇이 있을까 궁금합니다.

A 적정기술에서 기술은 어떤 제품을 만드는 기술만을 뜻하지 않습니다. 사회의

사람과 사람간의 관계. 적정기술은 상대방을 배려하는 관계 중심의 사회를 지향한다(2016년 부안 인문학 캠프에서).

문제를 해결하는 제도나 방법 같은 것도 넓은 의미의 기술에 속합니다. 왕따 문제는 친구들과의 관계 단절에서 발생합니다. 어떤 친구가 자신의 영역을 확대하기 위해 한 친구를 관계로부터 따돌리는 행위입니다. 적정기술에는 상대방을 배려하고 함께 나누는 나눔의 정신이 담겨 있습니다. 인간은 사회적 동물이라고 합니다. 누구나 사회의 일원으로 그 사회에 참여해서 일하고 다른 사람들과 관계를 맺고 살아가야 합니다. 그러기 때문에 한 사람을 조직(사회)에서 따돌리는 행위는 있어서는 안 됩니다. 친구의 성격과 환경을 잘 이해하면 따돌림 현상이 일어나지 않습니다. 한 사람의 생각이 여러 사람이 모인 집단을 대표할 수 없습니다. 다른 사람이 하는 행동이 자신과 다르다고 해서 그것을 잘못된 것이라 할 수 없습니다. 학급에서 친구들끼리 취미 동아리 활동을 강화하고 그 안에서 각자의 의견을 나누는 시간을 자주 갖는다면 한 친구를 따돌리는 "왕따" 현상은 줄어들 것입니다. 적정기술 동아리를 만들어서 적정기술에 대해 공부하면서 소외된 이웃에 대한 문제를 함께 풀어보면 친구에 대한 나눔과 배려의 정신을 배울 수 있습니다.

Q 큰 규모(글로벌 경제, 대규모 산업)에서 작은 규모(소규모 공동체, 협동조합과 같은 인간 친화적 산업)로 돌아갈 때, 즉 소규모 경제 체제가 되었을 때 생기는 효율성의 저하와 같은 문제점을 어떻게 대처해야 할까요?

A 현대 문명은 큰 것을 중심으로 발전해 가고 있습니다. 큰 것은 힘과 생산성을 상징합니다. 거대 경제 체제에서는 모든 나라의 경제가 연결되어 있습니다. 기술력이 강한 나라는 큰 경제를 건설합니다. 기술력이 약한 나라는 큰 경제력을 가진 나라에 종속되기 쉽습니다. 경제가 건강할 때에는 모든 나라가 함께 발전합니다. 하지만 한 나라의 경제가 어려워지면 그 영향은 관련국 뿐만 아니라 전 세계의 경제에 영향을 줍니다. 예를 들어 몇 년 전에 발생한 그리스의 재정 위기는 유럽 전체의 경제와 세계 경제에 큰 영향을 주었습니다. 적정기술의 작은 경제에서는 공동체가 밀접하게 연결되어 있지 않기 때문에 문제가 발생해도 자체의 문제가 되며 다른 지역으로 확산되지 않습니다. 질문한 바와 같이 적정기술은 생산성과 효율이 낮기 때문에 구성원의 이익이 작을 수 있습니다. 하지만 구성원들이 그것을 감수할 수 있다면 모두가 이익을 공유하는 지속가능한 건강한 경제 공동체를 만들 수 있습니다. 작은 이익을 다수가 나누려면 공동체 구성원의 동의가 있어야 합니다. 모두의 동의를 얻는 작업이 쉽지는 않지만 자신의 이익을 다른 사람과 나눌 수 있다는 마음이 있어야 적정기술 공동체를 만들어 갈 수 있습니다.

Q 선진국의 도움으로 보급되는 적정기술 제품으로 인해 개도국이 오히려 발전에 어려움을 겪게 되는 것이 아닐까요? 적정기술의 부작용은 무엇이 있을까요?

A 적정기술은 인류 문명의 지속적인 지구환경을 유지하기 위한 기술이며 동시에 노동력을 중시하는 기술입니다. 기술은 곧 제품을 의미하며 제품을 생산하기 위해 회사가 만들어지고, 회사가 모여 산업과 경제를 이룹니다. 적정기술에는 기본 원칙이 있습니다. 제품을 만들 때 현지에서 생산되는 재료를 사용하고, 제품이 자연 속에서 잘 융화되어 환경 파괴가 일어나지 않도록 하고, 사람들의 노동력을 적극적으로 활용해서 많은 사람들이 노동에 참여하며, 노동의 대가인 수익을 나누어 갖습니

다. 또한 사업장의 규모를 작게 해서 사람과 사람이 친밀감을 갖고 땀을 흘려 일하는 작업장이 되도록 합니다. 이런 방식은 첨단산업이 발달한 선진국보다는 개발도상국에 적합하다고 생각해서 적정기술은 주로 가난한 나라에 많이 적용되어 왔습니다. 일부 제품은 사용자의 생각을 고려하지 않고 선진국이나 유엔의 구호자금으로 보급됨으로써 현지에서 활용되지 못하고 사장되었습니다. 이 점에 대해서는 많은 사람들이 반성하고 있으며, 현재는 적정기술의 보급 방식을 교육 중심, 사용자의 요구, 고장으로 인한 수리가 가능하도록 개선해 가고 있습니다. 적정기술이라고 해서 모두 성공하는 것은 아닙니다. 어떤 기술이든 그 지역의 관습이나 문화에 적합하지 않은 기술은 성공할 수 없습니다. 적정기술이 성공하려면 최선의 노력이 필요한 이유입니다.

Q 적정기술은 소규모 경제 체계를 추구하는 것으로 알고 있습니다. 방글라데시에서 사회적 기업을 설립하고 상품을 생산하여 그 상품을 선진국에 판매해서 이윤을 얻는 방식이 수익을 많이 얻을 수 있지만 만약 선진국에 경제 불황이 온다면 그 피해가 방글라데시에도 영향을 미치게 되지 않을까요?

A 어느 경우나 경제 불황이 미치는 파급 효과는 있습니다. 작은 경제를 추구하는 적정기술에서는 직원의 수가 300명 이하를 권장합니다. 300명 정도면 어느 기업이나 회사 사람들 모두 서로 알고 지낼 수 있습니다. 안다고 하는 것에는 상대방의 경제 사정, 친구 관계, 가정 환경 등이 포함됩니다. 그만큼 서로의 인적 관계가 튼튼하다고 보아야겠지요. 개도국에서 물건을 만들어 선진국에 보내서 판매하면 아무래도 개도국 내에서 판매하는 것보다 수익이 많겠지요. 그러면 수익을 직원들과 함께 나누는 데에 장점이 있습니다. 세계적인 경제 불황이 있더라도 수만 명의 종업원을 둔 기업과 비교하면 작은 기업의 경제에 미치는 여파는 상대적으로 작겠지요.

Q 적정기술도 과학기술 중 하나인데 사람을 위한 감성적인 과학기술이 대량 생산 방식의 첨단 과학과 비교해서 궁극적으로 경쟁력이 있는지, 있다면 무엇인지 궁금합니다.

A 적정기술이라고 다 좋다고 할 수는 없습니다. 큰 산업에 비해서 수익이 적을 수 있고 생산성이 낮습니다. 하지만 적정기술은 인간의 땀과 노동, 함께 나눔을 생각하는 기술이므로 윤리적, 환경적으로는 장점을 갖습니다. 적정기술은 산업 혁명 이전의 수공업 중심의 인류 문명의 생활/산업 유형을 담고 있습니다. 그 때에는 공해가 적고, 자원의 사용도 적절했습니다. 이제 다시 적정기술로 돌아가자고 주장하면 사람들은 '옛날로 돌아가자'는 말이냐고 반문합니다. 뒤로 돌아간다고 해서 사람들은 적정기술을 '환원주의'라고 합니다. 게다가 수익이 적은데 여러 사람이 수익을 함께 나눈다고 하니 이런 방식에 불만을 말하는 사람들은 '적정기술은 이상적이고 여성적인 발상'이라고 비난합니다. 힘겨루기를 좋아하는 인간의 관점에서 경제력 싸움에서 이기기 위해서는 적정기술보다는 힘이 센 거대 공장형 기술이 유리하다고 생각하는 것입니다. 인간 문명의 발전에 인간 경쟁의식과 창의력이 큰 기여를 했다는 사실을 부정할 수 없습니다. 그런 의미에서 인간 삶의 방식에서 작은 것을 선택할 것이냐, 큰 것에 의지할 것이냐, 또는 두 가지의 공존이 가능하냐는 질문에 확실한 답을 내리기 어렵습니다.

함께 하는 공동체를 만들려면 나눔과 배려의 정신이 필요하다. 행복을 결정하는 것은 경제력이 아니다. 가장 행복지수가 높은 나라가 방글라데시라고 한다. 안타깝게도 OECD 부자 나라가 된 한국의 자살률은 세계 1위다. 가난한 캄보디아 시골 아이들의 눈빛에서 행복을 찾아볼 수 있다.

 청소년과 함께 하는 나눔과 배려의 적정기술

Q 현대의 산업 기술의 발달과 적정기술은 서로 모순된 관계일까요? 아니면 상호 보완적인 관계일까요?

A 현대 산업은 큰 것을 지향합니다. 한국의 철강 산업을 보더라도 원자재는 호주 에서 사와서 포항에서 철로 만들고 제품을 유럽이나 미국에 팝니다. 산업이 전 세계 시장을 아우르고 있습니다. 적정기술은 작고 부분적입니다. 협동조합과 같이 농, 축 산물을 만들어서 함께 일하고 나누는 구조를 갖고 있습니다. 현대사회는 큰 것을 지 향합니다. 하지만 큰 것이라고 반드시 좋은 것만은 아닙니다. 대기업에서 일하던 엘 리트 사원이 어느 날 회사에 사표를 내고 귀향하기로 결심합니다. 쉴 틈도 없이 돌 아가는 대기업의 근무방식에 대해 회의를 느낀 것입니다. 그는 농촌에 친 자연주의 를 지향하는 사람들과 함께 공동체를 만들어 제품을 생산하고 판매하는 일을 하고 자 합니다. 돈을 많이 벌지 못했지만 자연에 동화된 생활을 하면서 그는 이전에 일밖 에 모르던 생활에서 느낄 수 없었던 시간의 소중함과 휴식, 자연과의 친화를 배우게 됩니다. 현대 사회가 큰 것이 중심이 되어 움직이고 있지만 그 가운데에서 작은 것을 지향하는 사람들이 한 부분을 구성하고 있고 점차적으로 그 영역이 확대되고 있습 니다. 산업화가 과도하게 진행되는 과정에서 작은 것의 중요성이 확산된다면 큰 것 과 작은 것이 상호 보완적인 관계를 유지하며 균형을 이루는 건강한 사회가 될 것입 니다.

Q 사람들은 이미 자본주의 사회 속의 소비적인 삶, 첨단 과학이 지배하는 편리한 삶에 익숙해져 있습니다. 이런 상황에서 욕망과 편리함을 포기하고 절제를 기반으 로 한 적정기술을 선택할 수 있을까요? 또한 하나의 국가를 넘어 범세계적인 측면에 서의 적정기술의 도입과 확대를 위한 법적인 지원이 가능할지 궁금합니다.

A 매우 좋은 지적입니다. 모든 과도함은 인간의 욕망으로부터 시작됩니다. 인간 의 욕망은 새로운 세상을 만드는 원동력이지만 그것으로 인한 과도함이 문제를 만 듭니다. 다른 사람보다 많은 것을 소유하고자 하는 인간의 욕심으로 인해 전 세계 경 제의 90% 이상이 10%의 소수에 의해 점유되었습니다. 이 문제를 해소하지 않으면

지구촌의 문제(빈익빈 부익부로 인한 사회 갈등, 종교, 인종 문제 등)를 해결할 수 없습니다. 많은 나라에서 소유의 불균형에 의한 범죄가 끊임없이 발생하고 있습니다. 답은 인간의 욕심의 자제에 있지만 사람들은 그 부분을 양보하려 하지 않을 것입니다. 인간의 경제적 욕심을 만족시키기 위한 과학기술의 과도한 발달은 더 큰 문제를 일으킵니다. 에너지 위기, 지구온난화, 생태계 파괴와 같은 문제들에 봉착할 때마다 사람들은 적정기술의 정신으로 돌아가자고 말합니다. 앞으로도 기술발달로 인한 문제가 계속 일어나면 인간의 욕심을 줄이자는 소리가 더 높아질 것으로 봅니다. 오존층의 파괴나 지구 온난화 문제에 대한 대책으로 탄소 배출권 제도가 생겼습니다. 나무를 많이 심는 나라에게 탄소를 배출할 권리를 줍니다. 바다 생태계 보호를 위해 어획량을 규제하는 제도를 만들고 있습니다. 지구의 환경과 자원을 보호하고자 이런 제도가 생기고 있음은 매우 고무적인 일입니다. 국제적인 법과 제도를 확대하고 여러 나라가 서로 공존하는 방법에 동의한다면 적정기술의 영역이 확대될 것으로 예상됩니다.

Q 인류의 경제를 사과 묶음으로 설명하였는데 저자는 어떤 사과 묶음을 갖고 있는지요? 그리고 적정기술의 미래는 어떤 모습일지 궁금합니다.

A 지금 이 세상은 모든 것이 연결되어 있는 큰 사과 하나인 글로벌 세상입니다. 경제, 산업, 인터넷 모든 것이 연결되어 있습니다. 작은 사과는 분산된 작은 경제를 의미합니다. 필자는 큰 사과의 세상에서 작은 사과 묶음의 세상을 알리고 있습니다. 시간을 내어서 휴가 때 과학기술로 가난한 나라를 돕기 위해 아시아와 아프리카의 가난한 나라를 방문합니다. 국내에서는 이 나라의 미래 지도자가 될 청소년과 대학생들에게 적정기술의 나눔의 정신을 전합니다. 일터에서는 사람과 사람간의 관계를 중시하고, 다른 사람의 능력이 성장하도록 돕고 있습니다. 궁극적인 바람은 이 사회의 양극화, 빈부의 격차가 줄어드는 것입니다. 큰 것과 작은 것이 어떻게 공존할 수 있는지를 고민합니다. 세상은 큰 것을 선호하고 있지만 큰 것에 문제가 발생하면 큰 문제가 발생합니다. 그리고 '작은 것이 더 낮지 않았나?'하는 생각을 하게 됩니다. 작은 기술에 대한 생각이 확대되면 다시 작은 것은 힘이 없다고 불평하는 사람들이

큰 것을 지향하는 현대 문명은 큰 사과 하나와 같아서 문제가 생기면 사과 전체의 문제로 확산된다. 작은 사과 여러 개로 나누어 놓으면 문제가 생겨도 그 영향이 작다.

https://www.agric.wa.gov.au/pome-fruit/breeding-healthier-apples

생깁니다. 지금과 같은 승자독식(Winner takes it all)의 세상은 좋은 세상이 아닙니다. 나눔과 배려의 마음이 있어야 공존의 세상을 만들 수 있습니다. 큰 것과 작은 것의 좋은 점을 찾아가는 사람들이 늘어나고 있으니 아마도 앞으로의 세상은 작은 것과 큰 것이 적당히 어울리는 세상이 되지 않을까 기대합니다.

Q 철저한 개인주의가 되어가는 현대인들에게 필요한 36.5°C의 적정기술은 어떤 의미를 갖는지요?

A 서구 사회가 한국의 대가족 제도와 그 안에서의 인간 관계에 대한 관심을 갖고 연구했습니다. 서구 사회는 동양의 대가족 제도를 인류가 추구해야 할 이상적인 제도라고 평가했지만, 한국 사회는 오히려 서구 사회의 핵가족, 개인주의의 제도를 따라갔습니다. 서구화가 가속화되면서 인간 관계의 단절 현상이 많아지고 있습니다. 경제가 성장하면서 사람들의 삶의 가치관이 바뀌었습니다. '경제력(돈)'의 확보가 인생의 목적이 되었습니다. 반면에 상대방을 배려하고 함께 하려는 마음은 점점 약화되고 있습니다. 폐쇄된 회색 빛 콘크리트 건물의 공간을 나누어 살면서 컴퓨터, 인터넷, 기계를 통해 대화를 나눕니다. 이렇듯 세상은 각박해져 가고 있지만 아직 우리

의 체온은 여전히 36.5°C의 따뜻함을 유지합니다. 사람이 사는 것은 무엇일까요? 자동차, 집, 돈과 같은 유형의 것들이 인간의 삶의 가치를 결정하는 것 같지만 사랑, 희망, 꿈, 배려와 같은 무형의 것들이 인간의 삶의 중심에 있습니다. 36.5도의 적정기술은 이런 무형의 정신과 가치를 담고 있습니다. 가치를 공유하고, 사람을 사람답게 만들고, 인간의 땀냄새가 나는, 나눔과 배려가 있는 기술이 36.5도의 "적정기술"입니다.

현대과학기술 문명의
양면성

Q 과학기술 발달로 인류는 질병으로부터 해방되었고 식량, 에너지, 교통의 발전으로 많은 편리함을 누리고 있습니다. 하지만 과도한 기술 발달로 인해 인간 중심적인 사회가 붕괴되고 있다는 지적이 있습니다. 어느 수준의 과학기술이 적정한 것인지 알고 싶습니다.

A 현대 사회에서는 기술에 의해 개인과 국가의 경제력이 좌우됩니다. 기술이 나날이 발전하고, 발전은 가속화되고 있습니다. 기술이 국가의 경제력을 결정하기 때문에 사람들은 경쟁적으로 새로운 기술을 개발하고 있습니다. 인간이 만들 기술 중에는 인간의 생활을 편리하게 해 주고 당면한 문제를 해결해 주는 좋은 기술이 있지만 그렇지 못한 것들도 있습니다. 첨단 과학기술의 발달로 인해 사회의 문화와 관습이 변하고 있습니다. 사람들이 만나서 얼굴을 보고 대화하기 보다는 문자로 대화를 합니다. 컴퓨터나 스마트폰이 없으면 사회 생활을 하기 어려운 세상이 되었습니다. 모든 정보가 그 안에 다 들어 있습니다. 과도한 기계 중심의 사회 구조 때문에 이제는 인간이 기계를 사용하는 것인지, 인간이 기계에 종속된 것인지 판단이 서지 않을 때가 있습니다. 기술 발달로 인해 사람들이 자신도 모르는 사이에 서서히 기계에 중독되어 가고 있습니다.

어느 날 회사 퇴근 버스를 타고 시내에 나간 적이 있습니다. 버스에 올라탔는데 대부분 사람들이 자리에 앉자 마자 스마트폰을 꺼내서 웹서핑(Web surfing)을 시작했습니다. 이런 모습은 제게는 충격으로 다가왔습니다. 과연 시간이 인간에게 주는 의미가 무엇인지 생각해 보게 되었습니다. 일하는 시간, 가정에서 가족과 대화하는 시간, 휴식 등의 시간들에는 각각 분명한 의미가 있습니다. 일과가 끝나면 하루의 시간을 잘 정리하고 휴식해야 합니다. 비슷한 예로, 회의 중에 사람들이 전화가 오면 처음에는 조용히 밖으로 나가서 전화를 받았는데 지금은 회의 중에도 버젓이 그 자리에서 전화를 받습니다. 그리고 시간이 지나 이제는 회의 중 스마트폰 사용이 관습의 일부가 되었습니다. 인터넷에 중독된 젊은이들은 인터넷 안에서의 삶과 현실의 삶을 구별하지 못합니다. 인터넷 공간에서 시간을 소모하고 그 안에서 자신의 정체성을 만들어 갑니다. 우리나라가 OECD 국가 중 자살률이 1위라고 합니다. 급격한 사회 발전 속에서 사람들이 정체성과 삶의 가치 문제로 혼란스러워 합니다. 나라나 지역의 상황(경제력과 그 지역의 문화)에 따라 다르겠지만 기계에 대한 의존도에 관한 논의가 있어야 하고 그 논의에 따라서 인간의 생활에 적합한 기계 사용의 한계를 정해두는 것이 바람직합니다.

Q 기술이 과도하게 발달해서 인간의 삶의 방식이 인간다움을 헤치고 있다는 지적이 있습니다. 사람들이 만나는 열린 공간은 줄어 들었고, 얼굴을 보고 대화를 나누는 시간도 점점 줄어 들고 있습니다. 기술 중심 사회에서 인간다운 삶을 유지하지 위한 방안은 무엇인지요?

A 기술이 인간의 삶에 너무 깊이 침투해 있다는 지적이 있습니다. 인터넷으로 연결된 사회에서는 사람들이 얼굴을 보고 대화를 나누는 시간이 적습니다. 또 직장에서 귀가해도 사람들은 폐쇄된 공간인 아파트나 원룸에서 시간을 보냅니다. 아파트와 같은 다세대 주택 공간은 에너지 효율이 높고 안전이 보장되기는 하지만 사람들과의 만남이 극도로 통제된 공간입니다. 얼마 전부터는 아파트의 반상회가 사라져서 옆집에 누가 사는지도 잘 모릅니다. 제 유년 시절이 생각납니다. 저희 집이 다른 동네로 이사를 갔는데 전입 인사를 한다고 가가호호에 떡을 돌렸던 기억이 있습니다. 그 때는 동네 어느 집에 어떤 분들이 살고 있는지 잘 알고 있었지요. 골목 길을 지나가다 어르신들을 만나면 고개를 숙이며 공손히 인사를 했었지요. 지금은 반상회

건축 중인 고층 아파트

-아파트는 일정한 면적의 부지 위에 독립된 공간을 층층이 높이 쌓아 올려 많은 세대들이 거주하게 하는 주거 공간이다. 아파트는 에너지 효율이 높고 안전하지만 굳게 닫힌 문과 소통이 없는 주거 문화로 인해 층간 소음과 같은 사회적 문제가 발생한다.

뿐만 아니라 '집들이' 같은 문화도 없어졌습니다. 아파트에서 피아노나 바이올린 같은 악기를 연주할 수 없습니다. 주민들이 작은 소음에도 민감하게 반응합니다. 사람들이 대화를 나누지 않고 살기 때문에 옆집에 누가 사는지 잘 모릅니다. 그만큼 사람과 사람 사이의 관계성이 많이 약해졌다고 볼 수 있지요. 인간 관계가 약해지면서 층간 소음과 같은 사회 문제가 발생하고 있습니다. 층간 소음의 문제는 소음에 의한 문제라기 보다는 위아래 이웃끼리 소통하지 않고 살고 있기 때문에 생기는 문제라고 보아야 합니다. 도시에서 발생하는 사회적 문제를 해결하려면 기계 중심의 생활을 최소화하고 사람과 사람이 소통하는 시간을 늘려야 합니다. 이웃과 얼굴을 맞대고 이야기하는 시간을 늘리고 동호인 모임을 통해 문화를 공유하는 프로그램들이 많아지도록 개인과 정부, 사회 단체에서 노력해야 합니다.

Q 인간의 삶의 방식이 과학기술 발달에 의해 바뀌고 있습니다. 의료와 생명공학에서의 과학기술의 발달로 인간의 수명 100세 시대를 맞고 있습니다. 인류의 삶에

대해 과학기술의 발전의 긍정적인 영향이 더 큰 것이 아닐까요?

A 국가 경제를 생각해서 정부나 기업은 기술자들에게 새로운 산업 기술을 만들어 달라고 요구합니다. 새롭게 만들어진 첨단 기술은 대부분은 인간의 노동력이나 지적 능력을 대신하는 것들입니다. 우리나라가 이만큼 성장한 것도 과학기술로 산업을 일으켰기 때문입니다. 하지만 지금은 기술의 과도한 발달로 인해 산업 현장에서 인간이 설 자리가 좁아지고 있습니다. 인터넷 기술이 가장 발달한 우리나라가 무역 1조 달러를 넘은 경제 선진국이 되었지만 대학 졸업생들은 직장에 취업하기 어렵습니다. 대기업이 공장을 두 배로 증설해도 인력을 많이 고용하지 않습니다. 생산 현장에는 사람 대신에 컴퓨터의 명령을 받는 자동화된 기계들이 일을 하고 있습니다. 지금의 과학기술은 단순히 기계 산업에 한정되어 있지 않습니다. 인간만이 갖고 있는 고유의 지적 기능의 분야에까지 확대되고 있습니다. 과학기술이 인류에게 주는 혜택을 부정하는 것은 아닙니다. 전기의 발명으로 깨끗한 물과 음식을 먹을 수 있게 되었습니다. 의학이 발달해서 인간은 평균수명 100세 시대를 맞고 있습니다. 좋은 현상이지요. 매년 의료검진을 해서 병의 원인이 되는 것들을 사전에 제거합니다. 병에 걸려도 치료방법이 좋아져서 인간의 수명은 점점 늘어갑니다. 그런데 사람이 너무 오래 살게 되면 또 다른 문제가 생깁니다. 우리보다 고령화가 먼저 시작된 일본의 경우 직장에서 퇴직한 부부가 약 3-4억원 정도의 예비 비용으로 80살 중반까지 살 수 있다고 생각을 했다고 합니다. 부부는 80살 중반을 넘어서서 80대 후반까지 살게 되었습니다. 오래 사는 것이 좋기는 하지만 부부는 그 동안 저축했던 돈을 다 써버려서 재정적으로 어려움을 겪게 되었다고 합니다. 결국 비용을 감당할 수 없게 되어 부부는 파산했습니다. 오래 살게 되면서 그 만큼 돈이 더 필요하게 된 것이지요. 고령화로 인한 치매 인구가 늘어나고 있습니다. 추가적인 의료지원이 필요합니다. 오래 사는 것과 고령자의 삶의 질을 함께 생각해보아야 할 것 같습니다.

Q 지속적인 인류 삶의 환경을 유지하려면 과도한 과학기술의 발달을 경계해야 한다고 했습니다. 그런 취지로 적정기술이 제안된 것으로 알고 있습니다. 첨단 과학기술 발달에 따라 기계와 인간이 경쟁하게 될 분야에 대해 알려 주십시오.

구글이 특허를 출원한 드론 배달 박스 http://thenextweb.com/google/2016/01/27/google-just-patented-a-box-on-wheels-for-receiving-drone-deliveries/#gref

A 데이터를 많이 활용하는 직업부터 기계가 대신할 것이라는 이야기가 있습니다. 우선 사람의 병을 진단하는 의사, 약을 조제하는 약사, 법으로 판결하는 판사 같은 직업이 될 것입니다. 벌써 컴퓨터가 사람의 질병을 진단했다는 소식이 있습니다. 로봇은 의사의 처방을 전달받아서 환자에게 약을 배달하고 있다고 합니다. 거의 실수가 없는 수준이라고 합니다. 의료계뿐만 아니라 지식을 다루는 법조계도 긴장하고 있습니다. 법에는 상황에 따른 다양한 판례가 있고 그런 정보를 컴퓨터에 저장할 수 있습니다. 사람들 사이에 법적인 문제가 발생하면 컴퓨터가 상황을 판단하고 적용된 판례를 분석해서 판결을 내릴 수 있겠지요. 앞으로는 택배 배달을 드론이 담당하게 될 것이라는 보도가 있었습니다. 멀리 떨어진 장거리 운송에 드론이 우선적으로 사용되겠지만 나중에는 자장면도 드론이 배달할 것이라는 이야기가 있습니다. 그렇게 되면 택배 기사나 오토바이를 타고 자장면을 배달하는 '사람'이 할 일이 없어지는 것이지요. 미래학자들은 앞으로 20년 이내에 현재 직업의 반이 사라질 것이고 예측하고 있습니다.

Q 얼마 전에 이 세돌과 인공지능(AI, Artificial Intelligence) 알파고(AlphaGo)의 바둑대결이 있었습니다. 안타깝게도 인간대표 이 세돌이 알파고에게 지고 말았습니다. 알파고와 같은 인공지능의 발달이 인류문명 발달에 미치는 영향은 무엇인가요?

A 간단한 신호를 처리하는 엘리베이터와 같은 기계에서 시작한 지적 기계들이 인간의 뇌를 대신하는 컴퓨터를 내장한 핸드폰이나 계산기, 네비게이션 등으로 발전해서 사람들에 편리함을 제공하고 있습니다. 하지만 인간이 지능형 기계의 편리를 누리는 동안에 예상하지 못한 문제들도 많이 발생하고 있습니다. 근육을 쓰지 않으면 살이 빠지는 것처럼 뇌를 사용하지 않으면 정신적인 질병에 노출되기 쉽습니다. 지적 능력을 기계에게 과도하게 의존하는 사람들은 나이가 들어 치매에 걸릴 확률이 높습니다. 최근에 한국 바둑의 대표주자인 이 세돌 사범과 알파고의 지능 대결이 있었습니다. 인간 대표인 이 세돌 사범이 알파고에게 패했습니다. 얼마 전까지만 해

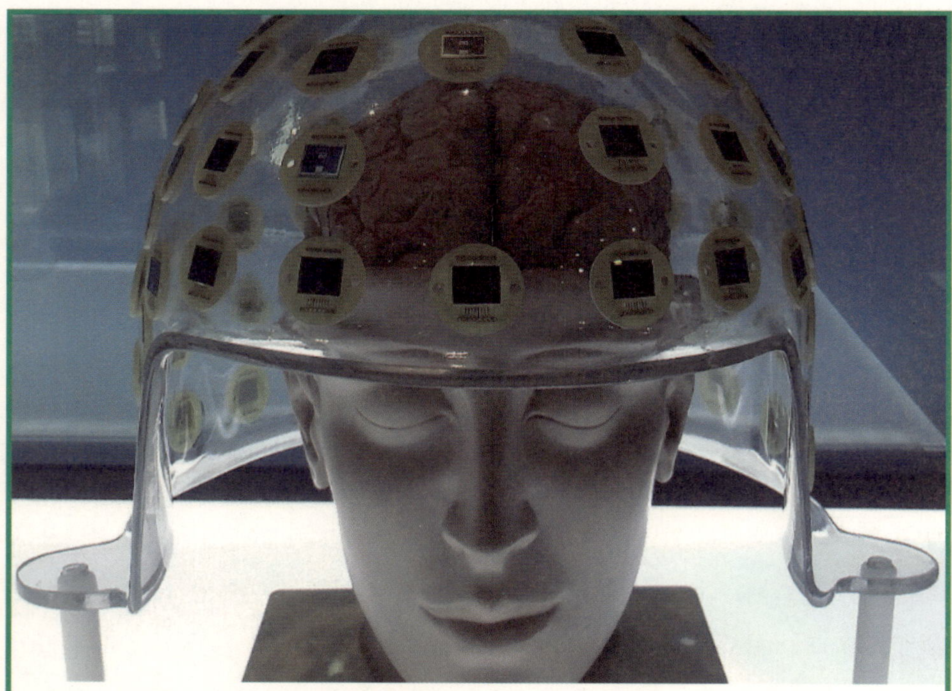

인간의 뇌파를 감지하는 센서(한국표준연구원 전시)
-이 세돌 사범과 인공지능 알파고의 바둑 대결의 결과는 인공지능이 인간의 능력을 넘어설 날이 멀지 않음을 시사한다.

도 컴퓨터가 인간의 지능을 따라오는 것은 거의 불가능한 일처럼 보였습니다. 하지만 반도체 산업의 발달로 컴퓨터의 용량이 커지고 계산 프로그램이 진보됨으로써 이런 일이 가능하게 되었습니다. 이 결과가 우리에게 시사하는 바는 무엇일까요?

컴퓨터의 계산 속도는 이미 인간의 능력을 넘어섰습니다. 어떤 복잡한 계산을 할 때 컴퓨터는 매우 효율적입니다. 하지만 알파고처럼 인공지능이 사람의 지적 능력을 이기는 수준이 되면 인간의 삶의 방식에 대한 기계의 간섭이 지적인 분야로까지 확대된다고 보아야 합니다. 이런 것을 상상해 보십시오. '혼자서 움직이는 자동차', '인간과 대화하는 로봇'. 스스로 생각하고 판단하는 기계들이지요. 자동차는 기계 부품으로 구성되어 있지만 앞으로는 전자 부품의 역할이 더욱 커질 것입니다. 그래서 사람들은 자동차 산업을 더 이상 기계 산업이라고 부르지 않습니다. 선진국의 자동차 회사들은 스스로 움직이는 자동차를 만들고 있습니다. 사람이 핸들을 잡고 엑셀레터를 밟지 않아도 알아서 길을 찾아가는 자동차를 말합니다. 자동차가 스스로 움직이려면 고도로 발달된 컴퓨터가 필요하고 이런 부분에 이 세돌 사범을 이긴 인공지능이 사용될 겁니다.

리모트콘(Remote controller)으로 자동차를 부르면 주차장에 주차하고 있던 차가 움직여서 집 앞의 현관으로 이동해서 자동차 문을 엽니다. 주인이 목적지를 말하면 자동차가 목적지를 스스로 찾아 갑니다. 전후 좌우 어떤 물체가 다가오는지 센서가 감지해서 인공지능에 알려주고 인공지능이 판단해서 속도를 줄이거나 가속합니다. 이런 자동차는 컴퓨터의 인공지능에 의해 움직이는 기계라고 해야겠지요. 미래의 자동차는 각종 센서와 인공지능 컴퓨터, 그리고 인공위성의 GPS(Global positioning system, 범 지구 위치 결정 시스템)까지 모든 첨단 산업의 결합으로 움직이게 될 것입니다.

회사의 운영 방식도 컴퓨터와 연계하는 방식으로 바뀌고 있습니다. 모든 기계 제품은 컴퓨터와 연결된 전자식 제품이 될 것입니다. 이제는 기계적 방식으로 움직이는 단순한 제품은 없다고 말하고 싶습니다. 기계의 각 부분에 센서가 부착되어서 기계의 작동에 문제가 발생하면 센서가 인식해서 인공위성을 통해 회사의 중앙 컴퓨터에 알려 줍니다. 컴퓨터는 기계의 문제나 수명을 판단합니다. 모든 제품의 관리를 컴퓨터가 하게 됩니다. 과학기술로 발전하는 현대 문명은 컴퓨터와 인터넷의 제3의 산업 혁명을 넘어서 센서와 인공지능이 결합한 제4의 산업 혁명 시대로 들어서고

수동식 커피 분쇄기
-통에 볶은 커피 열매를 넣고 손으로
레버를 잡고 돌리면 분말 커피가
만들어진다. 커피를 분쇄하려면 시간과
노동이 필요하다. 이 수동식 커피
분쇄기에는 인간의 노동력을 중시하는
적정기술의 정신이 담겨있다.

있습니다. 기계가 인간의 노동의 권리를 잠식하고 있는 상황에서 이제는 인간의 지적 영역에서 인간과 기계가 본격적으로 대립할 것으로 예상되면서 인공지능이 인류의 문명에 미칠 긍정적 효과와 부정적 효과에 대한 논의가 진행되고 있습니다.

Q 현재 과학기술의 발전 속도가 인간의 삶의 방식을 바꿀 정도로 과도하다는 지적이 있습니다. 인간의 삶 속에서의 과학기술을 생각할 때 과학기술의 '발전 속도'나 '방향'에 대해서 우리가 가져야 할 생각은 무엇인가요?

A 현재의 기술 발달 속도가 너무 빠르다는 생각입니다. 예를 들어, 핸드폰의 경우만 하더라도 1G에서 5G까지, 간단한 대화를 주고받는 수준에서 일상의 모든 것을 담은 통합적 스마트 폰으로 발달했습니다. 이제는 전화번호부, 길 찾기, 결재 기능, 인터넷 검색, 다양한 어플 등의 기능을 갖춘 스마트폰이 없으면 일상생활이 어려운 수준이 되었습니다. 심각한 기계 의존성과 중독 현상으로 인해 사회적 문제들이 발생하고 있지만 기술의 발전은 끝이 없어 보입니다. 핸드폰의 발달은 어디까지가 적

절할까요? 3G 정도에서 애플과 삼성, 중국의 핸드폰 업체가 협의해서 더 높은 수준의 핸드폰은 30년 후에 출시하자고 하면 어떨까요? 물론 이런 생각은 이상주의자나 하는 것이라 하겠지요. 현재 수준의 핸드폰만으로도 인류는 아무 불편 없이 살 수 있습니다. 핸드폰이 발전하면서 다른 첨단기기들이 사라지고 있습니다. 20-30만 원대의 디지털 카메라, 네비게이션, 전자 사전, MP3 등 단일 제품으로 훌륭하게 평가되던 기기들이 통합형 기기인 스마트폰의 출현으로 시장에서 사라졌습니다. 큰 기술이 작은 기술을 잡아먹는 세상이 된 것이지요. 기술 개발자들은 시간과 에너지를 신상품 개발을 위해 소진하고 있습니다. 과학기술 문명의 발전 속도가 제동장치를 잃어버린 과속 열차가 되어가는 것은 아닌가 하는 우려의 목소리가 있습니다. 지금보다 속도를 줄일 수 있도록 제품의 최종 사용자인 개인들이 경계의 목소리를 높이고 인류 문명에 미치는 기술의 영향에 대한 관심을 가져야 합니다. 기술의 과도한 발달로 인해 사회 문제가 발생한다면 기술 수준에 법적 제한을 고려할 필요가 있으며, 때로는 특정 제품에 대해 불매 운동을 할 필요도 있습니다. 이런 질문이 필요하겠습니다. "기계와 함께 하는 시간과 사람들과 감정을 나누는 시간 중 어떤 것을 선택하시겠습니까?"

Q 현재 인간의 삶은 과학을 통해서 이만큼 발전해 왔고 앞으로도 더 발전해 갈 것이라 생각됩니다. 적정기술은 인류 미래의 건강한 삶을 위해서 자연에 순응하는 방식으로 돌아가라고 주장합니다. 자연에 순응하며 살아가려면 이제까지 과학기술로부터 얻은 혜택을 포기해야 합니다. 그것이 가능할까요?

A 과학의 발전으로 인류의 생명이 연장되고 많은 병을 치유할 수 있었지만 과도한 기계 문명의 발달로 인해 환경 파괴가 심화되었고, 사람들 사이의 관계가 단절된 기계 중심적 삶이 만들어졌습니다. 미래학자 중에 과학기술의 발달 속도를 우려하는 학자들은 과학기술 문명의 발전 속도를 줄이거나 인간의 영역을 과도하게 침범하는 기술의 발전을 중단하여야 한다고 말합니다. 자연으로 돌아가라는 말은 현재의 과학기술 중심의 문명의 발전을 멈추고 완전한 농업 중심의 사회로 돌아가라는 말이 아닙니다. 그리고 돌아가기에는 너무 많이 앞으로 나아가 있습니다. 자연으로 돌

플라스틱 병을 사용하는 것이 좋은가?
- 플라스틱 병은 병 가격이 싸고 사용이 편리하다는 장점이 있다, 하지만 과도한 사용으로 해양 생태계가 파괴되고 있다. 사용하지 않는 것은 어떤가? 플라스틱 병은 이미 현대인의 삶 깊숙이 들어와 있다. 썩는 플라스틱을 만들든지, 폐 플라스틱을 잘 관리하고 재생해서 사용하는 방법이 더 나은지 생각해 보아야 한다.

아가라는 말은 자연의 법칙을 역행하지 말라는 뜻입니다. 예를 들어, 가축은 풀을 먹어야 하고 육식을 해서는 안됩니다(육식하는 소, 광우병). 물고기를 잡을 때 작은 치어는 잡지 말아야 합니다. 인위적으로 새로운 재료를 만들 때에 자연 환경에서 분해될 수 있게 설계하여야 합니다. 산림 자원을 사용했다면 사용한 만큼의 나무를 심고 가꾸어야 합니다.

과학기술을 어떻게 사용하느냐가 중요합니다. 예를 들어, 알프스의 고산 지역과 같은 청정 지역에서는 대기 오염을 유발하는 자동차들의 운행이 허가되지 않습니다. 오직 전기 자동차만을 운영합니다. 도심에 자동차의 진입 시에 환경 보존 요금을 지불하게 하는 제도도 과학기술의 적절한 사용에 해당합니다. 이와 같이 과학기술을 사용하면서도 자연을 보호하기 위해 일정한 규칙이나 제한 사항을 만들어 시행한다면 적정 수준의 과학기술로 건강한 인류의 미래를 만들어 갈 수 있습니다. 자연 법칙이란 이 세상을 움직이게 하는 기본 원리이고, 기술은 그 원리를 활용하여 인간

들 가에 핀 해바라기
─이제까지 개발한 모든 첨단 과학기술을 동원해도 해바라기 꽃잎 한 장를 만들 수 없다.

의 편리를 위한 도구를 만듭니다. 그러므로 기술은 자연의 법칙에 순응할 때 최선의 가치를 갖습니다.

Q '과학(Science)은 가치 중립적이지만 기술(Technology)은 그 기술을 만들 때 인간의 생각이 들어가기 때문에 가치 중립적이지 않다'라는 구절을 읽었습니다. 가치 중립성(Value neutrality)이란 말이 무엇을 의미하는지요?

A 과학은 우주 만물의 원리를 이해하는 학문입니다. 우주가 움직이는 원리에는 좋다, 나쁘다가 없습니다. 지구가 자전을 하는 것은 '좋다', 공전을 하는 것은 '나쁘다'라고 하지 않습니다. 그래서 가치가 중립적이라고 합니다. 어떤 물건을 만드는 솜씨를 기술이라고 하는데 이 기술은 과학의 원리를 이용해서 사람이 만듭니다. 인간이 만든 기술에는 사람의 마음이 들어갑니다. 그래서 과학의 원리를 이용하여 인간이 만든 제품에는 "좋다", "나쁘다"의 가치가 존재합니다. 만약 어떤 기술을 만들 때 그

기술을 만드는 사람이 악한 마음을 품는다면 그 기술로 만든 제품은 악한 가치를 갖게 됩니다. 반대의 경우에는 선한 가치가 있겠지요. 무기와 같이 사람을 해치기 위해 만든 제품에는 악한 가치가, 인간의 병을 치료하려고 만든 제품에는 선한 가치가 있습니다. 또한 같은 기술이라도 사용하는 사람이 나쁜 마음을 갖고 사용한다면 그것에 의해 악한 가치가 생깁니다. 정리하자면, 과학(중력, 만유인력, 물질, 우주의 팽창, 전자기력 등)은 우주의 움직이는 원리이기 때문에 그 가치가 선하고 악함이 없이 중립적이지만 과학의 원리를 이용해 만든 기술 제품에는 인간의 마음이 담겨 있기 때문에 선할 수도 악할 수도 있습니다. 과학기술, 선한 마음으로 만들고 사용해야겠습니다.

　현대문명의 발전에 과학기술이 기여하는 바가 크지만 아무리 인간이 만든 대단한 기술이라도 자연계가 만드는 신비로움에 비하면 미약하기만 합니다. 한 예로, 인간이 농업혁명을 일으켜서 식량 생산을 높였다고 하지만 인간은 자그마한 식물의 씨앗이 땅에 떨어져 자라서 나무나 풀이 되고 가을에 열매를 맺는 원리에 대해 알지 못합니다. 인간이 만든 농업 생산의 기술은 씨앗이 자랄 수 있는 환경을 개선시켜 줄 뿐이고 식량 자체를 만들지는 못합니다. 인류가 이제까지 개발한 어떤 기술도 작은 생명체의 기본 단위도 만들지 못한다는 사실을 인식한다면 인류가 만든 기술을 어떻게 사용해야 할지에 대한 대답을 찾을 수 있을 것입니다.

적정기술이 성공하려면

Q 적정기술은 가난한 나라를 돕는 기술로 알려져 있습니다. 가난한 지역을 도울 때 첨단 기술이나 산업과 비교해서 적정기술에 어떤 장점이 있는지 알고 싶습니다.

A 가난한 나라에는 과학기술이 그다지 발달되어 있지 않습니다. 적정기술의 주창자인 슈마허 교수는 적정기술 단체를 만들어서 개발도상국인 미얀마에서 활동한 바 있습니다. 그는 첨단 기술보다 그 나라, 그 지역에 적합한 기술이 문제를 더 잘 해결할 수 있음을 경험하게 됩니다. 어떤 지역의 문제를 해결하려면 정치, 문화 등 여러 분야의 상황을 이해하여야 합니다. 기술뿐 아니라 국가 지도자의 도덕성도 기술 보급의 성공 여부에 영향을 줍니다. 그는 현지 사용자의 생각을 무시하고 무분별하게 가난한 나라를 돕는 기존의 원조 방식에 문제가 있음을 알게 되었습니다. 그동안 경제적으로 풍요한 선진국은 식량 원조와 더불어 다양한 물품을 가난한 나라에 무상으로 제공했습니다. 산업을 육성하기 위해 과학기술을 제공했는데 어떤 것은 지역의 특성에 맞지 않았고, 또 어떤 것은 운영에 어려움이 있어서 대부분 실패했지요.

물론 가난한 지역에는 무상 원조가 필요합니다 먹을 것이 없는 사람들에게는 식량을 우선적으로 지원해 주어야 합니다. 하지만 모든 문제를 무상 원조로 해결하는 데에는 한계가 있습니다. 스스로 일어설 수 있는 자립정신이 무엇보다 중요합니다. 왜 일을 해야 하는지 인식하게 해 주려면 교육이 중요합니다. 기술을 가르쳐서 그 기술로 물건을 만들어 팔아서 수익이 생기게 해 주어야 합니다. 작은 사업체라도 스스로 경영할 수 있을 때까지 지속적으로 도움을 주어야 합니다. 아프리카와 아시아의 가난한 나라는 대부분 서구의 식민지 시절을 겪었습니다. 그 기간 동안 피해를 많이 받았습니다. 국토를 잃었고, 민족(부족)이 분리되는 어려움을 겪었습니다. 그들의 아픔을 보상해 주기 위해 인도적 차원에서라도 도움을 주어야 합니다.

아프리카에서 적정기술의 보급을 위해 오랜 시간 일해 온 폴 폴락 선생은 인도주의적인 무상 기술 지원으로는 아무런 변화를 가져올 수 없다고 했습니다. 어떤 물건이든 공짜로 받아 본 사람은 그 물건을 돈을 주고 사려고 하지 않는다고 합니다. 노력하지 않아도 시간이 지나면 누군가 와서 비슷한 물건을 공짜로 주기 때문입니다. 아무리 가난해도 수익을 보장한다는 확신이 있으면 돈을 주고 제품을 삽니다. 그래서 폴 폴락 선생은 현지 사회가 주체가 된 시장 지향적 접근이어야 적정기술이 성공할 수 있다고 했습니다. 적정기술이란 이름으로 제공된 기술이 모두 성공한 것은 아니었습니다. 현지에서 원하지도 않는 제품들을 만들어 공급해서 실패한 사례가 많았습니다.

적정기술을 배워서 돈을 벌고 이를 통해 가난을 벗어날 수 있다는 믿음이 생기면 적정기술이 뿌리를 내릴 수 있습니다. 다른 여러 문제들도 함께 생각해야 합니다. 사회구조가 부패해 있고, 가난의 문제가 너무 오랫동안 지속된다면 사람들은 가난을 당연한 것으로 여기게 됩니다. 이런 문제들은 단순히 외부의 일시적인 지원이나 기부로는 해결할 수 없습니다 또 현지인들이 무엇을 필요로 생각하는지 고려하지 않고 주는 사람의 입장에서 지원한 것도 실패의 원인입니다. 현지인의 요구와 시장을 고려하지 않은 단순 인도주의적 도움이었기 때문입니다.

Q 우리나라도 개도국 시절이 있었는데 새마을운동, 국산장려운동, 산업화 등을 통하여 세계가 놀라는 경제 성장을 이루었습니다. 이는 우리의 성숙한 주인 의식이 있어 가능했다고 봅니다. 우리가 개도국의 문화를 존중하면서 개도국 시민들의 의식을 향상 시킬 수 있는 방법으로 무엇이 있다고 생각하나요?

A 우리나라는 일제 강점기와 1950년대의 전쟁 후 세계 최빈국 중에 하나였습니다. 그 이후 국가-국민이 한마음으로 열심히 일을 해서 가난을 극복하고 선진국으

캄보디아 시골 마을 주민들과 마을의 문제를 논의
- 기술 이전에 문제를 인식하고 문제를 스스로 해결하려는 노력이 중요하다.

로 발돋음했습니다. 아무 것도 가진 것이 없는 상황에서 기적적인 경제성장을 이룩한 후면에 국가 지도자의 건강한 리더십, 부모의 열정적인 교육열, 경제적 성장을 바라는 국민 의식이 있었기 때문입니다. 그와 함께 우리나라에는 5천 년이 넘는 유구한 역사와 찬란한 문화가 있었습니다. 개발도상국 중에 우리나라와 같은 문화, 역사적 자부심과 강한 교육의식을 가진 나라가 있다면 그 나라는 가난에서 탈출해서 경제 성장을 이룩할 가능성이 높다고 봅니다. 물질로 돕기보다는 새마을 운동과 같은 좋은 모델을 그들에게 전수해 주고 스스로 자립할 수 있도록 도와주어야 합니다. 개도국 사람들에게 한국의 경제 성장 모델을 알려 주고 교육을 통해 자립심을 키워준다면 좋은 효과가 있을 것입니다.

Q 개발도상국가(개도국)의 정부관료들은 적정기술보다 선진국의 첨단기술을 도입해서 빠른 발전을 이루어야 한다는 의견을 갖고 있다고 들었습니다. 이런 사람들을 설득하기 위해서는 적정기술을 개도국에 보급하기 전에 먼저 선진국에 적용해 좋은 성과를 내어야 하지 않을까요?

램프를 제공해 주는 것보다 램프를 만들고 사용하는 교육을 실행하는 것이 개도국의 지속 가능한 발전에 도움이 된다(캄보디아 라이프대학에서).

A 경제력이 약한 개도국이라고 할지라도 정부 지도자들은 선진국의 대규모 산업을 도입해서 자국의 경제 발전을 도모해야 한다고 생각합니다. 한국의 경제 성장 모델을 따라 빈곤에서 탈출해서 경제를 일으키려 합니다. 하지만 그것은 산업의 발전 단계를 무시한 생각입니다. 가난한 나라에는 반도체 산업이나 철강 산업을 실행할 만한 산업 인프라나 교육받은 인력이 부족합니다. 우리나라도 적정기술 수준의 기술을 이용해서 국가와 국민이 안고 있는 여러 문제를 해결했습니다. 대표적인 사례로 서민들의 연료였던 연탄 운송기구인 리어카와 지게 등이 있습니다. 이런 적정기술 제품을 활용하면서 이후에 신발, 의류, 가발 산업 같은 작은 산업을 시작했고 일정 단계가 지나서 중화학공업, 기계, 자동차, 반도체/전자로 산업의 중심을 이동했습니다. 개도국 정부가 큰 산업을 유치하고 싶어하지만 일단 한국의 선례를 따라서 적정기술로 기본적인 문제를 해결하고 이후에 작은 산업에서 큰 산업으로 옮겨가는 것이 경제 개발의 적절한 순서라 생각합니다. 민간 부분에는 물, 연료, 에너지, 전기 등에 적정기술을 적용할 분야들이 많습니다. 국민의 위생, 식량, 에너지 부분의 문제를 적정기술로 해결하면서 큰 산업과 적정기술이 조화를 이루게 하는 방식이

자유(Freedom)
- 인간 모두에게 인간다운 삶을 누릴 권리가 있다. 자유가 있는 곳에 희망이 있다(아프리카 차드에서).

바람직합니다.

Q 적정기술의 개발과 보급이 빈곤 문제를 포함한 개도국이 직면한 여러 문제를
해결할 수 있는 가장 최선의 방법일까요?

A 개도국의 가난이라는 문제를 적정기술만으로 해결할 수는 없습니다. 기술보다
우선 국민들의 의식 변화가 더욱 중요합니다. 사람들에게 일하고자 하는 의욕이 있
어야 합니다. 자식의 교육을 위해, 마을의 경제를 위해, 나라를 위해 일하고자 할 때
변화가 시작됩니다. 국가는 사람들의 마음을 담아낼 제도를 만들어야 합니다. 건강
한 리더십이 필요합니다. 국가 지도자가 도덕적으로 깨끗해야 국민의 신망을 받습
니다. 그리고 사람들을 깨우치는 교육이 있어야 합니다. 교육을 통해 현지 사람들에
게 왜 일을 해야 하는지 동기를 부여해 주어야 합니다. 그런 다음에 그 지역에 적합
한 기술과 산업을 보급해 주고 열심히 일하는 사람들이 회사의 주인이 될 수 있게 해
주어야 합니다. 현지인들이 스스로 회사를 경영할 능력을 갖추지 못하면 적정기술

의 효과는 크지 못합니다. 외부의 도움이 끝나면 현지인들은 다시 가난의 구렁텅이로 빠져들 수 있습니다. 적정기술의 보급과 함께 건강한 리더십-교육-제도가 잘 갖추어진다면 적정기술의 성공을 기대할 수 있습니다.

Q 아프리카 최빈국이나 방글라데시 같은 어려운 국가에 대한 적정기술의 사례가 소개되고 있습니다. 적정기술이 우리나라의 낙후된 지역, 또는 소외된 계층을 위해서도 사용될 수 있을까요?

A 적정기술은 '건강한 지구환경을 지속적으로 유지하는 기술', 또는 '건강한 지구촌을 디자인하는 기술'이라고 해야 맞습니다. 첨단 기술과 토속적인 기술의 중간 기술을 이용해서 인류가 살아간다면 건강한 지구환경을 지속적으로 유지할 수 있을 것이라는 것이 주창자 슈마허 교수의 생각입니다. 지구 자원을 함부로 과도하게 사용하지 않기, 썩지 않은 플라스틱을 만들어 해양 쓰레기 섬을 만들지 않기, 자연적인 재료를 사용해서 쓰고 나면 유해한 쓰레기가 생기지 않게 하기, 큰 공장보다는 사람들이 함께 일하는 중소규모의 회사를 만들기 같은 것입니다.

경제적으로 부유한 나라에도 도시와 농촌간의 소득 격차가 있고 사회적으로 소외된 사람들이 있습니다. 사회의 관심으로부터 소외된 사람들을 사회적 약자라고 합니다. 독거 노인, 경력 단절 여성, 어린이, 장애인, 저소득층 등이 사회적 약자에 속합니다. 국민 소득이 2만 달러 이상이 되면 사회의 건강한 발전을 위해서 정부는 국민의 복지에 많은 예산을 투입합니다. 최근에 들어서서 정부는 국민의 편익과 복지를 우선으로 하는 복지 정책을 펼치고 있습니다. 소외된 계층이나 사회 안전 분야에 적용되는 기술을 적정기술이라고 하지만 '사회기술(Social Technology)'라는 표현도 사용합니다. 기술은 넓은 의미로 제도, 방식 등을 포함합니다. 사회의 낙후된 지역의 안전이나 재해에 필요한 기술 또는 사회적 약자인 장애인, 독신자, 여성, 고령층을 위한 제도에 대한 관심이 높아지고 있습니다. 값싼 보청기, 독신자를 위한 가전, 고령층을 위한 주택, 자폐아동을 위한 제도, 기후 변화 대응, 자연 보호 나무 심기 등이 사회기술이 적용되고 있는 주제입니다. 적정기술을 통해서 서로 나누는 정신이 확산된다면 도시화에 따른 빈부 격차나 환경 파괴와 같은 사회적 갈등이 해소될 수 있습니다.

보이지 않는 95%의 세상

수십 억의 인간들이 오밀조밀 모여 사는 오묘한 세상이 어떻게 만들어졌는지 잘 모르지만 우리는 그 안에서 숨쉬고, 생각을 나누고, 먹고 살기 위한 경제 활동을 하고 있다. 이 세상의 시작인 빅뱅(BIG BANG)! 과학자들은 우주가 한 점에서 시작되어 지금과 같이 큰 모습이 되었다고 추측한다. 정말 광활한 이 세상이 탁구공보다도 작은 한 점에서 시작된 것일까? 그것이 사실이라면 역으로 우주 만물을 한 점으로 되돌릴 수 있을 것이다. 이 세상을 구성하는 기본 단위인 원자를 들여다보자. 과학자들이 알아낸 원자는 물질이 아니다. 그저 텅 빈 공간일 뿐이다. 원자가 텅 빈 공간이라면 그것으로 이루어진 우주도 텅 빈 공간일 것이다. 그렇기 때문에 아인슈타인 박사의 유명한 에너지-질량 방정식($E=mc^2$)을 사용해서 우주의 모든 물질을 한 점으로 모을 수 있다. 하지만 그 작업은 인간의 힘으로 가능하지 않다.

이 우주에는 보이는 것과 보이지 않은 것이 있다고 한다. 천재 소리를 듣는 과학자 집단이 오랫동안 우주를 열심히 들여다보았지만 이제까지 알아낸 물질은 우주의 5% 정도밖에 되지 않는다고 한다. 인간은 눈에 보이는 5%의 물질을 통해 이 세상을 인식한다. 길거리를 가면서 휴대폰으로 전화를 거는 사람, 공부하라고 소리치는 엄마, 점심을 먹고 카페에 앉아서 커피를 즐기는 젊은이들, 밤 하늘에 빛나는 수 많은 별들, 이 모든 사물들이 빛과 반응해서 인간의 눈으로 들어오고 그 정보는 인간의 지식 창고인 뇌에 도달한다. 그리고 우리의 뇌가 상황을 인식한다.

'빛이 없다면 어떻게 될까?' 우리는 아무것도 볼 수 없고, 그러므로 아무것도 인지하지 못한다. 우주에는 빛과 반응하지 않는 95%가 있다고 하니 우리 인간이 알고 있는 것은 이 세상의 아주 작은 한 조각 정도이다. 그것이 어떤 형태로 존재하든지 보이지 않는 것들은 우리의 삶에 어떤 영향을 주고 있을 것이다. 보이지 않지만 인간의 삶에 큰 영향을 주는 사랑, 용기, 희망, 나눔과 배려과 같은 무형의 가치가 그런 것들이 아닐까 생각한다. 이런 것들을 받아 들일 때 인간이 인간 답게되며, 세상이 세상답게 된다.

현실로 돌아와서 다시 세상을 돌아보자. 세상은 여전히 바쁘고 정신이 없다. 과도한 산업화가 진행되고 있는 현대 산업 사회에서 물질(돈)이 세상을 지배하는 것처럼 보인다. 물질이 없으면 아무 것도 할 수 없는 세상이 되어 버렸다. 분주한 세상이지만 잠시 멈추고 우리 자신을 돌아보는 명상의 시간을 가져보자. 물질이 지배하는 세상이 아니라 정직, 사랑, 희망, 나눔, 배려와 같은 것들이 주인이 되는 세상에 대해 생각해 보자. 그런 것들을 실천한 사람 중에 인도의 성자 마더 테레사(Mother Teresa, 1920-1997, 가톨릭 수녀, 사랑의 선교 수녀회 설립)가 있다. 그녀는 가난한 사람을 돌보며 일생을 보냈다. 그녀의 재산은 십자가 목걸이와, 한 벌의 옷과 신발 한 켤레였다고 한다. 아무 것도 가진 것이 없었지만 그녀의 삶은 그 누구보다도 가치 있고 행복한 삶으로 평가 받고 있다. 세상을 살아가는 사람들에게 마더 테레사와 같은 극단적인 삶을 따라서 살라고 권하는 것은 아니지만 우리의 삶 속에는 눈에 보이지 않지만 다른 사람들에게 희망을 전하는 가치가 담겨 있어야 한다.

그렇다. 청년에게는 희망과 용기가 필요하다. 용기와 희망의 진정한 가치를 알았다면 그것을 이웃에게 전하자. 힘들어 하는 친구에게 용기를 내라고 말하자. 어려운 환경에 있는 사람들에게 다시 일어서자고 손을 내밀자. 다른 사람을 배려하고, 자신이 소유하고 있는 열정과 에너지를 이웃과 함께 나누는 건강한 공동체를 만들어 가자. 자신의 재능을 다른 사람과 공유하려는 마음, 약한 사람을 배려하는 마음, 지구의 자연과 환경의 손상을 우려하는 마음, 기계보다 사람의 노동을 중요시 하는 마음, 이것이 나눔과 배려의 적정기술의 정신이다. 적정기술의 무형의 가치가 미래의 지도자인 청소년들에게 전해지고, 그 청소년들이 약한 사람을 배려하는 마음을 갖게 될 때 이 세상은 더불어 함께 사는 살기 좋은 세상이 될 것이다. 필자는 이 나라의 미래 지도자들인 청소년들에게 보이는 5% 보다 보이지 않는 95%를 신뢰하며 자신의 꿈을 키워가라고 말하고 싶다. 이 책을 완성하기까지 긴 시간과 에너지가 사용되었다. 이제 "청소년과 함께 하는, 나눔과 배려의 적정기술"의 글쓰기를 갈무리할 시간이다. 글쓰기와 자료제공에 동참한 모든 분들께 감사의 말을 전한다.

2017년 11월 저자 김찬중

꿈꾸는 자들이 만드는 보다 나은 세상(The better future).

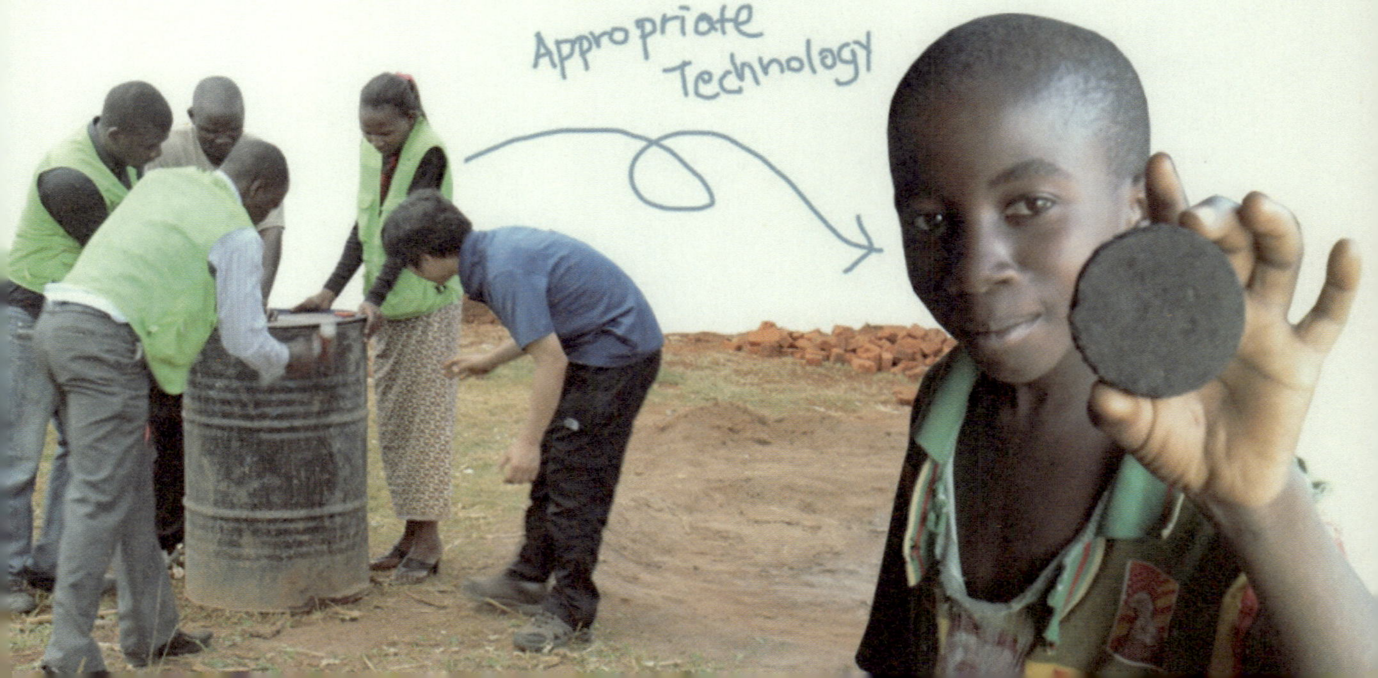

청소년과 함께 하는 나눔과 배려의 적정기술

초판 1쇄 펴낸날 | 2017년 11월 1일
초판 2쇄 펴낸날 | 2018년 6월 13일
초판 3쇄 펴낸날 | 2019년 9월 28일
초판 4쇄 펴낸날 | 2021년 11월 18일

지은이 | 김찬중
펴낸이 | 유은실
펴낸곳 | 허원미디어

주소 | 서울시 종로구 필운대로7길 19(옥인동)
대표전화 | (02) 766-9273
팩시밀리 | (02) 766-9272
홈페이지 | http://cafe.naver.com/herwonbooks
출판등록 | 2005년 12월 2일 제300-2005-204호

© 김찬중 2017

ISBN 978-89-92162-72-2 43530

값 22,000원